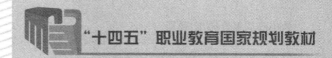
"十四五"职业教育国家规划教材

建筑制图与识图

（含习题集）

JIANZHU ZHITU YU SHITU

主　编　罗武德　阚张飞
副主编　徐　争　韩　伟
　　　　吴位奇　彭厚虎
　　　　谢　闽　黄伟彪

电子课件
（仅限教师）

华中科技大学出版社
http://press.hust.edu.cn
中国·武汉

图书在版编目(CIP)数据

建筑制图与识图:含习题集/罗武德,阚张飞主编. —武汉:华中科技大学出版社,2021.6(2024.9重印)
ISBN 978-7-5680-7336-3

Ⅰ.①建… Ⅱ.①罗… ②阚… Ⅲ.①建筑制图-识别-高等职业教育-教材 Ⅳ.①TU204

中国版本图书馆 CIP 数据核字(2021)第 167509 号

建筑制图与识图(含习题集) 罗武德 阚张飞 主编
Jianzhu Zhitu yu Shitu(Han Xitiji)

策划编辑:康　序
责任编辑:刘姝甜
责任监印:朱　玢

出版发行:华中科技大学出版社(中国·武汉)　　电话:(027)81321913
　　　　　武汉市东湖新技术开发区华工科技园　　邮编:430223
录　　排:武汉三月禾文化传播有限公司
印　　刷:武汉市洪林印务有限公司
开　　本:787mm×1092mm　1/16
印　　张:23
字　　数:602 千字
版　　次:2024 年 9 月第 1 版第 7 次印刷
定　　价:68.00 元

本书若有印装质量问题,请向出版社营销中心调换
全国免费服务热线:400-6679-118　　竭诚为您服务
版权所有　侵权必究

前言

本书为工作手册式教材，书中内容紧密结合高职院校土建类专业的人才培养目标，紧跟国家的最新标准和规范，由拥有丰富教学经验的职业院校教师与企业专家共同完成编写，以相关职业岗位技能需求为导向，既可作为高职院校土建类相关专业的教学用书，也可作为岗位培训教材，或供从事土建类工作的技术人员学习、参考。

书中内容以工作任务为载体，着重培养读者的职业能力和职业素养。全书共分为10个工作手册，即建筑制图的基本知识、投影的基本知识、基本体的投影、组合体的投影、剖面图与断面图、建筑工程图的基本知识、建筑施工图、结构施工图、设备施工图及建筑装饰施工图。本书的主要特点如下：

（1）教材形式新颖。工作手册式教材符合职业教育教学的需求，方便教师与学生使用，且有利于学生理解相关知识并掌握其运用方法，增强教学过程中师生的职业意识。

（2）坚持理实一体，校企双元开发，着力体现职业特点。本书力图使职业教学对接职业标准和岗位能力要求，以满足岗位需求为原则，配以丰富多样的辅助习题，同时，为紧跟工程建设领域发展动态，校企联合编写开放型教材，内容深入浅出，符合学生的认知规律。

（3）去粗取精，结构编排合理，重点突出。工作手册内容按照"问题提出—基本知识—相关性质及制图与识图要点—经典例题—总结—练习巩固"的基本思路编排。

（4）本工作手册式教材集合课本教材和配套习题，方便教学也方便携带。

（5）采用创新教材呈现形式，配备数字化资源，体现教、学、做的协调统一，配套的习题难易程度适中，有助于学生动手、动脑参与整个教学过程，培养学生创新精神和创新能力。

本书由贵州职业技术学院罗武德、扬州中瑞酒店职业学院阚张飞担任主编，由铜陵学院徐争、贵州职业技术学院韩伟、贵州工业职业技术学院吴位奇、毕节市规划建筑设计研究院彭厚虎、贵州职业技术学院谢闻、广东建设职业技术学院黄伟彪担任副主编。全书由罗武德审核并统稿。

为了方便教学，本书还配有电子课件等资料，任课教师可以发邮件至 husttujian@163.com 索取。

在编写本书的过程中，编者参阅了大量相关文献资料，广泛了解了行业内的最新研究成果，部分高职院校的教师提出了诸多宝贵的意见,得到了贵州建工集团、贵州省黎平侗人古建有限公司、贵州金盛建筑工程检测有限公司、北京和欣运达科技有限公司、贵州联建土木工程质量检测监控中心等合作企业的大力支持及专家们中肯的意见和建议,毕节市规划建筑设计研究院高级工程师彭厚虎专家对教材提出了宝贵的修改意见,得到贵州省职教名师胡蓉、李莉娅等老师的亲自指导,在此对相关人士表示衷心的感谢。由于编者水平和经验有限,书中难免存在疏漏之处,恳请读者批评指正。

编 者

2021 年 5 月

目录

工作手册 1　建筑制图的基本知识 ……………………………………………………（1）
  任务 1　建筑制图的基本规定 …………………………………………………（2）
  任务 2　绘图工具和仪器 ………………………………………………………（14）
  任务 3　绘图的一般方法和步骤 ………………………………………………（19）
  任务 4　几何作图 ………………………………………………………………（21）

工作手册 2　投影的基本知识 …………………………………………………………（29）
  任务 1　投影的基本概念 ………………………………………………………（30）
  任务 2　点的投影 ………………………………………………………………（35）
  任务 3　直线的投影 ……………………………………………………………（41）
  任务 4　平面的投影 ……………………………………………………………（53）

工作手册 3　基本体的投影 ……………………………………………………………（74）
  任务 1　基本体的三视图 ………………………………………………………（75）
  任务 2　基本体的轴测投影 ……………………………………………………（84）
  任务 3　截切体和相贯体 ………………………………………………………（89）

工作手册 4　组合体的投影 ……………………………………………………………（111）
  任务 1　组合体的三视图 ………………………………………………………（112）
  任务 2　组合体的尺寸标注 ……………………………………………………（116）
  任务 3　组合体三视图的识读 …………………………………………………（118）

工作手册 5　剖面图与断面图 …………………………………………………………（125）
  任务 1　剖面图 …………………………………………………………………（126）
  任务 2　断面图 …………………………………………………………………（134）
  任务 3　剖面图与断面图在建筑工程中的应用 ………………………………（137）

工作手册 6　建筑工程图的基本知识 …………………………………………………（145）
  任务 1　房屋的组成部分和作用 ………………………………………………（147）
  任务 2　建筑工程施工图的简介 ………………………………………………（148）

  任务3 建筑工程施工图常用符号 …………………………………………………… (151)
工作手册7 建筑施工图 ……………………………………………………………………… (161)
  任务1 建筑施工图基本知识 …………………………………………………………… (163)
  任务2 建筑总平面图 …………………………………………………………………… (166)
  任务3 建筑平面图 ……………………………………………………………………… (171)
  任务4 建筑立面图 ……………………………………………………………………… (180)
  任务5 建筑剖面图 ……………………………………………………………………… (183)
  任务6 建筑详图 ………………………………………………………………………… (188)
  任务7 工业厂房施工图识读 …………………………………………………………… (197)
工作手册8 结构施工图 ……………………………………………………………………… (214)
  任务1 结构施工图基本知识 …………………………………………………………… (216)
  任务2 基础施工图 ……………………………………………………………………… (225)
  任务3 结构平面图 ……………………………………………………………………… (230)
  任务4 楼梯结构图 ……………………………………………………………………… (238)
  任务5 混凝土结构平面整体表示方法 ………………………………………………… (242)
工作手册9 设备施工图 ……………………………………………………………………… (257)
  任务1 设备施工图基本知识 …………………………………………………………… (259)
  任务2 给水排水施工图 ………………………………………………………………… (261)
  任务3 供暖施工图及通风与空调施工图 ……………………………………………… (274)
  任务4 电气施工图 ……………………………………………………………………… (296)
工作手册10 建筑装饰施工图 ………………………………………………………………… (325)
  任务1 建筑装饰施工图基本知识 ……………………………………………………… (327)
  任务2 装饰平面图 ……………………………………………………………………… (334)
  任务3 装饰立面图 ……………………………………………………………………… (340)
  任务4 装饰剖面图 ……………………………………………………………………… (344)
  任务5 装饰详图 ………………………………………………………………………… (347)
参考文献 ………………………………………………………………………………………… (362)

工作手册 1

建筑制图的基本知识

家装中的隐藏工程

建筑工程"安全标志"

知识目标

掌握《房屋建筑制图统一标准》(GB/T 50001—2017)中关于图幅、线型、文字、比例、标注等的基本规定,掌握绘图的基本技能。熟悉《总图制图标准》(GB/T 50103—2010)和《建筑制图标准》(GB/T 50104—2010),掌握几何作图法,熟悉常用的绘图工具及其使用方法,熟悉绘图的基本方法和步骤。

能力目标

具备正确使用铅笔、圆规、直尺等常用绘图工具的能力,能够熟练绘制符合制图标准的图纸,能够熟练应用几何作图方法绘制几何图形。

任务 1　建筑制图的基本规定

建筑工程图纸是表达建筑工程设计的重要技术资料,是建筑工程施工的重要依据。为了统一制图的标准,方便技术交流,并满足设计、施工管理等方面的要求,国家发布并实施了建筑工程各专业的制图标准。

关于制图的国家标准(简称国标)有《房屋建筑制图统一标准》(GB/T 50001—2017)、《总图制图标准》(GB/T 50103—2010)和《建筑制图标准》(GB/T 50104—2010)等。

一、图纸幅面及格式

1. 图纸幅面与图框

图纸的幅面与图框尺寸应符合表 1-1 的规定及图 1-1 所示的格式。

表 1-1　图纸幅面及图框尺寸

尺寸	幅面代号				
	A0	A1	A2	A3	A4
$b \times l$	841 mm×1 189 mm	594 mm×841 mm	420 mm×594 mm	297 mm×420 mm	210 mm×297 mm
c	10 mm			5 mm	
a	25 mm				

注:b 为图纸幅面短边尺寸;l 为图纸幅面长边尺寸;c 为图框线与幅面线间宽度;a 为图框线与装订边线间宽度。

绘制正式的工程图样时,必须在图幅内画上图框,图框线与图幅边线的间隔 a 和 c 应符合表 1-1 的规定。一般 A0~A3 图纸宜横式绘制,必要时,也可立式绘制。为了使图样复制和缩微摄影时定位方便,应在图纸各边图框的中点处分别画出对中标志。对中标志线宽应为 0.35 mm,并应伸入图框边线,在框外长度应为 5 mm。

一个工程设计中,每个专业所使用的图纸,不宜多于两种幅面(不含目录及表格所采用的 A4 幅面)。如图纸幅面不够,可将图纸长边加长,短边不得加长。其加长尺寸应符合表 1-2 的规定。

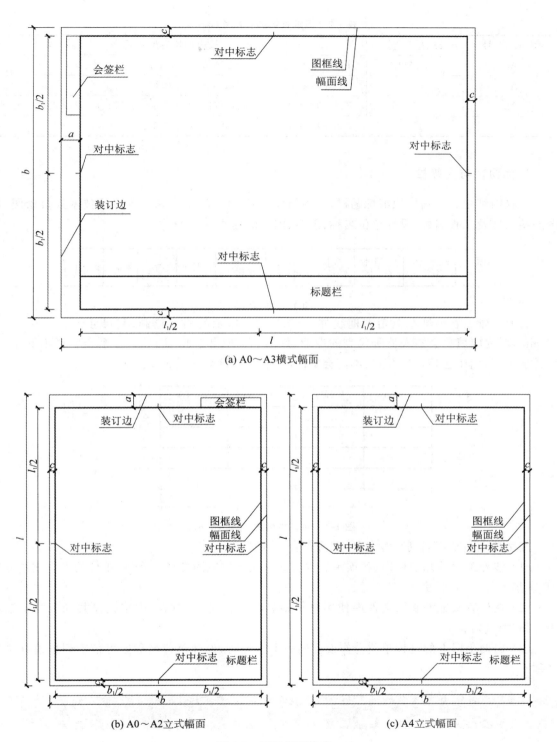

图 1-1　图纸幅面格式

表 1-2　图纸长边加长尺寸（mm）

幅面代号	长边尺寸	长边加长后尺寸
A0	1 189	1 486、1 783、2 080、2 378
A1	841	1 051、1 261、1 471、1 682、1 892、2 102
A2	594	743、891、1 041、1 189、1 338、1 486、1 635、1 783、1 932、2 080
A3	420	630、841、1 051、1 261、1 471、1 682、1 892

2. 标题栏与会签栏

每张图纸中必须画出图纸标题栏，简称图标，如图 1-2 所示。它是各专业技术人员绘图、审图的签名区及工程名称、设计单位名称、图名、图号的标注区。

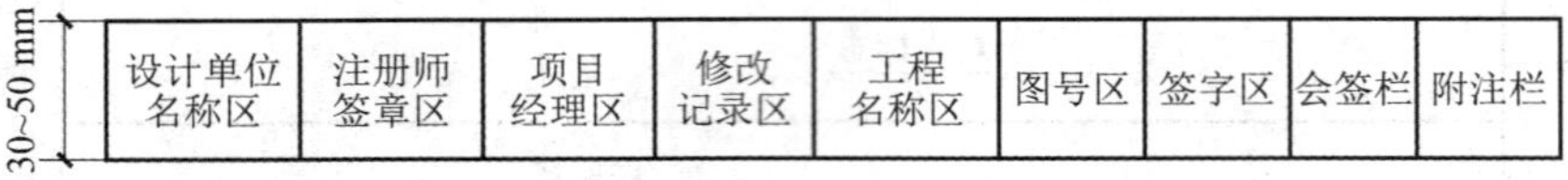

设计单位名称区	注册师签章区	项目经理区	修改记录区	工程名称区	图号区	签字区	会签栏	附注栏

图 1-2　标题栏

会签栏常放在图纸左上角图框线外，应按图 1-3 所示的格式绘制，其尺寸常为 100 mm×20 mm，栏内应填写会签人员所代表的专业、姓名、日期（年、月、日）等。一个会签栏不够用时，可另加一个，两个会签栏应并列；不需会签的图纸，可不设会签栏。

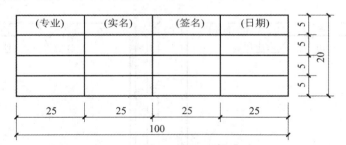

图 1-3　会签栏格式（单位：mm）

签字栏应包括实名列和签名列，并应符合下列规定：

（1）涉外工程的标题栏内，各项主要内容的中文下方应附有译文，设计单位的上方或左方应加"中华人民共和国"字样；

（2）在计算机辅助制图文件中使用电子签名与认证时，应符合《中华人民共和国电子签名法》的有关规定；

（3）由两个以上的设计单位合作设计同一个工程时，设计单位名称区可依次列出设计单位名称。

二、图线

1. 线型与线宽

工程图纸是由各种不同的图线绘制而成的，为了使所绘制的图样主次分明、清晰易懂，必须使用不同的线型和不同粗细的图线。因此,熟悉图线的类型及用途,掌握各类图线的画法,是建筑制图的基本技能。

各类图线的规格及用途如表1-3所示。

表1-3 图线的规格及用途

名称		线型	线宽	一般用途
实线	粗	——————	b	主要可见轮廓线
	中粗	——————	$0.7b$	可见轮廓线
	中	——————	$0.5b$	可见轮廓线、尺寸线、变更云线
	细	——————	$0.25b$	图例填充线、家具线
虚线	粗	— — — —	b	见各有关专业制图标准
	中粗	— — — —	$0.7b$	不可见轮廓线
	中	— — — —	$0.5b$	不可见轮廓线、图例线
	细	— — — —	$0.25b$	图例填充线、家具线
单点长画线	粗	—·—·—	b	见各有关专业制图标准
	中	—·—·—	$0.5b$	见各有关专业制图标准
	细	—·—·—	$0.25b$	中心线、对称线、轴线等
双点长画线	粗	—··—··—	b	见各有关专业制图标准
	中	—··—··—	$0.5b$	见各有关专业制图标准
	细	—··—··—	$0.25b$	假想轮廓线、成型前原始轮廓线
折断线	细	—∿—	$0.25b$	断开界线
波浪线	细	～～～	$0.25b$	断开界线

绘制每个图样,应根据其复杂程度及比例大小,先选定基本线宽b值,再按表1-4确定相应的线宽组。

表1-4 线宽组(mm)

线宽比	线宽组			
b	1.4	1.0	0.7	0.5
$0.7b$	1.0	0.7	0.5	0.35
$0.5b$	0.7	0.5	0.35	0.25
$0.25b$	0.35	0.25	0.18	0.13

注:1.需要缩微的图纸,不宜采用0.18 mm及更细的线宽。
　　2.同一张图纸内,各不同线宽中的细线可统一采用较细的线宽组的细线。

2. 图线的画法

图线使用过程中需要注意以下几点内容:

(1) 同一张图纸内,相同比例的各图样应选用相同的线宽组。

(2) 互相平行的图例线,其净间隙或线中间隙不宜小于 0.2 mm。

(3) 虚线、单点长画线或双点长画线的线段长度和间隔宜各自相等。

(4) 图线不得与文字、数字或符号重叠、混淆。不可避免时,应首先保证文字清晰,可将重叠部位图线断开。

(5) 虚线与虚线应相交于线段处,虚线为实线延长线时不得与实线相连接。单点长画线同虚线。

(6) 单点长画线或双点长画线端部不应是点。在较小的图形中,单点长画线或双点长画线可用细实线代替。

(7) 折断线直线间的符号和波浪线都可徒手画出。折断线应通过被折断图形的轮廓线,两端各画出 2~3 mm。

各种线型交接画法如图 1-4 所示。

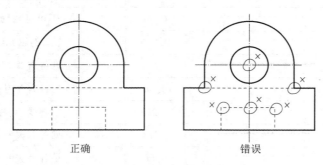

图 1-4　各种线型交接画法

三、字体

字体是指工程图纸中文字、字母、数字等的书写形式,用来说明建筑构件的大小及施工的技术要求等内容。工程图纸上所需书写的文字、数字或符号等,均应笔画清晰,字体端正,间隔均匀,排列整齐,标点符号应清楚正确。如果字体书写潦草,不仅会影响工程图纸的清晰和美观,还会影响建筑施工的正常进行。因此,制图标准对字体的规格和要求做了相应的规定。

1. 汉字

工程图纸以及说明性的汉字应写成长仿宋体字,图册封面、地形图、大标题等中的汉字也可以写成其他字体,但应易于辨认,并应采用国务院正式公布推行的《汉字简化方案》中规定的简化字。

汉字的字高用字号来表示,如 7 号字就表示字高 7 mm。文字的字高应从表 1-5 中选用,字高大于10 mm 的文字宜采用 TrueType 字体,如需书写更大的字,其高度应按 $\sqrt{2}$ 的倍数递增。长仿宋体字高与字宽如表 1-6 所示。字高与字宽的比例大约为 1∶0.7。

表 1-5　文字的字高(mm)

字体种类	中文矢量字体	TrueType 字体及非中文矢量字体
字高	3.5、5、7、10、14、20	3、4、6、8、10、14、20

表 1-6　长仿宋体字高与字宽（mm）

字高	3.5	5	7	10	14	20
字宽	2.5	3.5	5	7	10	14

　　书写长仿宋体字时,应注意横平竖直、起落分明、结构匀称,要填满方格,同时要按照字体结构的特点和写法均匀布局笔画,字体构架要中正疏朗、疏密有致。图样及说明中的汉字,宜优先采用 TrueType 字体中的宋体字型,采用矢量字体时应为长仿宋体字型。同一图纸字体种类不应超过两种。矢量字体的宽高比宜为 0.7,且应符合表 1-6 的规定,打印线宽宜为 0.25～0.35 mm;TrueType 字体宽高比宜为 1。大标题、图册封面、地形图等中的汉字,宽高比宜为 1。

　　长仿宋体字示例如图 1-5 所示。

图 1-5　长仿宋体字示例

2. 数字和字母

　　工程图纸中数字与字母所占比例很大,常用的有拉丁字母、阿拉伯数字与罗马数字等,书写规则如表 1-7 所示。数字与字母可以根据需要写成直体或斜体两种。斜体字字头向右倾斜,与水平基准线成 75°角。若数字与字母和汉字并列书写,应写成直体字,并且字高比汉字的字高小一号或两号,但最小字高不应小于 2.5 mm。

表 1-7　拉丁字母、阿拉伯数字与罗马数字的书写规则

书写格式	字　　体	窄　字　体
大写字母高度	h	h
小写字母高度(上下均无延伸)	$7/10h$	$10/14h$
小写字母伸出的头部或尾部	$3/10h$	$4/14h$
笔画宽度	$1/10h$	$1/14h$
字母间距	$2/10h$	$2/14h$
上下行基准线的最小间距	$15/10h$	$21/14h$
词间距	$6/10h$	$6/14h$

　　数量中的数值注写,应采用正体阿拉伯数字。各种计量单位凡前面有量值的,均应采用国家颁布的单位符号注写。单位符号应采用正体字母。分数、百分数和比例数的注写,应采用阿拉伯数字和数字符号。当注写的数字小于 1 时,应写出个位的"0",小数点应采用圆点,齐基准线书写。长仿宋体汉字、字母、数字应符合现行国家标准《技术制图　字体》(GB/T 14691—1993)的有关规定。

拉丁字母、阿拉伯数字与罗马数字书写示例如图 1-6 所示。

ABCDEFGHIJKLMNO
PQRSTUVWXYZ
abcdefghijklmnopq
rstuvwxyz
0123456789IVXΦ
ABCabcd1234IV

图 1-6　拉丁字母、阿拉伯数字与罗马数字书写示例

四、比例

建筑工程图纸中常把建筑物的实际尺寸缩小绘制在建筑工程图纸上，或把较小的构件放大绘制在图纸上。图形与实物相对应的线性尺寸之比称为比例，以阿拉伯数字表示，如 1∶1、1∶2、1∶100 等。比值为 1 的比例叫原值比例；比值大于 1 的比例叫放大比例；比值小于 1 的比例叫缩小比例。比例宜注写在图名的右侧，字的基准线应取平，比例的字高宜比图名的字高小一号或两号。绘图时，应根据图样的用途与被绘对象的复杂程度，从表 1-8 中选用适当的比例，并优先选用常用比例。一般情况下，一个图样选用一种比例。特殊情况下也可自选比例，例如，绘制河流横剖面图，铅垂方向采用 1∶100，水平方向采用 1∶2 000，这时除应注出绘图比例外，还应在适当位置绘制出相应的比例尺。需要缩微的图纸应绘制比例尺。

表 1-8　绘图所用比例

常用比例	1∶1、1∶2、1∶5、1∶10、1∶20、1∶50、1∶100、1∶150、1∶200、1∶500、1∶1 000、1∶2 000
可用比例	1∶3、1∶4、1∶6、1∶15、1∶25、1∶30、1∶40、1∶60、1∶80、1∶250、1∶300、1∶400、1∶600、1∶5 000、1∶10 000、1∶20 000、1∶100 000、1∶200 000

比例的标注如图 1-7 所示。

$\frac{B—B}{2:1}$　　<u>平面图</u> 1∶100　　⑤ 1∶20

图 1-7　比例的标注

五、尺寸标注

一张完整的工程图除了用线条表示建筑外形、构造以外，还要标注尺寸以清楚、准确地表达建筑物的实际尺寸，作为建筑施工的依据。

1. 尺寸标注的组成

图样上的尺寸标注由尺寸界线、尺寸线、尺寸起止符号、尺寸数字四部分组成,如图 1-8 所示。

1) 尺寸界线

尺寸界线用细实线绘制,一般应与被注长度垂直,其一端应离开图样轮廓线不少于 2 mm,另一端宜超出尺寸线 2~3 mm。必要时,图样轮廓线可用作尺寸界线,如图 1-9 所示。

2) 尺寸线

尺寸线用细实线绘制,应与被注长度平行,且不宜超出尺寸界线。任何图线均不得用作尺寸线。

3) 尺寸起止符号

尺寸起止符号一般用中粗斜短线绘制,其倾斜方向应与尺寸界线成 45°角,长度宜为 2~3 mm。半径、直径、角度与弧长的尺寸起止符号,宜用箭头。箭头尺寸起止符号如图 1-10 所示。

4) 尺寸数字

图样上的尺寸,应以尺寸数字为准,不得从图上直接量取。建筑工程图纸中,除标高及总平面图以米为单位外,其余均以毫米为单位。尺寸数字的方向,应按图 1-11(a)的规定注写。若尺寸数字在 30°斜线区内,也可按图 1-11(b)的形式注写。

尺寸数字应依据其读数方向注写在尺寸线上方中部靠近尺寸线的位置,如没有足够的注写位置,最外边的尺寸数字可注写在尺寸界线的外侧,中间相邻的尺寸数字可错开注写,也可引出注写。(见图 1-12)

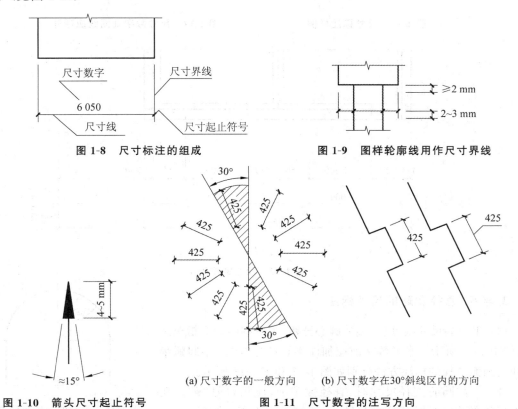

图 1-8 尺寸标注的组成　　图 1-9 图样轮廓线用作尺寸界线

图 1-10 箭头尺寸起止符号　　图 1-11 尺寸数字的注写方向
(a) 尺寸数字的一般方向　(b) 尺寸数字在30°斜线区内的方向

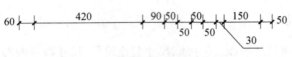

图 1-12 尺寸数字的注写位置

2. 尺寸的排列与布置

尺寸宜标注在图样轮廓线以外,不宜与图线、文字及符号等相交(样例如图 1-13 所示)。图线不得穿过尺寸数字,不可避免时,应将尺寸数字处的图线断开,如图 1-14 所示。互相平行的尺寸线,应从被注的图样轮廓线由近向远整齐排列,小尺寸应离轮廓线较近,大尺寸应离轮廓线较远。图样轮廓线以外的尺寸线,距图样最外轮廓线之间的距离,不宜小于 10 mm;平行排列的尺寸线的间距,宜为7~10 mm,并应保持一致。总尺寸的尺寸界线,应靠近所指部位,中间的分尺寸的尺寸界线可稍短,但各分尺寸的尺寸界线长度应相等。

尺寸的排列如图 1-15 所示。

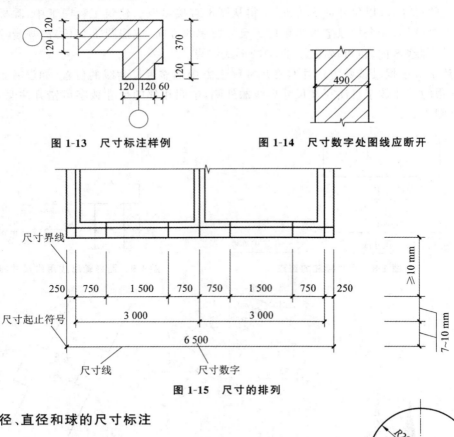

图 1-13 尺寸标注样例　　图 1-14 尺寸数字处图线应断开

图 1-15 尺寸的排列

3. 半径、直径和球的尺寸标注

(1) 半径的尺寸线,应一端从圆心开始,另一端画箭头指至圆弧,如图 1-16 所示。半径数字前应加注半径符号"R"。小圆弧半径和大圆弧半径的标注方法分别如图 1-17 和图 1-18 所示。

(2) 标注圆的直径尺寸时,直径数字前,应加符号"φ"。在圆内标注的直径尺寸线应通过圆心,两端画箭头指至圆弧。

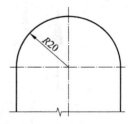

图 1-16 半径的一般标注方法

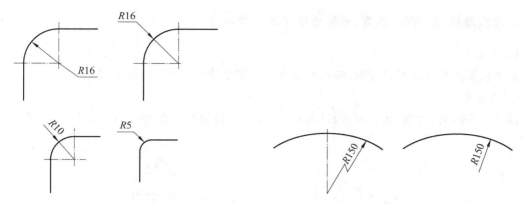

图 1-17　小圆弧半径的标注方法　　　　图 1-18　大圆弧半径的标注方法

（3）标注球的半径尺寸时，应在尺寸数字前加注符号"SR"；标注球的直径尺寸时，应在尺寸数字前加注符号"Sϕ"。注写方法与圆弧或圆的半径和直径的注写方法相似。

圆及球的标注方法如图 1-19 所示。

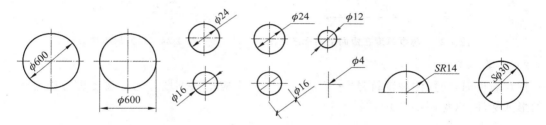

图 1-19　圆及球的标注方法

4. 角度、弧度和弧长的标注

角度的尺寸线，应以圆弧线表示，该圆弧的圆心应是该角的顶点，角的两条边为尺寸界线，角度的起止符号应以箭头表示，如没有足够位置画箭头，可用圆点代替。角度数字应水平注写。（见图 1-20）

标注圆弧的弧长时，尺寸线应以与该圆弧同心的圆弧线表示，尺寸界线应垂直于该圆弧的弦，起止符号应以箭头表示，弧长数字的上方或左侧应加注圆弧符号。（见图 1-21）

标注圆弧的弦长时，尺寸线应以平行于该弦的线段表示，尺寸界线应垂直于该弦，起止符号应以中粗斜短线表示。（见图 1-22）

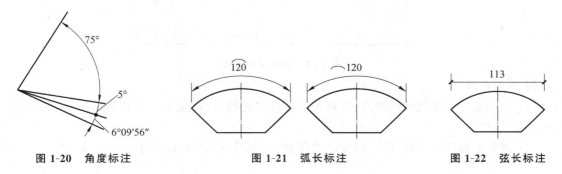

图 1-20　角度标注　　　　图 1-21　弧长标注　　　　图 1-22　弦长标注

5. 薄板厚度、正方形、坡度、非圆曲线等的尺寸标注

1) 薄板厚度

在薄板板面标注板厚尺寸时，应在厚度数字前加厚度符号"t"，如图1-23所示。

2) 正方形

标注正方形时，可用"边长×边长"的形式，也可在边长数字前加正方形符号"□"，如图1-24所示。

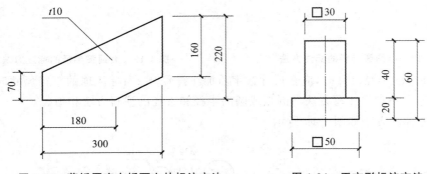

图1-23 薄板厚度在板面上的标注方法　　图1-24 正方形标注方法

3) 坡度

标注坡度时，应加注坡度符号"→"或"→"，箭头应指向下坡方向。坡度也可用直角三角形的形式标注。（见图1-25）

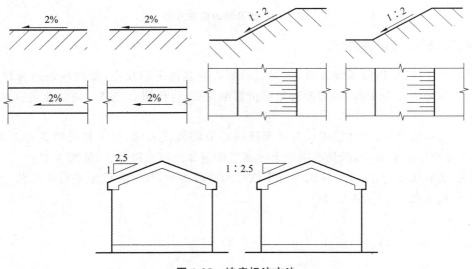

图1-25 坡度标注方法

4) 非圆曲线

（1）坐标法标注非圆曲线尺寸：外形为非圆曲线的构件，可用坐标形式标注尺寸，如图1-26所示。

（2）网格法标注非圆曲线尺寸：复杂的图形，可用网格形式标注尺寸，如图1-27所示。

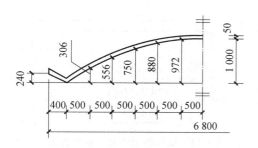

图 1-26　坐标法标注非圆曲线尺寸

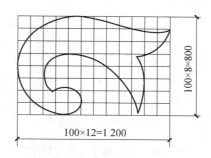

图 1-27　网格法标注非圆曲线尺寸

6. 尺寸的简化标注

（1）杆件或管线的长度，在单线图（桁架简图、钢筋简图、管线简图）上，可直接将尺寸数字沿杆件或管线的一侧注写，如图 1-28 所示。

（2）构配件内的构造要素（如孔、槽等）如相同，可仅标注其中一个要素的尺寸，如图 1-29 所示。

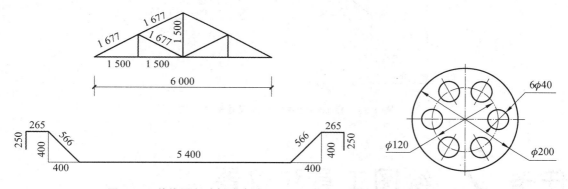

图 1-28　单线图尺寸标注方法　　　　　图 1-29　相同要素尺寸标注方法

（3）连续排列的等长尺寸，可用"等长尺寸×个数＝总长"或"总长（n 等分）"的形式标注，如图 1-30 所示。

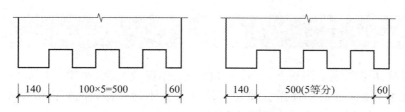

图 1-30　等长尺寸简化标注方法

（4）对称构配件采用对称省略画法时，该对称构配件的尺寸线应略超过对称符号，仅在尺寸线的一端画尺寸起止符号，尺寸数字应按全尺寸注写，其注写位置宜与对称符号对齐，如图 1-31 所示。

（5）两个相似的构配件如个别尺寸数字不同，可在同一图样中将其中一个构配件的不同尺寸数字注写在括号内，该构配件的名称也应注写在相应的括号内，如图 1-32 所示。

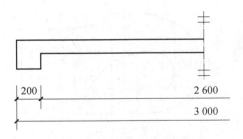
图1-31 对称构配件尺寸标注方法

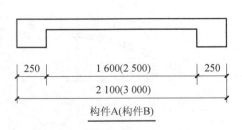
图1-32 相似构配件尺寸标注方法

（6）如数个构配件仅某些尺寸不同,这些有变化的尺寸数字可用拉丁字母注写在同一图样中,另列表格写明其具体尺寸,如图1-33所示。

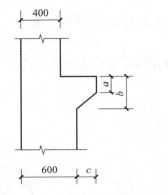

构件编号	a	b	c
Z-1	200	200	200
Z-2	250	450	200
Z-3	200	450	250

图1-33 相似构配件表格式尺寸标注方法

任务 2 绘图工具和仪器

一、图板

绘图时,需将图纸固定于图板上,因此,图板的工作面应光滑、平整。图板的左侧边为工作边,要求必须平直,以保证绘图质量。使用时注意图板不能受潮,不能用水洗刷和在日光下暴晒。不要在图板上按图钉,更不能在图板上切纸。

常用的图板规格有0号、1号和2号,可以根据不同图纸幅面的需要选用不同规格图板。作图时,将图板与水平桌面成10°～15°角放置。

二、丁字尺

丁字尺由尺头和尺身组成,其连接处必须坚固,尺身的工作边必须平直,不可用丁字尺击物或用刀片沿尺身工作边裁纸。丁字尺用完后应竖直挂起来,以避免尺身弯曲变形或折断。丁字尺主要用于画水平线,与图板配合使用,如图 1-34 所示,使用时将尺头紧贴图板的工作边,左手把住尺头,使它始终紧靠图板左侧,然后上下移动丁字尺,待工作边对准要画线的地方再从左向右画水平线。画较长的水平线时,应用左手按住尺身,以防止尺尾翘起和尺身移动。

利用丁字尺画水平线和垂直线如图 1-35 所示。

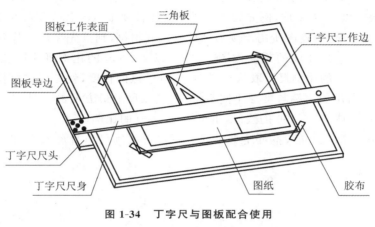

图 1-34　丁字尺与图板配合使用

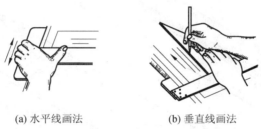

(a) 水平线画法　　　　(b) 垂直线画法

图 1-35　利用丁字尺画水平线和垂直线

三、三角板

每副三角板有两块(内角分别为 30°、60°、90° 和 45°、45°、90°),且后者的斜边等于前者的较长直角边。三角板除了与丁字尺配合使用,由下向上画不同位置的垂直线外,还可以配合丁字尺画 30°、45°、60° 等各种斜线,包括与水平线成 15° 的倍数的角的倾斜线,如图 1-36 所示。

画垂直线时,先把丁字尺移动到待绘图线的下方,把三角板放在待绘图线的右方,使一直角边紧靠丁字尺的工作边,然后移动三角板,直到另一直角边对准要画线的位置,再用左手按住丁字尺和三角板,自下而上画线。

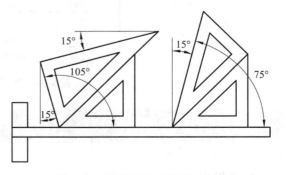

图 1-36　丁字尺和三角板画斜线

四、比例尺

比例尺是在画图时按比例量取尺寸的工具,通常有比例直尺及三棱比例尺两种,如图1-37所示。比例尺刻有6种刻度,通常分别表示1∶100、1∶200、1∶400、1∶500、1∶600等6种比例,比例尺上的数字以m为单位,例如数字1代表实际长度1 m,5代表实际长度5 m。

使用比例尺画图时,若绘图所用比例与尺身上比例相符,则首先在尺上找到相应的比例,不需要计算即可在尺上量出相应的刻度作图。例如,以1∶500的比例画实际长度为18 000 mm的线段,只要用1∶500的比例尺量取从0到18 m刻度点的长度,就可用这段长度绘图了,如图1-38所示。若绘图所用的比例与尺身比例不符,则选取尺上最方便的一种比例,经计算后量取绘图。如量画1∶50或1∶5 000的线段,也可用1∶500的比例尺。

比例尺是用来量取尺寸的,不可用来画线。不要把比例尺当直尺来用,以免磨损比例尺上面的刻度。

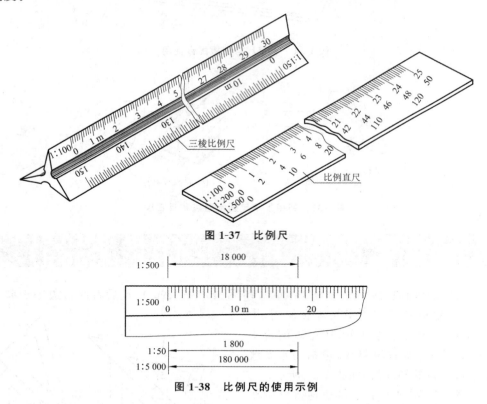

图1-37 比例尺

图1-38 比例尺的使用示例

五、圆规和分规

1. 圆规

圆规是用来画圆及圆弧的工具,其一脚为固定的钢针,另一脚为可替换的铅笔芯。铅笔芯应磨成与图纸约成75°角的斜截圆柱状,斜面向外,也可磨成圆锥状。使用圆规时,带钢针的一脚应略长于带铅笔芯的一脚,这样在针尖扎入图纸后,能保证圆规的两脚一样高。

画圆时,首先调整铅笔芯与针尖之间的距离,使之等于所画圆的半径,再将针尖扎在圆心处,尽量使笔尖与纸面垂直放置,然后转动圆规顶部手柄,沿顺时针方向画圆。注意,在转动时,圆规应向画线方向略微倾斜,速度要均匀,整个圆或者圆弧要一笔画完。在绘制较大的圆时,可以将圆规两杆弯曲,使两脚仍然与纸面垂直,左手按着针尖一脚、右手转动铅笔芯一脚画圆。直径在 10 mm 以下的圆,一般用点圆规作图。使用时右手食指按顶部,大拇指和中指按顺时针方向转动铅笔芯一脚,画出小圆。

圆规的使用如图 1-39 所示。

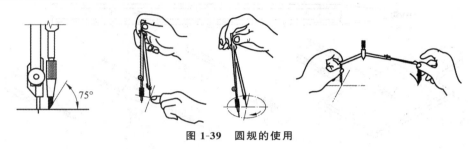

图 1-39 圆规的使用

2. 分规

分规的形状与圆规相似,但分规两腿都装有钢针,可以用来量取线段长度或者等分直线与圆弧。使用时,应先从比例尺或直尺上量取所需的长度,然后在图纸的相应位置量出以绘图。为了使量取的长度准确,分规的两个脚必须等长,两针尖合拢时应能合成一点。

分规的使用如图 1-40 所示。

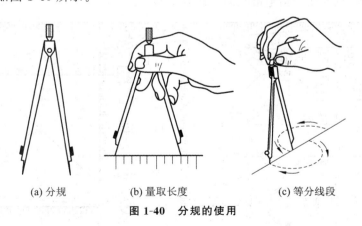

(a) 分规　　　(b) 量取长度　　　(c) 等分线段

图 1-40 分规的使用

六、铅笔和模板

1. 铅笔

绘图铅笔按铅笔芯的软硬程度用"B"和"H"表示。"B"表示软铅芯,常用标号为 B、2B 等,数字越大,表示铅笔芯越软;"H"表示硬铅芯,常用标号为 H、2H 等,数字越大,表示铅笔芯越硬;"HB"介于以上两者之间。画图时可根据使用要求选用不同型号的铅笔。画粗线时用 B 型或 2B 型铅笔,画细线或底稿线时用 H 型或 2H 型铅笔,画中线或书写字体时用 HB 型铅笔。

铅笔尖(见图 1-41)一般应削成锥形,铅芯露出 6~8 mm。削铅笔时要注意保留有标号的一端,以便能始终识别铅笔的软硬度。使用铅笔绘图时,用力要均匀,应避免用力过大划破图纸或在纸上留下凹痕,也应避免用力过小使所画线条不清晰。

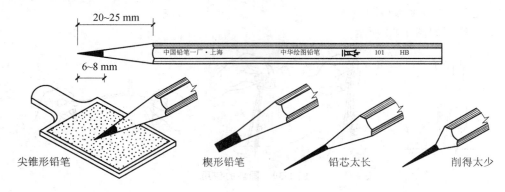

图 1-41　铅笔尖

2. 模板

目前有很多专业型的模板,如建筑模板、结构模板、轴测图模板、数字模板等。建筑模板(见图 1-42)主要用来画各种建筑标准图例和常用符号,模板上刻有不同的图例和符号的孔,其大小已符合一定的比例,只要使用铅笔沿孔内边线画图即可。

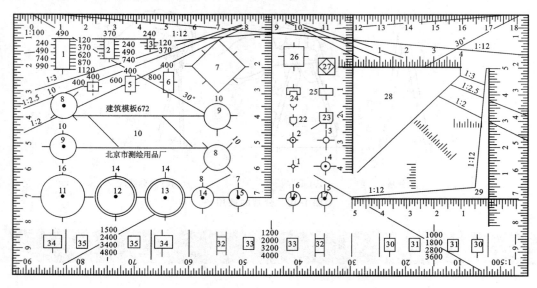

图 1-42　建筑模板

任务 3 绘图的一般方法和步骤

一套建筑施工图纸数量的多少由建筑物的复杂程度而定,其中房屋的建筑平面图、立面图、剖面图是最基本的图样。

绘制建筑平、立、剖面图时,为了保证图纸的质量、提高工作效率,除了要养成认真、耐心的良好习惯之外,还要按照一定的方法和步骤循序渐进地完成绘图。要经过选定比例、画底稿、铅笔加深和上墨四个步骤。

下面我们通过一个简单的例子来介绍建筑平、立、剖面图的绘制方法与步骤。

假想用一个水平剖切平面沿着门窗洞口将房屋剖切开,移去剖切平面及其上部分,将剩下的部分按正投影的原理投射在水平投影面上,所得到的图形称为建筑平面图,如图 1-43 所示。

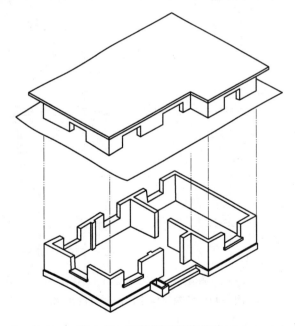

图 1-43 建筑平面图的形成

以下以绘制建筑平面图为例分析绘图的方法与步骤。

一、绘图前的准备工作

绘图前应选定比例及图幅进行图面布置:根据房屋的复杂程度及大小,选定适当的比例,并确定图幅的大小;要注意留出标注尺寸、符号及文字说明的位置。

二、画底稿的方法和步骤

用不同硬度的铅笔在绘图纸上画出的图形称为底稿。其绘制步骤(见图1-44)如下：
(1) 绘制图框及标题栏,并绘制出定位轴线。
(2) 画墙体、柱断面及门窗位置,同时也补全未定轴线的次要的非承重墙。
(3) 初步校核,检查底稿是否正确。

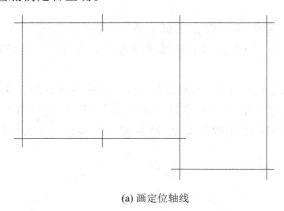

(a) 画定位轴线

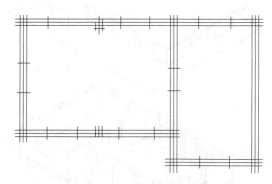

(b) 画墙体、柱断面,定门、窗位置

图 1-44 绘制建筑平面图底稿的步骤

三、铅笔加深的方法和步骤

(1) 按线型及线宽要求加深图线。
建筑平面图中被剖切到的主要建筑构造的轮廓线,如墙断面轮廓线,用粗实线绘制;被剖切到的次要建筑构造的轮廓线用中实线绘制,如楼梯、踏步、厨房内的设施、卫生间内的卫生器具等。
(2) 标注尺寸,注写符号及文字说明。
(3) 图面复核。为尽量做到准确无误,上墨前应仔细检查,及时更正错误。

铅笔加深后的图纸如图1-45所示。

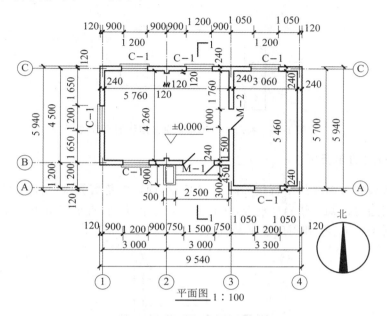

图1-45 铅笔加深后的图纸

四、上墨的方法和步骤

用描图纸盖在底稿上,用描图笔及绘图墨水按底稿描出的图形称为底图,又称为"二底"。这一描图过程称为上墨。

任务4 几何作图

一、作一直线的平行线

1. 作水平方向线的平行线

利用丁字尺作水平方向线的平行线如图1-46所示。
(1) 使丁字尺的工作边与已知直线 AB 重合。
(2) 平推丁字尺,使其工作边紧靠 C 点,沿工作边所作直线 CD 即为所求平行直线。

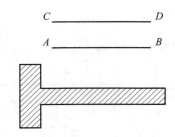

图 1-46 利用丁字尺作水平方向线的平行线

2. 作斜方向线的平行线

利用三角板作斜方向线的平行线如图 1-47 所示,固定三角板②,将三角板①紧贴三角板②,且使三角板①斜边与已知直线 AB 重合,向 C 点方向平行推动,直至三角板①过 C 点,沿三角板①斜边作一直线经过 C 点,即得所求平行直线。

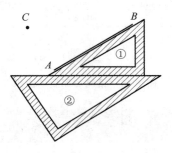

图 1-47 利用三角板作斜方向线的平行线

二、等分线段

1. 二等分线段

(1) 分别以点 A、B 为圆心,以大于 $\frac{1}{2}AB$ 的某一值为半径作弧,得交点 C、D,如图 1-48(a) 所示。

(2) 连接 C、D,交 AB 于 M 点,M 即为 AB 的中点,如图 1-48(b) 所示。

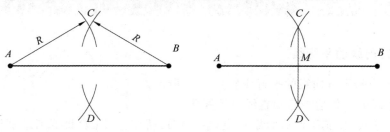

(a) 以 A、B 为圆心画弧　　　　(b) 连接 C、D,交 AB 于 M 点

图 1-48 二等分线段

2. 任意等分线段（以五等分为例）

五等分线段 AB 的做法如下：
(1) 过端点 A 作任意一直线 AC，如图 1-49(a)所示。
(2) 用分规在直线 AC 上量得点 1、2、3、4、5，得到 5 个等长线段，如图 1-49(b)所示。
(3) 连接 5、B，分别过 1、2、3、4 点作 5B 的平行线，即得等分点 1′、2′、3′、4′，如图 1-49(c)所示。

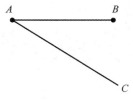
(a) 过A点作任意一直线AC

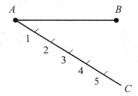
(b) 在AC上量取5个等长线段

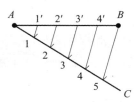
(c) 作5B平行线

图 1-49　五等分线段做法

三、等分圆

1. 五等分圆

以图 1-50 所示的 ⊙O 为例，将其五等分，步骤如下：
(1) 过圆心作两互相垂直的线，与 ⊙O 交于 A、B、C、D 点。
(2) 作 OB 的垂直平分线，交 OB 于点 P。
(3) 以 P 为圆心、PC 长为半径画弧，交直径 AB 于 H 点。CH 即为五边形的边长。
(4) 以 C 点为圆心、CH 长为半径画弧，交圆于 E 点和 F 点。
(5) 依次以 E 点和 F 点为圆心、CE 和 CF 长为半径画弧，分别交圆于 G 点和 K 点。
圆周上的 C、E、G、K、F 即为五等分点。

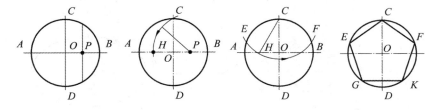

图 1-50　圆的五等分

2. 六等分圆

利用 60°三角板和丁字尺，六等分圆，如图 1-51 所示。
(1) 丁字尺紧贴圆，60°三角板沿着丁字尺向右平移，作出两条平行线，与圆周交于 A、B、C、D 点。
(2) 水平翻转三角板，推动 60°三角板向左平移，过 D、A 点作出另外一组平行线，与圆周交于 E、F 点。
圆周上的 A、B、E、D、C、F 即为六等分点。

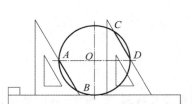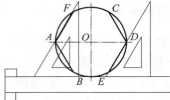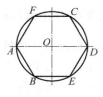

图 1-51 圆的六等分

四、作椭圆

1. 同心圆法

用同心圆法作出的椭圆比较粗略,精确度较低。

如图 1-52 所示,同心圆法作椭圆的步骤如下:

(1) 作出椭圆的长轴 AB 和短轴 CD,以交点 O 为圆心,以 $\frac{1}{2}AB$ 和 $\frac{1}{2}CD$ 为半径分别画圆。

(2) 作出经过圆心的其他任意四条直径。

(3) 过大圆直径的端点作平行于短轴的辅助线。

(4) 过小圆直径的端点作平行于长轴的辅助线,与平行于短轴的辅助线相交,产生 8 个交点。

(5) 用平滑的曲线,将所得 8 个交点与 A、B、C、D 4 个端点依次连接,并将平滑的曲线加粗,即得椭圆。

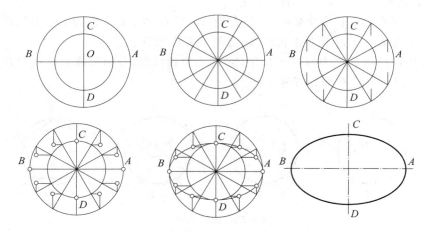

图 1-52 同心圆法作椭圆

2. 四心法

四心法是一种近似的作图方法,即采用四段圆弧来代替椭圆曲线,由于作图时应先求作这四段圆弧的圆心,故将此方法称为四心法。

如图 1-53 所示,四心法作椭圆的步骤如下:

(1) 在坐标轴上确定椭圆的长轴 AB 和短轴 CD 的端点 A、B、C、D。

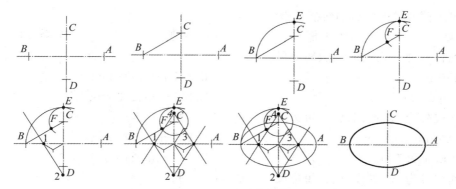

图 1-53 四心法作椭圆

(2) 连接端点 B、C。

(3) 以坐标原点为圆心、$\frac{1}{2}AB$ 为半径作圆弧,交短轴延长线于 E 点。

(4) 以 C 点为圆心、CE 为半径作圆弧,交 BC 于 F 点。

(5) 作 BF 的中垂线,交 AB 于点 1,交短轴 CD 的延长线于点 2。

(6) 作对称点(点 1 和点 2 关于坐标原点的对称点分别为点 3 和点 4),并将依次连接点 1、点 2、点 3、点 4 所得的 4 条直线延长至适当长度。

(7) 用圆规作四段圆弧。以点 1 为圆心、1B 为半径作圆弧,取 21 延长线与 41 延长线夹角区域弧线;以点 3 为圆心、3A 为半径作圆弧,取 23 延长线与 43 延长线夹角区域弧线;以点 2 为圆心、2C 为半径作圆弧,取 21 延长线与 23 延长线夹角区域弧线;以点 4 为圆心、4D 为半径作圆弧,取 41 延长线与 43 延长线夹角区域弧线。

(8) 用所取弧线形成椭圆,将曲线加粗。

小 结

本工作手册主要根据《房屋建筑制图统一标准》(GB/T 50001—2017)、《总图制图标准》(GB/T 50103—2010)和《建筑制图标准》(GB/T 50104—2010)等国家标准中的内容,介绍了常用的绘图工具、基本制图标准及简单建筑图纸的绘制方法和步骤等。读者通过学习可实现以下内容:

(1) 熟悉各项基本制图标准;

(2) 掌握常用的制图工具的使用方法和绘图技能;

(3) 掌握尺寸标注的注写规则,能规范地进行建筑图纸的各项尺寸的标注;

(4) 培养严格按照国标绘制建筑图纸的习惯。

一、选择题

1. 图纸的幅面简称( )。

A. 图幅　　　　　　B. 图框　　　　　　C. 标题栏　　　　　　D. 会签栏

2. 图纸上限定绘图区域的线框是指(　　)。
   A. 图幅　　　　　　B. 图框　　　　　　C. 标题栏　　　　　　D. 会签栏
3. 幅面代号为 A0 的图纸长、短边尺寸分别是(　　)。
   A. 1 189 mm、841 mm　　　　　　B. 841 mm、594 mm
   C. 420 mm、297 mm　　　　　　　D. 297 mm、210 mm
4. 幅面代号为 A1 的图纸长、短边尺寸分别是(　　)。
   A. 1 189 mm、841 mm　　　　　　B. 841 mm、594 mm
   C. 420 mm、297 mm　　　　　　　D. 297 mm、210 mm
5. 幅面代号为 A4 的图纸长、短边尺寸分别是(　　)。
   A. 1 189 mm、841 mm　　　　　　B. 841 mm、594 mm
   C. 420 mm、297 mm　　　　　　　D. 297 mm、210 mm
6. 一般情况下,一个图样应选择的比例为(　　)。
   A. 1 种　　　　　　B. 2 种　　　　　　C. 3 种　　　　　　D. 4 种
7. 图样及说明中的汉字宜采用(　　)。
   A. 长仿宋体　　　　B. 黑体　　　　　　C. 隶书　　　　　　D. 楷体
8. 制图的基本规定中要求数量的单位符号应采用(　　)。
   A. 正体阿拉伯数字　B. 斜体阿拉伯数字　C. 正体字母　　　　D. 斜体罗马数字
9. 绘制尺寸起止符号时应采用(　　)。
   A. 中粗长线　　　　B. 波浪线　　　　　C. 中粗短线　　　　D. 单点长画线
10. 图样轮廓线以外的尺寸线,距图样最外轮廓线之间的距离,不宜小于(　　)。
    A. 10 mm　　　　　B. 20 mm　　　　　C. 5 mm　　　　　　D. 1 mm
11. 平行排列的尺寸线的间距,宜为(　　)。
    A. 1～2 mm　　　　B. 2～3 mm　　　　C. 3～5 mm　　　　D. 7～10 mm
12. 标注圆弧的弧长时,尺寸线应以(　　)表示。
    A. 箭头　　　　　　　　　　　　　　B. 与该圆弧同心的圆弧线
    C. 圆弧的弦长　　　　　　　　　　　D. 平行于圆弧的直线
13. 一般制图的第一个步骤是(　　)。
    A. 绘制图样底稿　　　　　　　　　　B. 检查图样、修正错误
    C. 底稿加深　　　　　　　　　　　　D. 图纸整理
14. 一般制图的最后一个步骤是(　　)。
    A. 绘制图样底稿　　　　　　　　　　B. 检查图样、修正错误
    C. 底稿加深　　　　　　　　　　　　D. 图纸整理

二、填空题

1. 幅面代号为 A2 的图纸长、短边尺寸分别是_____、_____。
2. 幅面代号为 A3 的图纸长、短边尺寸分别是_____、_____。
3. 绘制尺寸界线时应采用_____。
4. 尺寸起止符号倾斜方向与尺寸界线应成_____角。

三、判断题

1. A0 幅面的图框尺寸为 594 mm×841 mm。(　　)

工作手册1 建筑制图的基本知识

2. 为了使所绘制的图样主次分明、清晰易懂，必须使用相同的线型和不同粗细的图线。（　　）
3. 主要可见轮廓线采用粗实线。（　　）
4. 同一张图纸内，相同比例的各图样应选用相同的线宽组。（　　）
5. 互相平行的图线，其间隙不宜小于其中的粗线宽度，且不宜大于 0.7 mm。（　　）
6. 折断线应通过被折断图形的轮廓线，两端各画出 2～3 mm。（　　）
7. 字高与字宽的比例大约为 1：0.7。（　　）
8. 斜体字字头向右倾斜，与水平基准线成 45°角。（　　）
9. 一般情况下，一个图样选用一种比例。（　　）
10. 尺寸宜标注在图样轮廓线以内，宜与图线、文字及符号等相交。（　　）

四、简答题

1. 常用的绘图工具有哪些？
2. 图线使用过程中需要注意哪些内容？
3. 试述尺寸标注的组成和特点。
4. 试述绘制建筑平面图时铅笔加深的方法和步骤。

五、工程制图

1. 绘制 1：0.5 的 A4 图框。
2. 在题图 1-1 中完成字体练习。

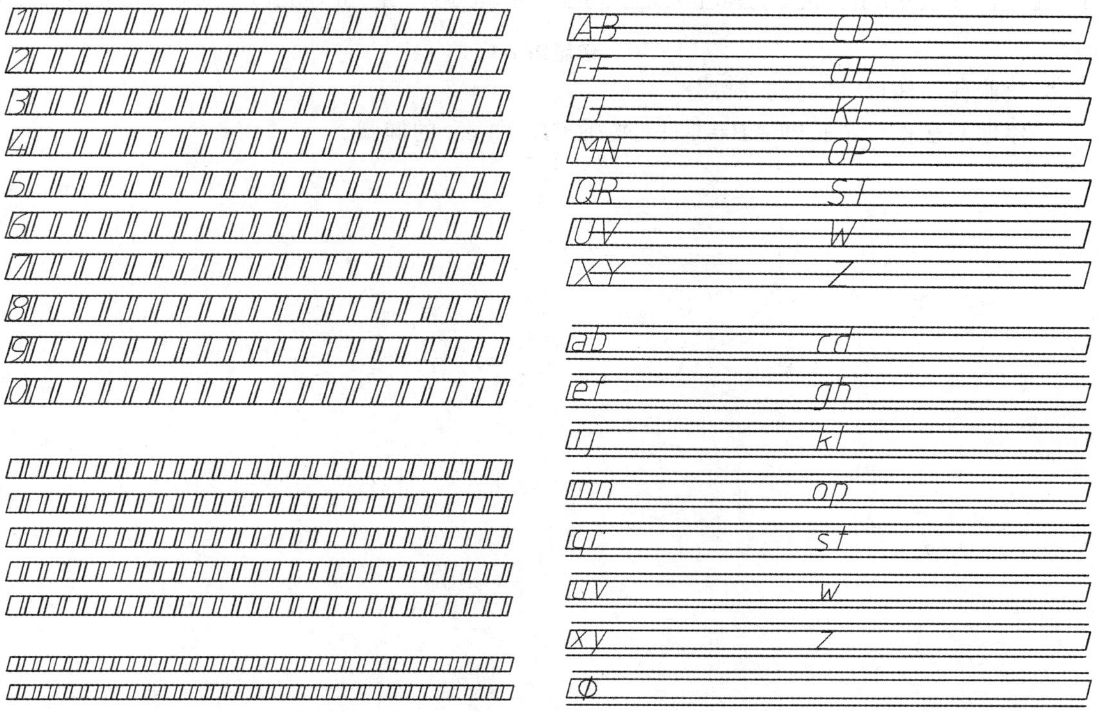

题图 1-1

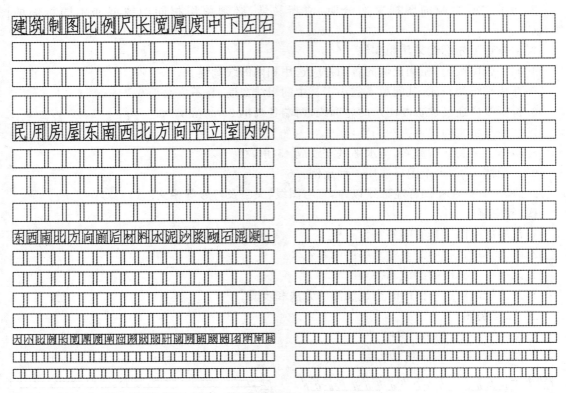

续题图 1-1

3. 绘制任一线段，并将其三等分。
4. 用四心法作一个长轴 $AB=5$ cm、短轴 $CD=3$ cm 的椭圆。

工作手册 2

投影的基本知识

建筑三宝
（安全帽、安全带、安全网）

施工许可证

■ 知识目标

掌握三面投影图的形成方式及规律；掌握点、线、面的投影规律及特性，熟悉常用的工程图纸（投影图），了解投影的形成、种类及具体的用处。

■ 能力目标

根据三面投影的规律，能看懂简单几何形体的三面投影图，综合运用所学的投影基础知识灵活解题，能在平面图中作出点、线、面的投影。

任务 1　投影的基本概念

一、投影的概念和分类

1. 投影的概念

在建筑工程领域,常用各种投影方法绘制建筑施工图等,也就是在平面上用图形表达空间形体,并能表达出空间形体的长度、宽度和高度。在日常生活中,物体在光源的照射下,必定会在地面或墙面等上留下影子。这种影子通常能在某种程度上显示物体的形状和大小,并随光线照射方向和距离的变化而变化。

如图 2-1(a)所示,一物体(三棱锥)在光线的照射下在平面上产生影子,这个影子只能反映出物体的轮廓,而不能表达物体的真实形状。假设光线能够透过物体,将物体的各个顶点和各条棱线都在平面上投落出影子,这些点和线的影子将组成一个能够反映物体形状的图形,如图 2-1(b)所示,这个图形通常称为物体的投影。这种光线通过物体向平面投射并在该平面上获得图形的方法,称为投影法。光源 S 称为投影中心,光线 SA、SB、SC 等叫投影线,三棱锥称为空间形体,平面 H 叫投影面。投影线、空间形体、投影面合称为投影的三要素。

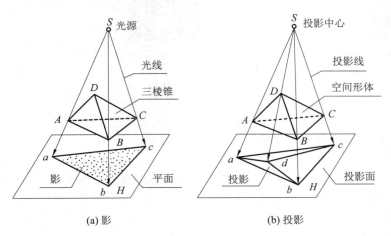

(a) 影　　　　(b) 投影

图 2-1　影与投影

2. 投影法的分类

投影法可以分为中心投影法和平行投影法两大类。

1) 中心投影法

投影时全部的投影线均通过投影中心,这种投影法称为中心投影法,如图 2-2(a)所示。中心投影法的特点是：投影线集中于一点 S；投影的大小与形体离投影中心的距离有关，在投影中心 S 与投影面距离不变的情况下，形体距投影中心愈近，影子愈大，反之则反。中心投影法一般用于绘制建筑透视图。

2）平行投影法

投影时所有的投影线都相互平行，此时，空间形体在投影面上得到一个投影，这种投影法称为平行投影法。采用平行投影法所得投影的大小与形体离投影中心的距离远近无关。

根据投影线与投影面是否垂直，平行投影法又可以分为斜投影法和正投影法两类。

（1）斜投影法：投射线相互平行，并且倾斜于投影面，这种投影方法叫作斜投影法，如图 2-2(b) 所示。斜投影法适用于绘制斜轴测图。

（2）正投影法：投射线相互平行，并且垂直于投影面，这种投影方法叫作正投影法，如图 2-2(c) 所示。由于用正投影法得到的投影图最能真实表达空间物体的形状和大小，作图也较方便，大多数工程图样的绘制都采用正投影法。

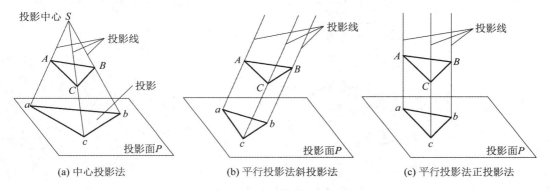

(a) 中心投影法　　(b) 平行投影法斜投影法　　(c) 平行投影法正投影法

图 2-2　投影法的分类

3. 正投影的特性

采用正投影法的投影称为正投影。正投影具有以下特性。

(1) 同素性。

一般情况下点的投影仍为点，线段的投影仍为线段。

(2) 平行性。

空间两直线平行，其同面投影亦平行。空间直线 $AB/\!/CD$，投影 $ab/\!/cd$，如图 2-3(a) 所示。

(3) 从属性。

点在线段上，则点的投影一定在该线段的同面投影上。点 K 在线段 AB 上，那么点 K 的投影 k 也一定在线段 AB 的投影 ab 上，如图 2-3(b) 所示。

(4) 定比性。

点分线段之比，投影后保持不变。线段 CD 上有一点 K，线段 CD 的投影为 cd，点 K 的投影为 k，则 $CK:KD=ck:kd$，如图 2-3(c) 所示。

空间两平行线段之比，等于其投影之比。

(5) 积聚性。

当物体上的平面（或柱面、直线）与投影面垂直时，其在投影面上的投影积聚为直线（或曲线、点),这种投影特性称为积聚性,如图 2-3(d)所示。

(6) 实形性(度量性或可量性)。

当物体上的平面(或直线)与投影面平行时,投影反映实形(或实长),这种投影特性称为实形性,如图 2-3(e)所示。

(7) 类似性。

当物体上的平面相对投影面倾斜时,投影的形状仍与平面的形状类似,这种投影特性称为类似性,如图 2-3(f)所示,所得投影称为类似形。其投影特性为:同一直线上成比例的线段投影后比例不变;平面图形的边数、平行关系投影后不变;直线投影为直线,曲线投影为曲线。

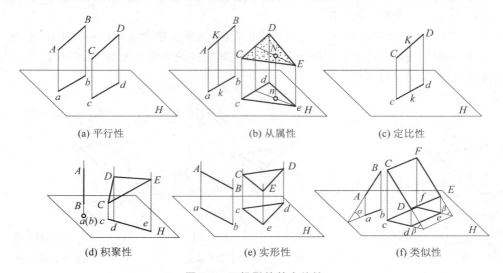

图 2-3 正投影的基本特性

二、建筑工程中常用的投影图

中心投影法和平行投影法(斜投影法和正投影法)在工程图的绘制中应用广泛,以一幢四棱柱组合体外形的楼房为例,用不同的投影法,可以画出不同的投影图。

1. 透视图

透视图(见图 2-4)是用中心投影法绘制的单面投影图,这种图与人的眼睛观察物体或摄影得到的结果相似,形象逼真,立体感强,常用在初步设计以绘制方案效果图。因为透视图具有近大远小、近高远低、近疏远密的特点,房屋各部分形状和大小不能在图上直接量出,所以它不能作为施工图。

2. 轴测图

轴测图是用平行投影法绘制的单面投影图,这种图具有较强的立体感,能较清楚地反映出形体的立体形状,如图 2-5 所示。轴测图上平行于轴测轴的线段都可以测量。轴测图主要用作水暖工程图中的管道系统图和识读工程图时的辅助用图。

3. 三面投影图

三面投影图是用平行投影法中的正投影法绘制的多面投影图,如图 2-6 所示。这种图画法较前两种图简便,可反映形体实形,是绘制建筑工程图的主要方法,但是,它缺乏整体感,无投影知识的人不易看懂。

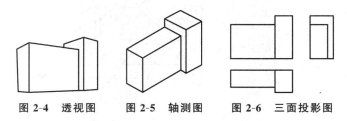

图 2-4　透视图　　图 2-5　轴测图　　图 2-6　三面投影图

4. 标高投影图

标高投影图是一种带有数字标记的单面正投影图,常用来表示地形等,如图 2-7 所示。

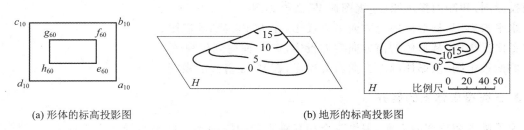

(a) 形体的标高投影图　　　　　　　　(b) 地形的标高投影图

图 2-7　标高投影图

三、三面投影体系与三面投影图

1. 三面投影体系的建立

按照国家标准设立的三个互相垂直的投影面,可形成三面投影体系,如图 2-8 所示,三个投影面中,位于水平位置的投影面称为水平面投影面,用大写字母"H"表示;位于观察者正前方的投影面称为正面投影面,用大写字母"V"表示;位于观察者右方的投影面称为侧面投影面,用大写字母"W"表示。三个投影面两两相交,得到三条互相垂直的交线 OX、OY、OZ,这三条交线称为投影轴。三个投影轴的交点 O,称为原点。

2. 三面投影图的形成

如图 2-9 所示,将形体放在三面投影体系

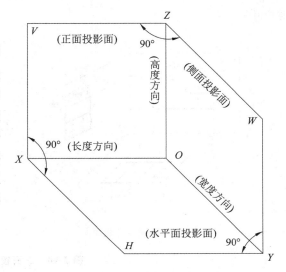

图 2-8　三面投影体系

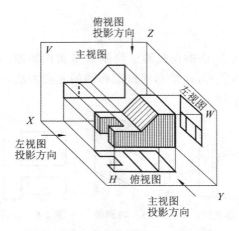

图 2-9　形体在三面投影体系中的投影

中,对形体向各个投影面进行投影,即可得到三个方向的正投影图,即形体的三面投影图,也称三视图。三个投影图的名称分别为水平投影图(俯视图或 H 面投影图)、正面投影图(主视图或 V 面投影图)和侧面投影图(左视图或 W 面投影图)。

水平投影图:从形体的上方向下方投影,在 H 面得到的视图。

正面投影图:从形体的前方向后方投影,在 V 面得到的视图。

侧面投影图:从形体的左方向右方投影,在 W 面得到的视图。

3. 三面投影体系的展开

为了画图和看图的方便,需将三个相互垂直的投影面展开摊平在同一个平面上。其展开方法是:正面(V 面)不动,水平面(H 面)绕 OX 轴向下旋转 90°,侧面(W 面)绕 OZ 轴向右后旋转 90°,旋转后与正面处在同一平面上,如图 2-10 所示。

在三视图中,由于视图所表示的形体形状与投影面的大小、形体与投影面之间的距离无关,投影面可无限延伸,投影面边框不必画出;又因形体离投影面远近不影响投影结果,投影轴也不必画出。

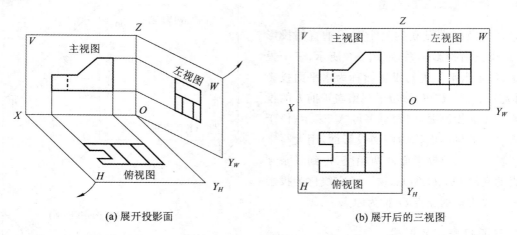

(a) 展开投影面　　　　　　　　　　　　(b) 展开后的三视图

图 2-10　三面投影体系的展开

4.三视图的投影规律

将投影面旋转展开到同一平面上后,形体的三视图呈规则配置,相互之间形成了一定的对应关系,如图 2-11 所示。

1）位置关系

以主视图为准,俯视图配置在它的正下方,左视图配置在它的正右方。画三视图时,要严格按此位置配置。

2）度量关系

如图 2-11 所示,形体有长、宽、高三个方向的尺寸,每个视图都反映形体两个方向的尺寸:主视图反映形体的长度和高度,俯视图反映形体的长度和宽度,左视图反映形体的宽度和高度。由于三视图反映的是同一形体,所以相邻两个视图同一方向的尺寸必定相等,即主、俯视图反映形体的长度,主、左视图反映形体的高度,俯、左视图反映形体的宽度。度量对应关系归纳如下:

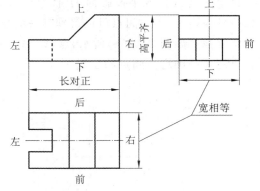

图 2-11　三视图的投影规律

(1) 主视图、俯视图——长对正;

(2) 主视图、左视图——高平齐;

(3) 俯视图、左视图——宽相等。

这就是三视图在度量对应上的"三等"关系。在画图过程中应注意三个视图之间的"长对正、高平齐、宽相等",特别是画俯视图和左视图时"宽相等"不要忘记。

3）方位关系

形体有上、下、左、右、前、后六个方向位置,而每个视图只能反映四个方向位置:

(1) 主视图反映形体上、下和左、右方位;

(2) 俯视图反映形体前、后和左、右方位;

(3) 左视图反映形体前、后和上、下方位。

读图时,应注意形体上、下、左、右、前、后各方位关系与三视图的联系。一般说来,上、下和左、右方向易掌握,前、后方向则容易搞错。可以主视图为中心看俯视图和左视图,靠近主视图的一侧表示形体的后面,远离主视图的一侧表示形体的前面。

任务 2　点的投影

一、点的投影的形成

任何形体都可以看作点的集合。点是基本几何要素,研究点的投影是掌握其他几何要素投影规律的基础。

1. 点的单面投影

过空间点 A 向水平投影面 H 作垂线,垂足 a 为空间点 A 在投影面 H 上的正投影,如图 2-12(a)所示。一个空间点可以得到唯一的投影。如果已知点的单面投影 a,是否能确定空间点 A 的位置呢?如图 2-12(b)所示,点 A_1、A_2、A_3 等都可能是对应的空间点。所以,已知点的单面投影不能唯一确定空间点的位置。

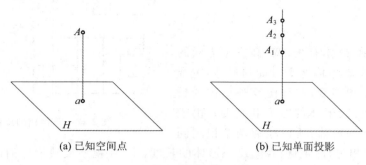

(a) 已知空间点　　　　　　(b) 已知单面投影

图 2-12　点的单面投影

2. 点的两面投影

点的两面投影如图 2-13 所示。首先建立两个互相垂直的投影面 H 及 V,其间有一空间点 A,过点 A 分别引垂直于 H 面和 V 面的投影线,得到的垂足 a、a' 就是点 A 的水平投影和正面投影。

规定:图示时,空间点用大写字母(如 A、B 等)表示,点的水平投影用相应小写字母(如 a、b 等)表示,正面投影用相应小写字母加一撇(如 a'、b' 等)表示。

已知两个投影能唯一确定空间点,如图 2-14 所示,即移去空间点 A,由点的两个投影 a、a' 就能确定该点的空间位置。另外,由于两个投影平面是相互垂直的,可在其上建立笛卡儿坐标体系。已知 a,即已知 x、y 两个坐标;已知空间点 A 的两个投影 a 及 a',即确定了空间点 A 的 x、y 及 z 三个坐标,也就唯一地确定了该点的空间位置。

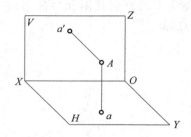　　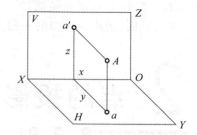

图 2-13　点的两面投影　　　图 2-14　已知两个投影能唯一确定空间点

两面投影图的画法如图 2-15 所示,为使两个投影 a 和 a' 画在同一平面(图纸)上,规定将 H 面绕 OX 轴向下旋转 90°,使它与 V 面在同一平面上。投影面可以被认为是任意大的,通常在投影图上不画它们的范围。投影图上细实线 aa' 称为投影连线。

由于图纸的图框不用画出,所以常常利用两面投影图来表示空间的几何原形。

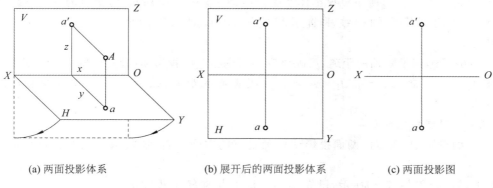

(a) 两面投影体系　　(b) 展开后的两面投影体系　　(c) 两面投影图

图 2-15　两面投影图的画法

3. 点的三面投影

为更清楚地表达形体，需要把形体放在三面投影体系中进行投影。同样，在探讨点的投影时，可把点放在三面投影体系中进行投影。

由于三面投影体系是在两面投影体系基础上发展而成的，两面投影体系中的术语及规定在三面投影体系中仍适用。此外，规定空间点在侧面投影面上的投影，用相应的小写字母加两撇表示（如 a''、b'' 等）。

对空间点 A 分别向三个投影面进行正投影，也就是过点 A 分别作垂直于 H、V、W 面的投影线，与三个投影面的交点即为点 A 的三面投影（a、a'、a''）。移去空间点 A，将投影体系展开，形成三面投影图，如图 2-16 所示。

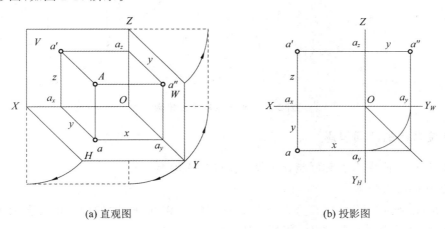

(a) 直观图　　(b) 投影图

图 2-16　点的三面投影

二、点的三面投影规律

1. 点的三面投影特性

通过点 A 的各投影线和三条投影轴形成一个长方体，其中相交的边彼此垂直，相互平行的

边长度相等,如图 2-16(a)所示。投影体系展开后,如图 2-16(b)所示,可知点的三面投影特性:

(1) 点的两面投影的连线垂直于相应投影轴,即 $aa' \perp OX$,$a'a'' \perp OZ$,$aa_y \perp OY_H$,$a''a_y \perp OY_W$。

(2) 点的投影到投影轴的距离,反映该空间点到相应的投影面的距离,即 $a'a_x = a''a_y = A$ 到水平面投影面的距离,$aa_x = a''a_z = A$ 到正面投影面的距离,$aa_y = a'a_z = A$ 到侧面投影面的距离。

根据上述投影特性可知:

点的三面投影中,由点的两面投影就可确定点的空间位置,还可由点的两面投影求出第三面投影。

【例 2-1】 如图 2-17(a)所示,已知 a'、a'',求 A 点的 H 面投影 a。

分析:由于点 A 的正面投影和侧面投影已知,点 A 的空间位置可以确定,依据点的投影规律可画出水平面投影。

作图:①如图 2-17(b)所示,过已知投影 a' 作 OX 的垂直线,所求的 a 必在这条垂直线上($a'a \perp OX$)。②a 到 OX 轴的距离等于 a'' 到 OZ 轴的距离($aa_x = a''a_z$),因此,过点 O 作一斜线与 OY_W、OY_H 均成 45°角,过 a'' 作 OY_W 轴的垂线,遇 45°斜线向左转折 90°至水平方向,与 $a'a_x$ 的延长线的交点即为 a,如图 2-17(c)所示。

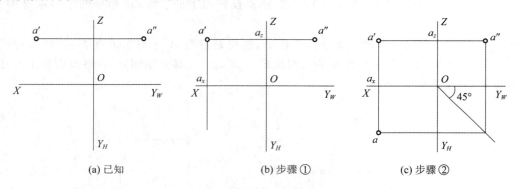

(a) 已知　　　　　　　(b) 步骤①　　　　　　　(c) 步骤②

图 2-17　求一点的第三投影

2. 特殊位置点的三面投影

特殊情况下,空间中一点有可能处于投影面或投影轴上。

1) 位于投影面上的点

如图 2-18(a)所示,点 A、B、C 分别处于 V 面、H 面、W 面上,它们的三面投影如图 2-18(b)所示,由此得出位于投影面上的点的投影性质:

(1) 点的一个投影与空间点本身重合;

(2) 点的另外两个投影,分别处于不同的投影轴上。

2) 位于投影轴上的点

如图 2-18 所示,当点 D 在 OY 轴上时,点 D 和它的水平面投影、侧面投影重合于 OY 轴上,点 D 的正面投影位于原点。由此得出位于投影轴上的点的投影性质:

(1) 点的两个投影与空间点本身重合;

(2) 点的另外一个投影位于原点。

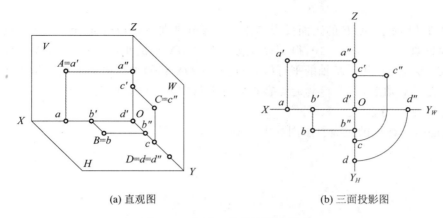

(a) 直观图 (b) 三面投影图

图 2-18 投影面及投影轴上的点

三、点的坐标

将三面投影体系当作空间直角坐标系，把 V、H、W 面当作坐标面，投影轴 OX、OY、OZ 当作坐标轴，O 作为原点，则点 A 的空间位置可以用直角坐标 (x,y,z) 来表示，如图 2-19 所示。

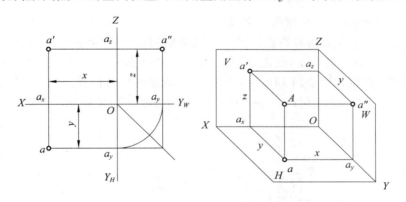

图 2-19 点的空间位置与直角坐标

点 A 的 x 坐标值 $=Oa_x=aa_y=a'a_z=Aa''$，反映点 A 到 W 面的距离。

y 坐标值 $=Oa_y=aa_x=a''a_z=Aa'$，反映点 A 到 V 面的距离。

z 坐标值 $=Oa_z=a'a_x=a''a_y=Aa$，反映点 A 到 H 面的距离。

因此，a 由点 A 的 x、y 值确定，a' 由点 A 的 x、z 值确定，a'' 由点 A 的 y、z 值确定。

【例 2-2】 已知点 A 的坐标 $(20,0,10)$、点 B 的坐标 $(30,10,0)$ 和点 C 的坐标 $(15,0,0)$，求作各点的三面投影。

分析：$y_A=0$，则点 A 在 V 面上；$z_B=0$，则点 B 在 H 面上；$y_C=0$，$z_C=0$，则点 C 在 OX 轴上。

作图：

①点 A 在 V 面上，点 A 的水平投影和侧面投影分别在 OX、OZ 轴上。以 O 为起点分别沿 OX、OZ 轴量取 $x_A=20$，$z_A=10$，得 a、a''，分别过 a、a'' 作其各自所在轴的垂线，相交于 a'，点 A 与

a' 重合。

②点 B 在 H 面上,点 B 的正面投影和侧面投影分别在 OX、OY_W 轴上。以 O 为起点分别沿 OX、OY_W 轴量取 $x_B=30$,$y_B=10$,得 b'、b'',过 b' 作出 OX 轴的垂线,过 b'' 作 OY_W 轴的垂线,与 45°斜线相交,再过交点作 OX 轴的平行线,与过 b' 的 OX 轴的垂线相交于 b,点 B 与 b 重合。

③点 C 在 OX 轴上,以点 O 为起点在 OX 轴上量取 $x_C=15$,得点 c',点 C 与 c'、c 在 OX 轴上重合,c'' 与原点 O 重合。

根据点的坐标作出的三面投影图如图 2-20 所示。

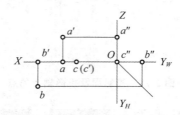

图 2-20　根据点的坐标作出的三面投影图

四、两点的相对位置

空间中两点的相对位置,是指在三面投影体系中一个点处于另一个点的上、下、左、右、前、后的位置。它们的相对位置可以在投影图中由两点的同面投影(在同一投影面上的投影)的坐标大小来判断。z 坐标大者在上,反之在下;y 坐标大者在前,反之在后;x 坐标大者在左,反之在右。两点的相对位置如图 2-21 所示时,判断 A、C 两点的相对位置:$z_A>z_C$,因此点 A 在点 C 之上;$y_A>y_C$,点 A 在点 C 之前;$x_A<x_C$,点 A 在点 C 之右。结果是点 A 在点 C 的右前上方。

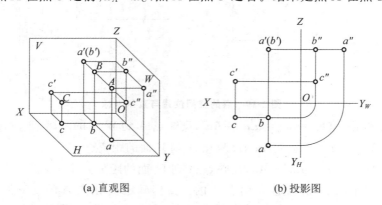

(a) 直观图　　　　　　(b) 投影图

图 2-21　两点的相对位置示例

综上所述可得出在投影图上判断空间两点相对位置关系的具体方法:

(1) 判断上下关系:根据两点的 z 坐标大小。也就是根据两点在 V 面或 W 面的投影的上下关系直接判定。z 坐标大者在上,反之在下。

(2) 判断左右关系:根据两点的 x 坐标大小。也就是根据两点在 H 面或 V 面的投影的左右关系直接判定。x 坐标大者在左,反之在右。

(3) 判断前后关系:根据两点的 y 坐标大小。也就是根据两点在 H 面或 W 面的投影的前后关系直接判定。y 坐标大者在前,反之在后。

【例 2-3】 已知点 A 投影如图 2-22(a)所示,点 B 在点 A 的右方 10 mm、后方 8 mm、上方 15 mm,作点 B 的三面投影。

分析:由于点 A 投影已知,点 B 相对点 A 的位置确定,依据点的投影规律可画出点 B 的投影。

作图:

①在 OX 轴上,以 a_x 为起点向右量取 10 mm,得 b_x;在 OY_H 轴上,以 a_{y_H} 为起点向上量取 8 mm,得 b_{y_H};在 OZ 轴上,以 a_z 为起点向上量取 15 mm,得 b_z。

②分别过 b_x、b_{y_H}、b_z 作 OX、OY_H、OZ 轴的垂线,得 b、b'。

③根据 b、b',求得 b'',如图 2-22(b)所示。

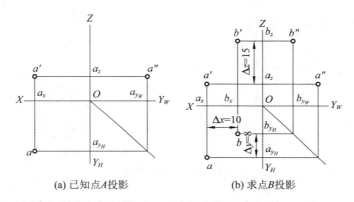

(a) 已知点 A 投影　　(b) 求点 B 投影

图 2-22　根据两点的相对位置求点的投影(单位:mm)

五、重影点及其可见性

当空间两点在对某投影面进行投影时投影线部分重合,则在该投影面上此二点的投影相互重合,这两点称为对该投影面的重影点。

例如,图 2-21 中,A、B 两点位于垂直于 V 面的同一条投影线上($x_A = x_B$,$z_A = z_B$),正面投影 a' 和 b' 重合于一点。由水平投影(或侧面投影)可知 $y_A > y_B$,即点 A 在点 B 的前方,因此,点 B 的正面投影 b' 被点 A 的正面投影 a' 遮挡,是不可见的,规定对 b' 加圆括号以示区别。

某投影面上出现重影点时,判别哪个点可见,应根据它们相异的第三个坐标的大小来确定,坐标大的点是重影点中的可见点。

任务 3　直线的投影

直线的投影可由直线上两点的同面投影来确定,先作出直线上两点的投影,用粗实线连接两点的同面投影就得到了直线的投影。

一、直线投影规律

由于空间任意两点可确定一条直线,为便于绘图,在投影图中通常使用有限长的线段来表示直线。一般情况下,直线的投影仍是直线,特殊情况下直线的投影会成为一点。因此,在投影图中,一般只要作出直线上任意两点的投影,并将其同面投影相连,即可得到直线的投影。如图2-23所示,作一般直线 AB 的三面投影,可分别作出它的两端点 A 和 B 的三面投影 a、a′、a″和 b、b′、b″,然后将两点的同面投影相连,得到直线 AB 的三面投影 ab、a′b′、a″b″。

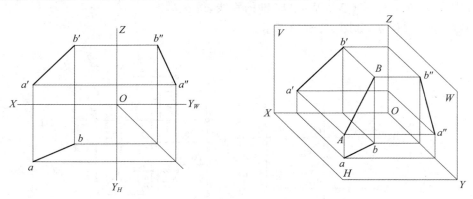

图 2-23 直线的投影

二、各种位置直线及投影规律

1. 直线对一个投影面的投影特性

直线对一个投影面的投影特性有下述三种:

(1) 积聚性:当直线垂直于投影面时,它在该投影面上的投影积聚为一点,如图 2-24(a)所示。

(2) 实形性:当直线平行于投影面时,它在该投影面上的投影反映实长,即线段投影的长度等于线段的实际长度,如图 2-24(b)所示。

(3) 类似性:当直线倾斜于投影面时,其上的线段在该投影面上的投影是缩短了的线段,如图2-24(c)所示。

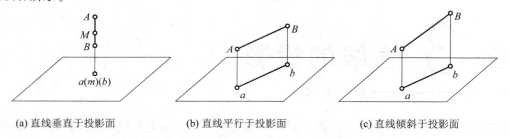

(a) 直线垂直于投影面　　(b) 直线平行于投影面　　(c) 直线倾斜于投影面

图 2-24 直线对投影面的各种位置

2. 直线在三面投影体系中的投影特性

直线按其与投影面的相对位置分为三类，即投影面垂直线、投影面平行线和一般位置直线。其中，投影面垂直线和投影面平行线统称为特殊位置直线。直线与投影面 H、V、W 的倾角分别用 α、β、γ 标记。不同位置的直线具有不同的投影特性，如图 2-25 所示。

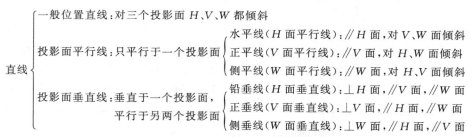

直线
- 一般位置直线：对三个投影面 H、V、W 都倾斜
- 投影面平行线：只平行于一个投影面
  - 水平线（H 面平行线）：$/\!/H$ 面，对 V、W 面倾斜
  - 正平线（V 面平行线）：$/\!/V$ 面，对 H、W 面倾斜
  - 侧平线（W 面平行线）：$/\!/W$ 面，对 H、V 面倾斜
- 投影面垂直线：垂直于一个投影面，平行于另两个投影面
  - 铅垂线（H 面垂直线）：$\perp H$ 面，$/\!/V$ 面，$/\!/W$ 面
  - 正垂线（V 面垂直线）：$\perp V$ 面，$/\!/H$ 面，$/\!/W$ 面
  - 侧垂线（W 面垂直线）：$\perp W$ 面，$/\!/H$ 面，$/\!/V$ 面

图 2-25 不同位置直线的投影特性

1）投影面垂直线

垂直于一个投影面的直线（一定平行于其他两个投影面），称为投影面垂直线。垂直于 H 面的直线称为铅垂线；垂直于 V 面的直线称为正垂线；垂直于 W 面的直线称为侧垂线。

投影面垂直线的投影图和投影特性如表 2-1 所示。

表 2-1 投影面垂直线的投影图和投影特性

名 称	铅垂线（$AB \perp H$ 面）	正垂线（$AC \perp V$ 面）	侧垂线（$AD \perp W$ 面）
立体图			
投影图			
在形体投影图中的位置			

续表

名　称	铅垂线（$AB \perp H$ 面）	正垂线（$AC \perp V$ 面）	侧垂线（$AD \perp W$ 面）
在形体立体图中的位置	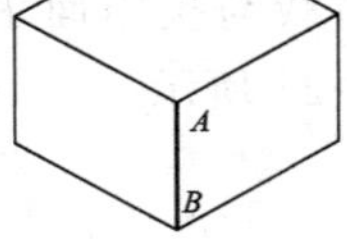	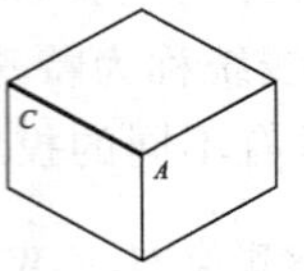	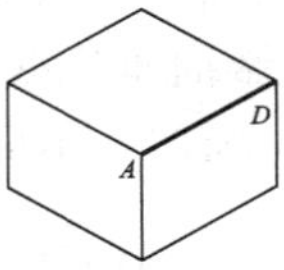
投影规律	(1) ab 积聚为一点； (2) $a'b' \perp OX$，$a''b'' \perp OY_W$； (3) $a'b' = a''b'' = AB$	(1) $a'c'$ 积聚为一点； (2) $ac \perp OX$，$a''c'' \perp OZ$； (3) $ac = a''c'' = AC$	(1) $a''d''$ 积聚为一点； (2) $ad \perp OY_H$，$a'd' \perp OZ$； (3) $ad = a'd' = AD$

由表 2-1 可归纳出投影面垂直线的投影特性：
①在其所垂直的投影面上的投影积聚为一点；
②在另外两个投影面上的投影平行于同一条投影轴，并且均反映线段的实长。

2）投影面平行线

投影面平行线的投影图和投影特性如表 2-2 所示。

表 2-2　投影面平行线的投影图和投影特性

名　称	水平线（$AB /\!/ H$ 面）	正平线（$AC /\!/ V$ 面）	侧平线（$AD /\!/ W$ 面）
立体图	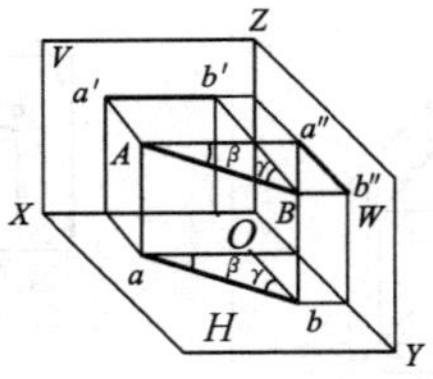	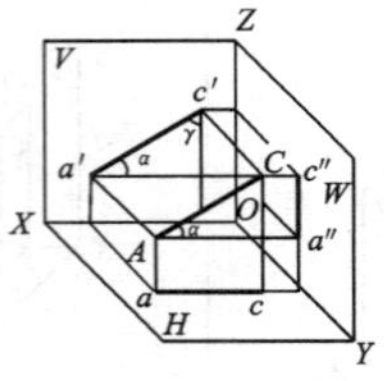	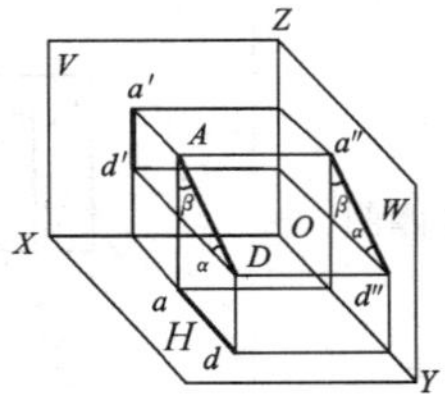
投影图	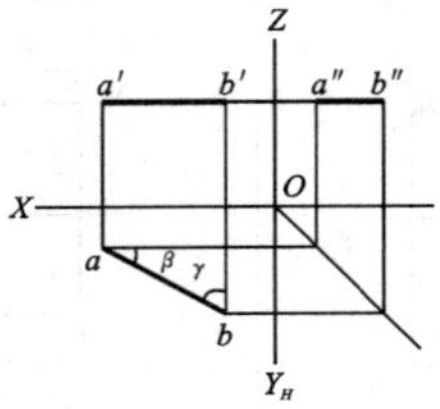	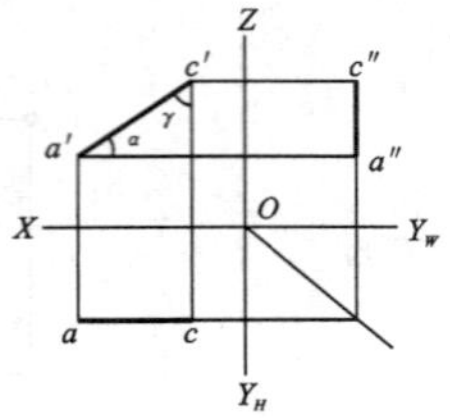	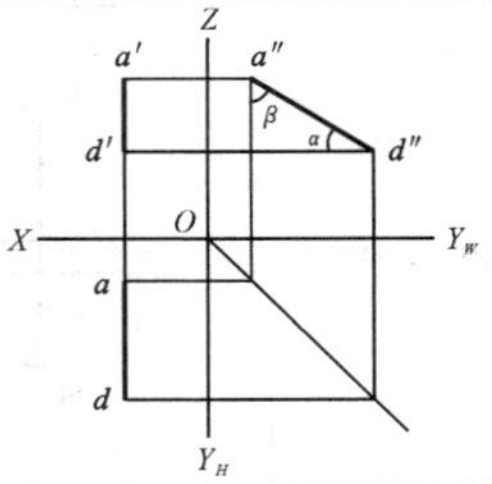
在形体投影图中的位置	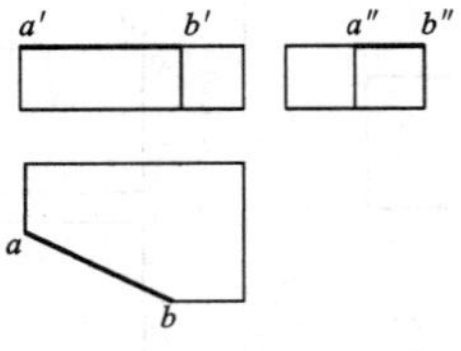	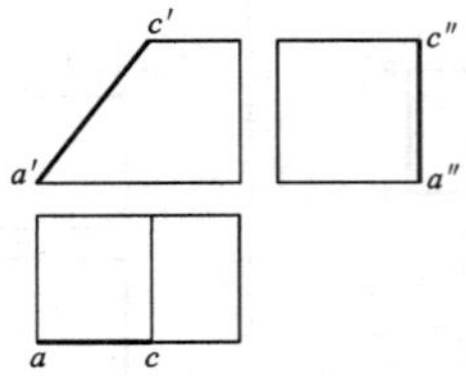	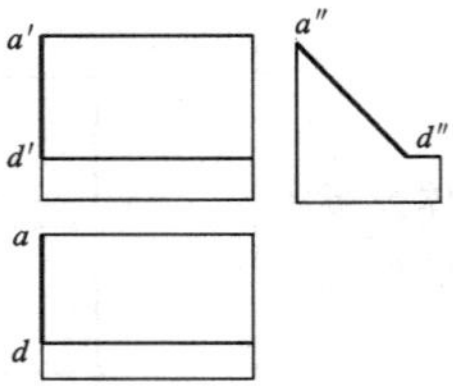

续表

名称	水平线（$AB/\!/H$ 面）	正平线（$AC/\!/V$ 面）	侧平线（$AD/\!/W$ 面）
在形体立体图中的位置			
投影规律	(1) ab 相对投影轴倾斜，$ab=AB$，倾角 β、γ 反映实形； (2) $a'b'/\!/OX$，$a''b''/\!/OY_W$	(1) $a'c'$ 相对投影轴倾斜，$a'c'=AC$，倾角 α、γ 反映实形； (2) $ac/\!/OX$，$a''c''/\!/OZ$	(1) $a''d''$ 相对投影轴倾斜，$a''d''=AD$，倾角 α、β 反映实形； (2) $ad/\!/OY_H$，$a'd'/\!/OZ$

由表 2-2 可归纳出投影面平行线的投影特性：

①在所平行的投影面上的投影，反映线段的实长。该投影与相应投影轴的夹角反映直线与其他两个投影面的真实倾角。

②在另外两个投影面上的投影平行于相应的投影轴，其长度小于实长。

3) 一般位置直线

与三个投影面都倾斜的直线称为一般位置直线或投影面倾斜线。如图 2-26 所示，直线 AB 倾斜于三个投影面，因此其在三个投影面上的投影都倾斜于投影轴，其投影长度都小于实长。各投影与投影轴的夹角都不反映直线对投影面的倾角。

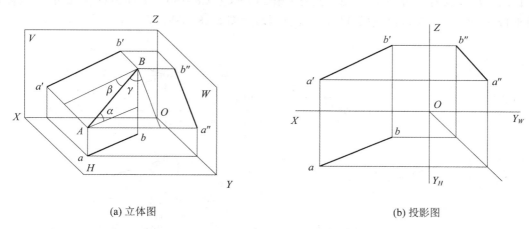

(a) 立体图　　　　　　　　　　　　(b) 投影图

图 2-26　一般位置直线

一般位置直线的三个投影，既不反映线段的实长，也不反映其对投影面的真实倾角。通常用直角三角形法根据一般位置线段的投影图求其实长及对投影面的倾角。

如图 2-27(a)所示，线段 AB 为一般位置线段，过点 B 作 $BA_1/\!/ba$，构建 $\triangle ABA_1$ 且 $\angle AA_1B=90°$。$BA_1=ba$，$AA_1=z_A-z_B$（点 A 和点 B 的 z 坐标差），也是投影 a'、b' 到 OX 轴的距离差，$\angle ABA_1$ 为 AB 对 H 面的倾角 α。如图 2-27(b)所示，以 ab 为一直角边，aa_1（$aa_1=z_A-z_B$）为另一直角边，作 $\triangle aba_1$，则 $\triangle ABA_1 \cong \triangle a_1ba$，斜边 a_1b 的长度为 AB 的实长，$\angle aba_1=\alpha$。

同理，过点 B 作 $BB_1/\!/a'b'$，构建 $\triangle ABB_1$ 且 $\angle AB_1B=90°$。直角边 $BB_1=b'a'$，$AB_1=y_A-y_B$（点 A 和点 B 的 y 坐标差），也是投影 a、b 到 OX 轴的距离差，$\angle ABB_1$ 为 AB 对 V 面的倾角

β。如图 2-27(c)所示,以 $a'b'$ 为一直角边,$a'b_1'$($a'b_1' = y_A - y_B$)为另一直角边,作 $\triangle a'b'b_1'$,则 $\triangle ABB_1 \cong \triangle b_1'b'a'$,斜边 $b'b_1'$ 的长度为线段 AB 的实长,$\angle a'b'b_1' = \beta$。

两种方法所求实长一样,只是反映的倾角不同。

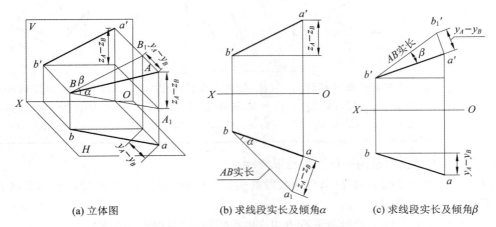

(a) 立体图　　(b) 求线段实长及倾角 α　　(c) 求线段实长及倾角 β

图 2-27　求一般位置线段的实长及倾角 α、β

【例 2-4】 如图 2-28(a)所示,已知线段 AB 的水平投影 ab 和点 B 的正面投影 b',且 AB 的实长为 L,求 AB 的正面投影 $a'b'$。

分析:由于 ab 与 OX 轴倾斜,且小于已知实长 L,线段 AB 所在直线为一般位置直线。

作图:以 ab 为直角边、bc($bc = L$)为斜边,作 $\triangle abc$,$\angle bac = 90°$,ac 即为点 A、B 的 z 坐标差,从而求得 a',连接 a'、b' 即得线段 AB 的正面投影,如图 2-28(b)所示。

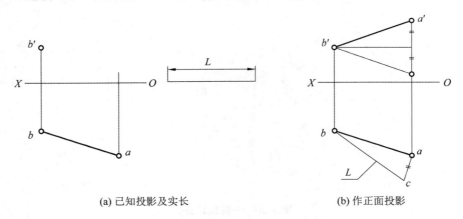

(a) 已知投影及实长　　(b) 作正面投影

图 2-28　求 AB 的正面投影 $a'b'$

【例 2-5】 已知线段 AB 的水平投影 ab、点 B 的正面投影 b' 及 $\alpha = 30°$,求线段 AB 的正面投影 $a'b'$,如图 2-29(a)所示。

分析:已知 ab 及倾角 α,可作出以 ab 为一直角边的直角三角形,另一直角边即为点 A、B 的 z 坐标差。

作图:以 ab 为直角边作 $\triangle abc$,使 $\angle abc = 30°$,$\angle bac = 90°$,另一直角边 ac 为 A、B 两点的 z 坐标差,用 z 坐标差求出 a',连接 a'、b' 即得所求投影,如图 2-29(b)所示。

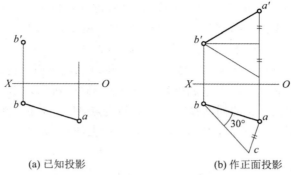

(a) 已知投影　　　(b) 作正面投影

图 2-29　求线段 AB 的正面投影 $a'b'$

三、直线上的点的投影

直线上的点的投影具有以下特性：

（1）从属性：点在直线上，则点的各个投影在该直线的同面投影上；反之，点的各个投影在直线的同面投影上，则该点一定在直线上。

（2）定比性：点 C 在直线 AB 上，则点 C 的三面投影 c、c'、c'' 分别在直线 AB 的同面投影 ab、$a'b'$、$a''b''$ 上，且有 $AC:CB=ac:cb=a'c':c'b'=a''c'':c''b''$，如图 2-30 所示。

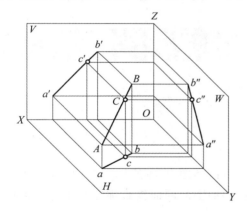
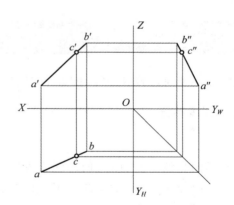

图 2-30　直线上的点的投影具有定比性

【例 2-6】　已知投影如图 2-31(a) 所示，且点 K 在直线 AB 上，求作点 K 的正面投影 k'。

分析：点 K 的正面投影 k' 一定在 $a'b'$ 上，这里利用定比性来作图。

作图：过 b' 作任意角度线段 $b'c$，$b'c=ab$，在 $b'c$ 上定出 k_1，$b'k_1=bk$，连接 ca'，过 k_1 作 ca' 的平行线，交 $a'b'$ 于 k'，如图 2-31(b) 所示。

【例 2-7】　已知线段 AB 的投影 ab、$a'b'$，试将 AB 分成 2∶3 两段，求分点 C 的投影。

分析：根据直线上点的投影特性，可先将线段 AB 的

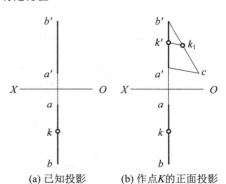

(a) 已知投影　　(b) 作点 K 的正面投影

图 2-31　求直线上点的投影

任一投影分为 2∶3，从而得到分点 C 的一个投影，然后作点 C 的另一投影。

作图：过点 a 作辅助线，量取 5 个单位长度，得 B_0。在 aB_0 上取 C_0，使 $aC_0∶C_0B_0=2∶3$。连接 B_0b，作 $C_0c//B_0b$，与 ab 交于 c。过 c 作 OX 轴垂线，与 $a'b'$ 交于 c'，如图 2-32 所示。

对于一般位置直线，判断点是否在直线上只需判断两个投影面上的投影即可。若直线为投影面平行线，一般需观察第三个投影才能确定。如图 2-33（a）所示，AB 是侧平线，点 M 的水平投影 m 和正面投影 m' 都在 AB 的同面投影上。要判定点 M 是否在直线 AB 上，须作出点和直线的侧面投影，m'' 不在 $a''b''$ 上，所以，点 M 不是线段 AB 上的点，如图 2-33（b）所示。

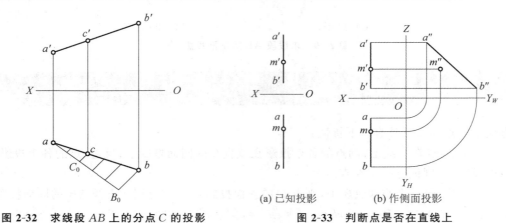

图 2-32　求线段 AB 上的分点 C 的投影　　　图 2-33　判断点是否在直线上

四、两直线的相对位置

两直线的相对位置有平行、相交、交叉三种情况。

1. 两直线平行

1）特性

若空间两直线平行，则它们的同面投影互相平行，如图 2-34 所示。$AB//CD$，则 $ab//cd$，$a'b'//c'd'$，$a''b''//c''d''$。反之，如果两直线在三个投影面上的同面投影都互相平行，则两直线在空间中互相平行。

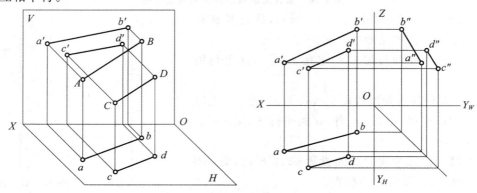

图 2-34　两直线平行

2)判定两直线是否平行

(1)如果两直线处于一般位置,则只需观察两直线中的任何两组同面投影是否互相平行即可判定。

(2)若已知两条直线的两组同面投影相互平行,且两直线是投影面的平行线,不能判定这两条直线在空间中平行,通常应求出第三组投影,才能确定这两条直线是否平行。如图 2-35 所示,线段 EF、GH 是侧平线,尽管 $e'f' \mathbin{/\mkern-5mu/} g'h'$,$ef \mathbin{/\mkern-5mu/} gh$,不能判定线段 EF、GH 相互平行。求出两线段的侧面投影后可知,$e''f''$ 不平行于 $g''h''$,故 EF 与 GH 在空间中不平行。

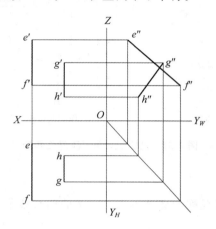

图 2-35 判断 EF 与 GH 是否平行

2. 两直线相交

空间两直线若相交,它们的同面投影相交,且交点的投影符合点的投影规律。

如图 2-36 所示,AB 与 CD 相交,交点为 K,则 ab 与 cd、$a'b'$ 与 $c'd'$、$a''b''$ 与 $c''d''$ 分别交于 k、k'、k'',交点 K 的投影符合点的投影规律。反之,两直线在投影图上的各组同面投影均相交,且交点符合点的投影规律,则两直线在空间中相交。

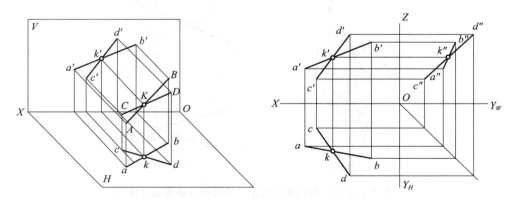

图 2-36 两直线相交

若两直线都是一般位置直线,根据任意两组同面投影,就能判定两直线在空间中是否相交。

当两条直线中有一条是投影面平行线时,通常检查两直线在三个投影面上投影的交点是否符合点的投影规律,从而确定这两条直线在空间中是否相交。

如图 2-37(a)所示,线段 CD 为一般位置直线,线段 AB 为侧平线。尽管 $a'b'$ 与 $c'd'$、ab 与 cd 相交,交点 k' 和 k 的连线垂直于 OX 轴,但作出侧面投影后发现,交点 k'' 与 k、k' 不符合点的投影规律,如图 2-37(b)所示,则两直线在空间中不相交。

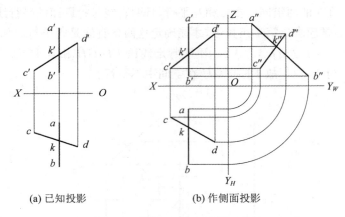

(a) 已知投影　　　　(b) 作侧面投影

图 2-37　判断 AB 与 CD 是否相交

3. 两直线交叉

既不平行又不相交的两直线称为交叉直线。交叉的两直线的投影可能相交,但交点一定不符合点的投影规律。

1) 两一般位置直线交叉的投影及重影点分析

如图 2-38 所示,线段 AB、CD 水平投影的交点,实际上是线段 AB 上的点Ⅰ和线段 CD 上的点Ⅱ的重影。

判别可见性:由正面投影 $1'$、$2'$ 可知,点Ⅰ在上,点Ⅱ在下,故点Ⅰ可见,点Ⅱ不可见,其投影写成 1(2)。

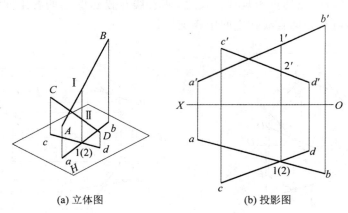

(a) 立体图　　　　(b) 投影图

图 2-38　两一般位置直线交叉的投影及重影点分析

2) 含投影面平行线的两交叉直线的投影及重影点分析

如图 2-39(a)所示,线段 AB、CD 的正面投影和水平投影相交,交点连线垂直于 OX 轴,线段 AB 是侧平线,AB 与 CD 的侧面投影也相交,交点不符合点的投影规律,故 AB、CD 为两交叉直线。

判别可见性：e''、f'' 分别是线段 CD、AB 上点 E、F 在侧面上的投影，点 E 在左，点 F 在右，故点 E 的投影可见，点 F 的投影不可见，写成 $e''(f'')$。

如图 2-39(b) 所示，AB、CD 为侧平线，$ab\,/\!/\,cd$，$a'b'\,/\!/\,c'd'$，$a''b''$ 与 $c''d''$ 相交，AB、CD 为交叉直线。

判别可见性：m''、n'' 分别是线段 AB、CD 上点 M、N 在侧面上的投影，点 M 在左，点 N 在右，故点 M 的投影可见，点 N 的投影不可见，写成 $m''(n'')$。

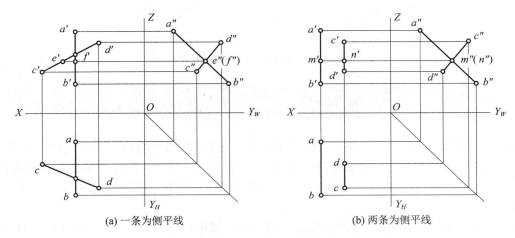

(a) 一条为侧平线　　　　　　　(b) 两条为侧平线

图 2-39　含投影面平行线的两交叉直线的投影及重影点分析

【例 2-8】　如图 2-40(a) 所示，判断线段 AB、CD 所在直线的相对位置。

分析：作侧面投影 $a''b''$ 和 $c''d''$，若 $a''b''\,/\!/\,c''d''$，则 $AB\,/\!/\,CD$；若不平行，则线段 AB、CD 所在直线交叉。

作图：作出侧面投影，如图 2-40(b) 所示，因 $a''b''\,/\!/\,c''d''$，可判断 $AB\,/\!/\,CD$。

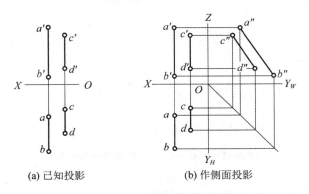

(a) 已知投影　　　　　　(b) 作侧面投影

图 2-40　判断两直线的相对位置

【例 2-9】　如图 2-41(a) 所示，已知线段 AB、CD 的两面投影和点 E 的水平投影 e，求作线段 EF 的两面投影，使 EF 与 CD 平行，并与线段 AB 相交于点 F。

分析：所求线段 EF 同时满足 $EF\,/\!/\,CD$，且与 AB 相交这两个条件。

作图：过 e 作 $ef\,/\!/\,cd$，交 ab 于 f，由线上点的投影规律求出 f'。过 f' 作 $e'f'\,/\!/\,c'd'$，如图 2-41(b) 所示。

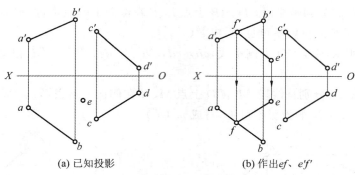

(a) 已知投影　　　　　(b) 作出ef、e'f'

图 2-41　作线段 EF 的两面投影

五、直角投影定理

空间两直线垂直相交,若其中一直线为某投影面平行线,则两直线在该投影面上的投影互相垂直,此投影特性称为直角投影定理。反之,相交两直线在某一投影面上的投影互相垂直,其中有一条直线为该投影面的平行线,则这两条直线在空间中互相垂直。该定理同样适用于垂直交叉直线。

证明:如图 2-42(a)所示,线段 AB、BC 垂直相交,其中线段 BC∥H 面,因 BC⊥AB,BC⊥Bb,所以 BC 垂直于平面 ABba。又因 BC∥H 面,即 BC∥bc,所以 bc 也垂直于平面 ABba,则 bc⊥ab,水平投影∠abc 为直角。同理,线段 DE 为正平线,且空间∠DEF 为直角时,正面投影∠d'e'f'为直角,如图 2-42(b)所示。

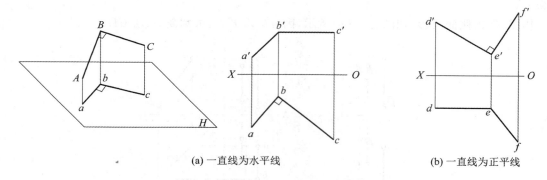

(a) 一直线为水平线　　　　　(b) 一直线为正平线

图 2-42　一边平行于投影面的直角投影

【例 2-10】 已知投影如图 2-43(a)所示,过点 C 有线段 CD 与线段 AB 垂直相交,作出 CD 的两面投影。

分析:线段 AB 是水平线,线段 CD 与线段 AB 垂直相交,根据直角投影定理作图。

作图:过 c 向 ab 作垂线,与 ab 交于 d,由线上点的投影规律求出 d',连接 c'd',如图 2-43(b)所示。

【例 2-11】 已知投影如图 2-44(a)所示,作线段 AB、CD 公垂线的投影。

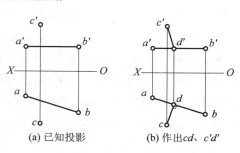

(a) 已知投影　　(b) 作出cd、c'd'

图 2-43　作线段 CD 的两面投影

分析：直线 AB 是铅垂线，CD 是一般位置直线，则所求的公垂线是一条水平线，根据直角投影定理，得公垂线的水平投影垂直于 cd，立体图如图 2-44(b) 所示。

作图：过 a(b) 向 cd 作垂线交于 k，利用线上点的投影规律求出 k'，由水平线投影规律，过 k' 作 OX 轴的平行线交 a'b' 于 e'，k'e' 和 ke 即为公垂线 KE 的两面投影。点 E 位于点 A、B 之间，其正面投影与点 A 的投影重合，故表示为 a(e)(b)。投影图如图 2-44(c) 所示。

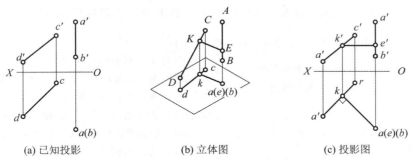

(a) 已知投影　　　　(b) 立体图　　　　(c) 投影图

图 2-44　作线段 AB、CD 公垂线的投影

任务 4　平面的投影

一、平面的表示法

平面的表示法可分为空间几何元素表示法和平面迹线表示法。平面可以是无限延伸的，那么它可以用下列任意一组几何元素来表示：

（1）不在同一直线上的三点，如图 2-45(a) 所示；
（2）一直线和直线外一点，如图 2-45(b) 所示；
（3）两相交直线，如图 2-45(c) 所示；
（4）两平行线，如图 2-45(d) 所示；
（5）平面图形，如图 2-45(e) 所示。

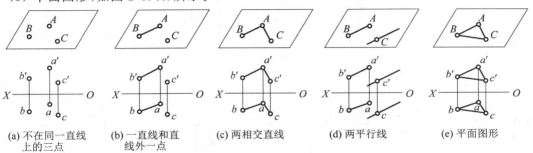

(a) 不在同一直线　　(b) 一直线和直　　(c) 两相交直线　　(d) 两平行线　　(e) 平面图形
　　上的三点　　　　　线外一点

图 2-45　用几何元素表示平面

二、各种位置平面及投影规律

平面按与投影面的相对位置分为三类,即投影面平行面、投影面垂直面和一般位置平面(或称投影面倾斜面)。其中投影面平行面和投影面垂直面统称为特殊位置平面。平面与投影面 H、V、W 的倾角,分别用 α、β、γ 表示。不同位置平面有不同的投影特性,如图 2-46 所示。

$$
平面\begin{cases} 一般位置平面:对三个投影 H、V、W 都倾斜 \\ 投影面平行面:平行于一个投影面,\\ \qquad\qquad\quad 垂直于另两个投影面 \begin{cases} 水平面(H 面平行面): /\!/ H 面,\perp V 面,\perp W 面 \\ 正平面(V 面平行面): /\!/ V 面,\perp H 面,\perp W 面 \\ 侧平面(W 面平行面): /\!/ W 面,\perp H 面,\perp V 面 \end{cases} \\ 投影面垂直面:只垂直于一个投影面 \begin{cases} 铅垂面(H 面垂直面): \perp H 面,对 V、W 面倾斜 \\ 正垂面(V 面垂直面): \perp V 面,对 H、W 面倾斜 \\ 侧垂面(W 面垂直面): \perp W 面,对 H、V 面倾斜 \end{cases} \end{cases}
$$

图 2-46 不同位置平面的不同投影特性

1. 投影面平行面

投影面平行面的投影图和投影特性如表 2-3 所示。

表 2-3 投影面平行面的投影图和投影特性

名 称	水平面($A /\!/ H$)	正平面($B /\!/ V$)	侧平面($C /\!/ W$)
立体图	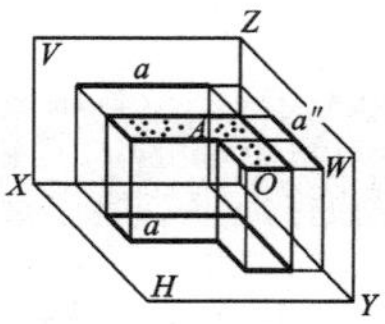	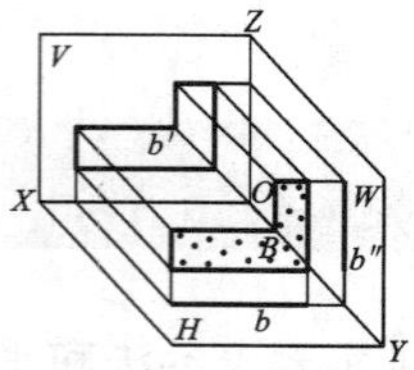	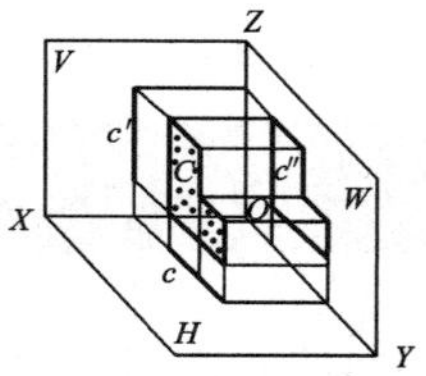
投影图	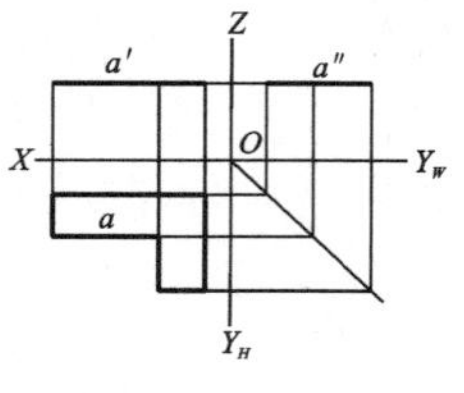	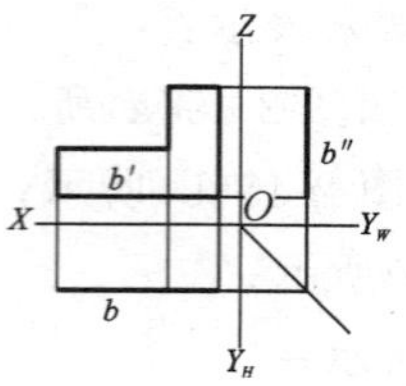	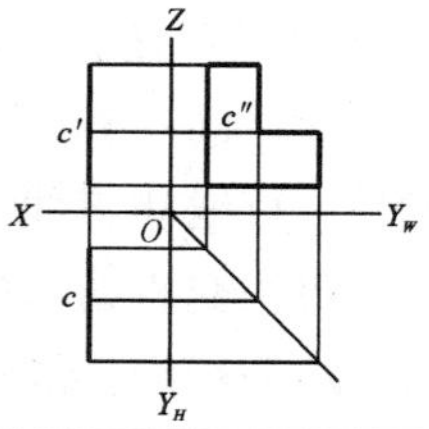
在形体投影图中的位置	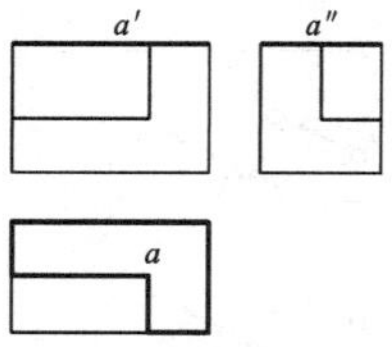	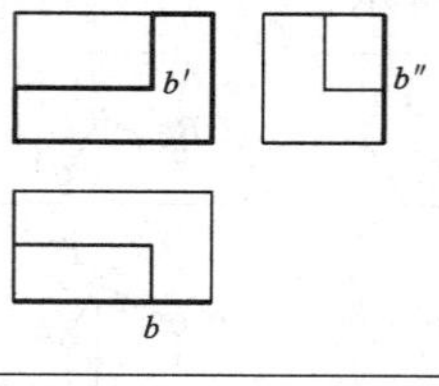	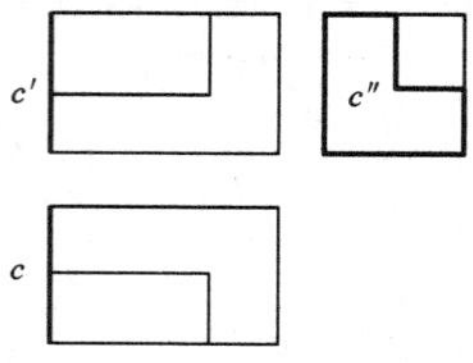
在形体立体图中的位置	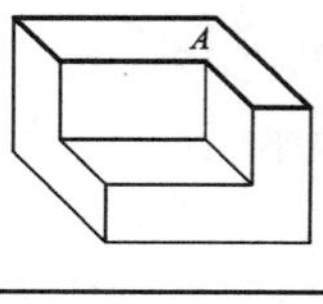	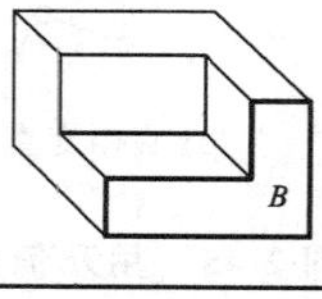	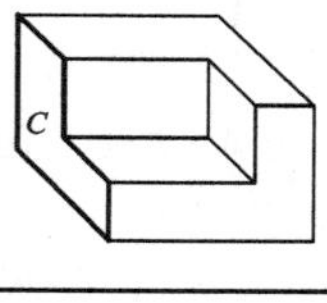

工作手册 2
投影的基本知识

续表

名称	水平面($A//H$)	正平面($B//V$)	侧平面($C//W$)
投影规律	（1）H面投影a反映实形； （2）V面投影a'和W面投影a''积聚为直线，分别平行于OX、OY_W轴	（1）V面投影b'反映实形； （2）H面投影b和W面投影b''积聚为直线，分别平行于OX、OZ轴	（1）W面投影c''反映实形； （2）H面投影c和V面投影c'积聚为直线，分别平行于OY_H、OZ轴

由表 2-3 可归纳出投影面平行面的投影特性：
（1）在其所平行的投影面上的投影，反映平面图形的实形；
（2）在另外两个投影面上的投影，均积聚成直线且平行于相应的投影轴。

2. 投影面垂直面

投影面垂直面的投影图和投影特性如表 2-4 所示。

表 2-4 投影面垂直面的投影图和投影特性

名称	铅垂面($A \perp H$)	正垂面($B \perp V$)	侧垂面($C \perp W$)
立体图	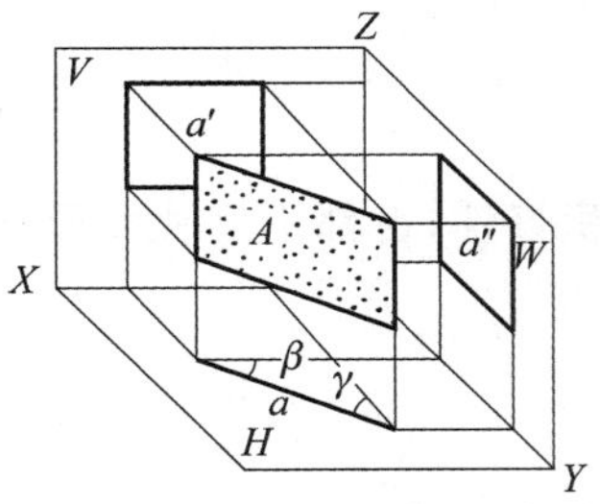	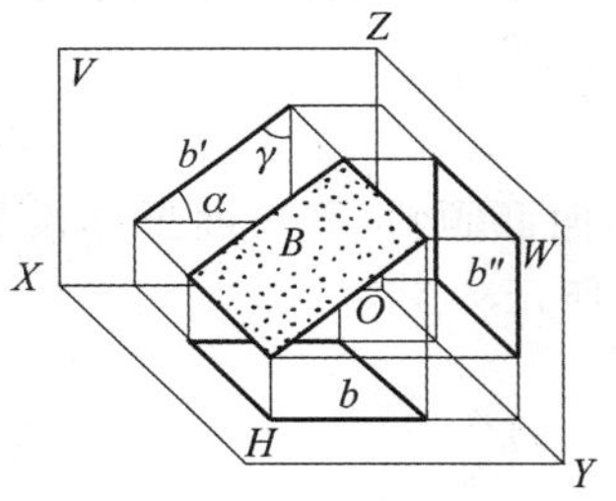	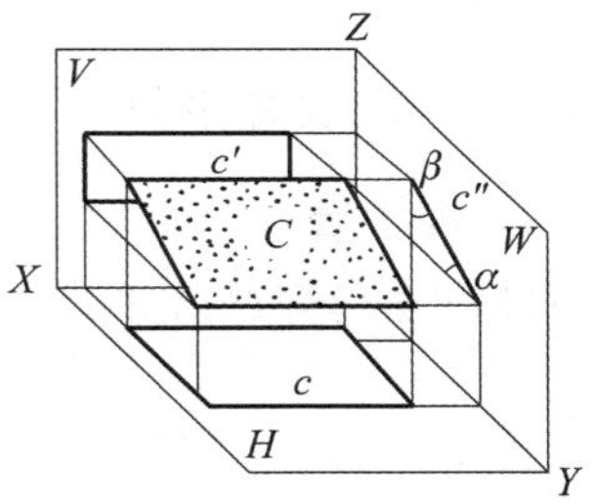
投影图	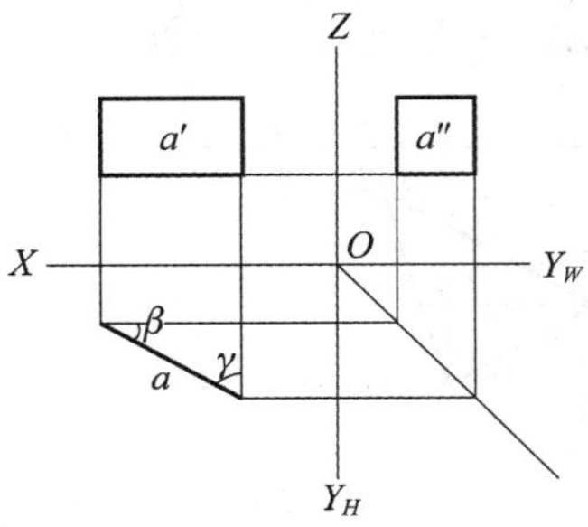	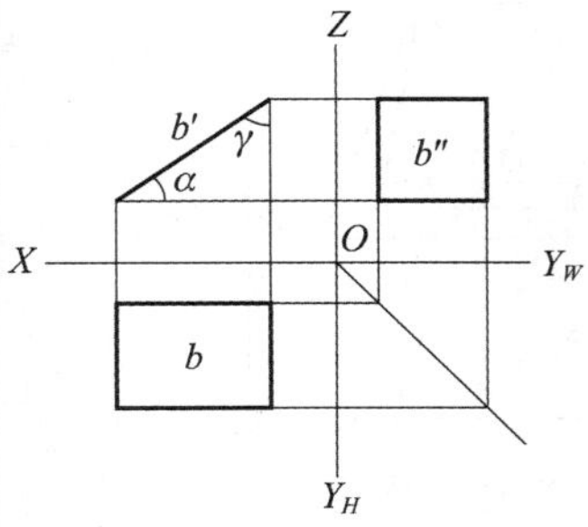	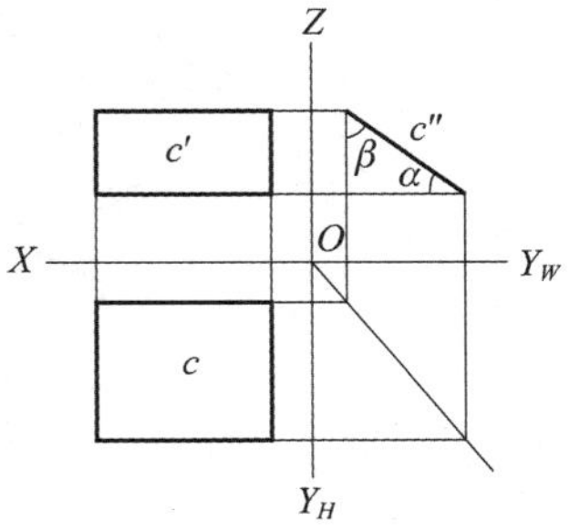
在形体投影图中的位置	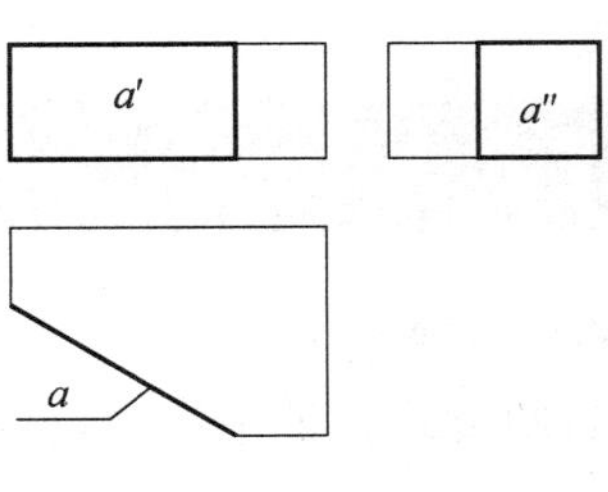	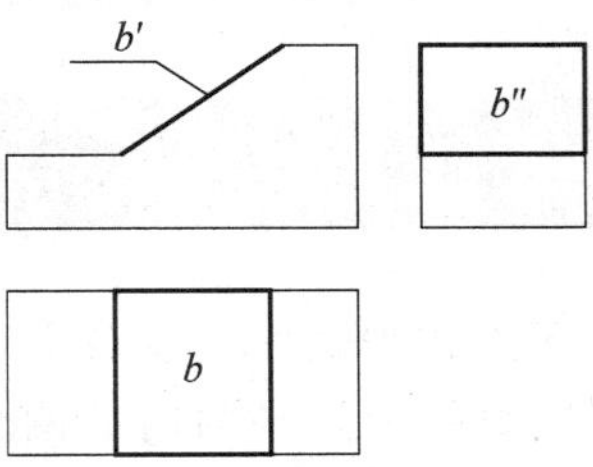	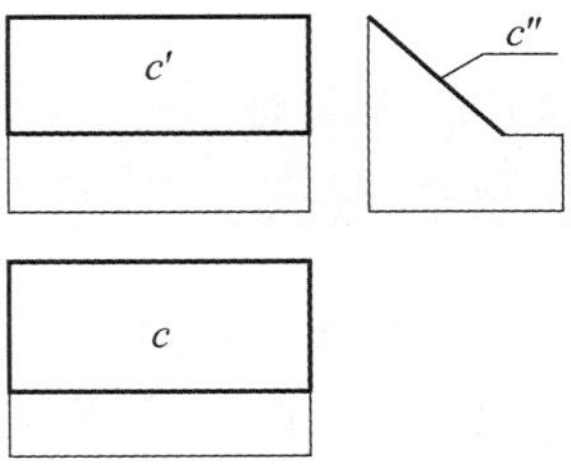

续表

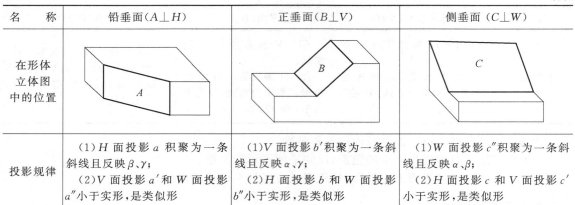

名　称	铅垂面($A \perp H$)	正垂面($B \perp V$)	侧垂面（$C \perp W$）
在形体立体图中的位置	A	B	C
投影规律	(1) H 面投影 a 积聚为一条斜线且反映 β、γ； (2) V 面投影 a' 和 W 面投影 a'' 小于实形，是类似形	(1) V 面投影 b' 积聚为一条斜线且反映 α、γ； (2) H 面投影 b 和 W 面投影 b'' 小于实形，是类似形	(1) W 面投影 c'' 积聚为一条斜线且反映 α、β； (2) H 面投影 c 和 V 面投影 c' 小于实形，是类似形

由表 2-4 可归纳出投影面垂直面的投影特性：

(1) 在其所垂直的投影面上的投影积聚成一条直线，该直线与投影轴的夹角反映平面与其他两个投影面的真实倾角；

(2) 在另外两个投影面上的投影，为面积缩小的类似形。

3. 一般位置平面

一般位置平面与三个投影面都倾斜，其三面投影没有积聚性，也都不反映实形，均为比原平面图形小的类似形，如图 2-47 所示。

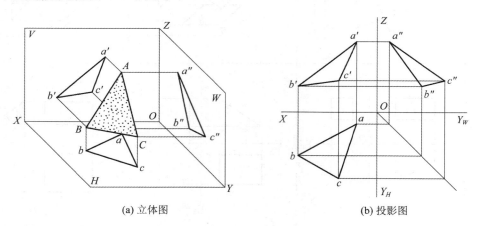

(a) 立体图　　　　　　(b) 投影图

图 2-47　一般位置平面

三、平面内的点和直线

(1) 平面内点的几何条件：若点在平面内一直线上，则点在该平面上。

(2) 平面内直线的几何条件：直线通过平面内的两个点，则直线在该平面内；直线通过平面上一点且平行于平面内的另一直线，则直线在该平面内。

(3) 平面上求取点和直线的方法：取点，先作过该点的平面内的直线；取线，先作平面上的两点。

平面内的点和直线如图 2-48 所示。

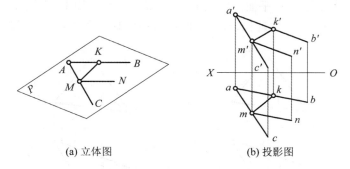

(a) 立体图　　(b) 投影图

图 2-48　平面内的点和直线

【例 2-12】 已知△ABC 的两面投影如图 2-49(a)所示,求作△ABC 上水平线 AD 和正平线 CE 的两面投影。

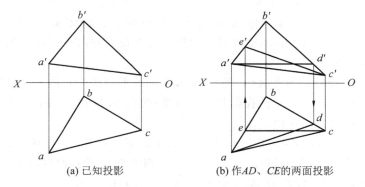

(a) 已知投影　　(b) 作 AD、CE 的两面投影

图 2-49　求平面内的水平线和正平线的投影

分析:由于水平线的正面投影平行于 OX 轴,可求 AD 的正面投影;正平线的水平投影平行于 OX 轴,可求 CE 的水平投影。再根据投影规律作出另外的投影。

作图:如图 2-49(b)所示,过 a′作 a′d′∥OX 轴,交 b′c′于 d′,在 bc 上求出 d,连接 a、d,即得 AD 的两面投影。过 c 作 ce∥OX 轴,交 ab 于 e,在 a′b′上求出 e′,连接 c′、e′,即得 CE 的两面投影。

【例 2-13】 已知铅垂面 ABC 上一点 K 的正面投影 k′,如图 2-50(a)所示,求水平投影 k。

分析:由于已知平面是铅垂面,其水平投影有积聚性,所以平面上点 K 的水平投影一定积聚在线段 ac 上。

作图:根据投影关系由 k′作 OX 轴的垂线,与线段 ac 交于 k,如图 2-50(b)所示,k 即为所求。

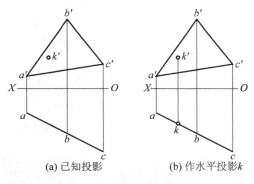

(a) 已知投影　　(b) 作水平投影 k

图 2-50　铅垂面上点的投影

【例 2-14】 已知投影如图 2-51(a)所示,判别点 E 是否在△ABC 内,并作出与△ABC 在同一平面上的点 F 的正面投影。

分析:判别点是否在平面上和求平面上点的投

影,可利用取点先找平面内一条直线的方法。

作图:连接 $a'e'$ 并延长,交 $b'c'$ 于 $1'$,再作出点 Ⅰ 的水平投影 1,AI 为 △ABC 平面内的直线,e 不在 $a1$ 上,所以,点 E 不在 △ABC 平面上。点 F 在 △ABC 所在平面上,连接 a、f 交 bc 于 2,再作出点 Ⅱ 的正面投影 $2'$,连接 a'、$2'$ 并延长,与过 f 所作的 OX 轴的垂线交于 f',如图 2-51(b)所示。

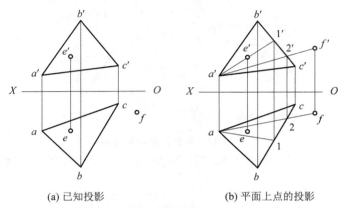

(a) 已知投影   (b) 平面上点的投影

图 2-51 判别点是否在平面上和作平面上点的投影

注意:判断点是否在平面内,不能仅看点的投影是否在平面的投影轮廓线内,一定要用几何条件和投影特性来判断。

【例 2-15】 已知投影如图 2-52(a)所示,完成平面图形 $ABCDE$ 的正面投影。

分析:已知三点 A、B、C 的正面投影和水平投影,两点 E、D 在 △ABC 所在的平面上,故利用平面上取点先作直线的方法求出 e'、d'。

作图:作 $a'c'$、ac、be,be 交 ac 于点 1,再求出点 Ⅰ 的正面投影 $1'$,连接 $b'1'$ 并延长,与过点 e 所作的 OX 轴的垂线交于 e'。同理求 △ABC 所在平面上点 D 的正面投影 d'。依次用粗实线连接 c'、d'、e'、a' 得平面图形 $ABCDE$ 的正面投影,如图 2-52(b)所示。

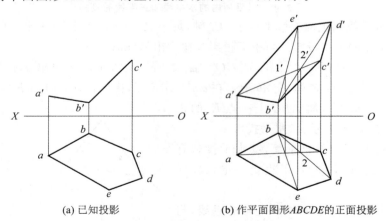

(a) 已知投影   (b) 作平面图形 $ABCDE$ 的正面投影

图 2-52 完成平面图形的投影

四、直线与平面及两平面的相对位置

直线与平面及两平面的相对位置可分为平行、相交和垂直(垂直是相交的特例)。

1. 平行问题

1) 直线与平面平行

直线与平面平行的几何条件:若直线平行于平面上一直线,则直线与该平面平行,如图 2-53 所示。

若直线平行于投影面垂直面,则该投影面垂直面具有积聚性的投影与直线的同面投影平行,如图 2-54 所示。

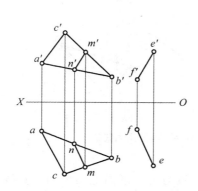

图 2-53 直线与平面上一直线平行　　　图 2-54 直线与投影面垂直面平行

【例 2-16】 已知直线 $KL /\!/ \triangle ABC$,KL 的正面投影 $k'l'$ 和点 K 的水平投影 k 如图 2-55(a)所示,求 KL 的水平投影 kl。

分析:直线 $KL /\!/ \triangle ABC$,在 $\triangle ABC$ 上任作一条直线,使之与 KL 平行,则这条直线的水平投影必与 kl 平行。

作图:过 a' 作 $a'd' /\!/ k'l'$,交 $b'c'$ 于 d',按投影关系在 bc 上求出 d,连接 ad。过 k 作 $kl /\!/ ad$,与过 l' 所作的 OX 轴的垂线相交于 l,如图 2-55(b)所示,kl 即为所求。

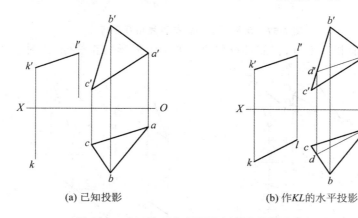

(a) 已知投影　　　　　　　　　(b) 作 KL 的水平投影

图 2-55 作一和已知平面平行的直线的水平投影

【例 2-17】 已知投影如图 2-56(a)所示,过已知点 K 作一水平线 KL 与 $\triangle ABC$ 平行,求作 KL 的两面投影。

分析:在 $\triangle ABC$ 上作一水平线 AD,过点 K 作直线 $KL /\!/ AD$,则直线 KL 的两面投影即为

所求。

作图:过 a' 作 $a'd'$ // OX,交 $b'c'$ 于 d',按投影规律,在 bc 上求出 d,过 k' 作 $k'l'$ // OX,过 k 作 kl // ad,如图 2-56(b)所示。

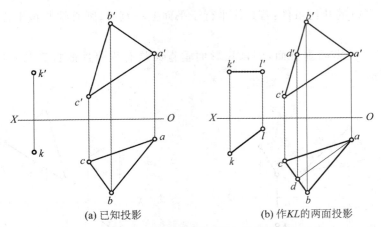

(a) 已知投影　　(b) 作KL的两面投影

图 2-56　作一和已知平面平行的水平线的两面投影

2) 两平面平行

两平面平行的几何条件:若一平面上的两相交直线与另一平面上的两相交直线相互平行,则这两个平面相互平行,如图 2-57 所示。

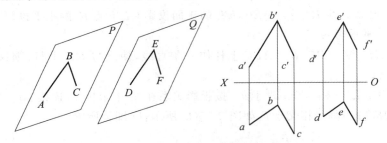

图 2-57　两平面上的相交直线相互平行

若两投影面垂直面相互平行,它们具有积聚性的那组投影相互平行,如图 2-58 所示。

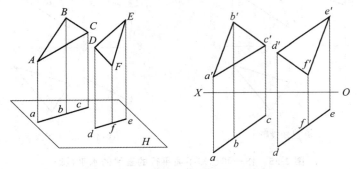

图 2-58　两投影面垂直面相互平行

【例 2-18】 已知投影如图 2-59(a)所示,过点 K 作一平面与 $\triangle ABC$ 平行。

分析:由平面平行的几何条件,过点 K 作相交直线与 $\triangle ABC$ 上的两相交直线平行即可。

作图:过 k' 作 $k'm'$ // $a'b'$,$k'n'$ // $a'c'$,过 k 作 km // ab 和 kn // ac,如图 2-59(b)所示。相交直

线 KM 和 KN 所确定的平面即为所求。

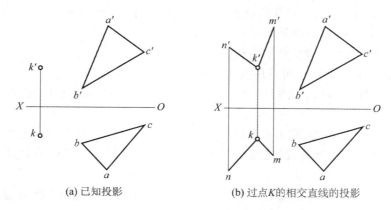

(a) 已知投影　　(b) 过点K的相交直线的投影

图 2-59　作一平面和 $\triangle ABC$ 平行

2. 相交问题

1) 直线与平面相交

直线与平面相交,交点是直线与平面的共有点。下面介绍求交点投影的方法。

(1) 一般位置直线与特殊位置平面相交。

一般位置直线与特殊位置平面相交,当特殊位置平面在某一投影面上的投影有积聚性时,交点的投影必在平面积聚性投影上,利用这一特性可以求出交点的投影,并判别可见性。判别可见性的方法有目测法和重影点法。

【例 2-19】　已知投影如图 2-60(a)所示,求作直线 BC 与铅垂面 $\triangle EFG$ 的交点 K 的投影,并判别可见性。

分析:因铅垂面 $\triangle EFG$ 的水平投影有积聚性,交点 K 的水平投影 k 为 bc 和 fg 的交点,再利用直线上点的投影特性求出 k',k' 是 $b'c'$ 可见段与不可见段的分界点。

作图:线段 bc 和 fg 的交点即为 k,过点 k 作 OX 轴的垂线,交 $b'c'$ 于 k',得点 K 的正面投影,如图 2-60(b)所示。$c'k'$ 为可见段。

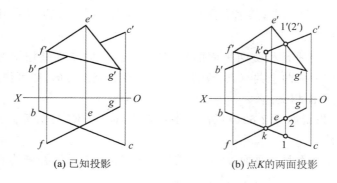

(a) 已知投影　　(b) 点K的两面投影

图 2-60　求一般位置直线与铅垂面的交点

目测法判别可见性:假设平面是不透明的,交点 K 把线段 BC 分成两部分,有一部分被平面遮住看不见,由线段 BC 和铅垂面 $\triangle EFG$ 的水平投影可知,CK 位于铅垂面 $\triangle EFG$ 右前方,因此 $c'k'$ 可见,画成粗实线;$b'k'$ 在 $\triangle e'f'g'$ 内的部分不可见。

重影点法判别可见性:如图 2-60(b)所示,正面投影中 $e'g'$ 和 $c'k'$ 的交点是线段 BC 上的点 Ⅰ 和铅垂面△EFG 内 EG 边上点 Ⅱ 的重影。由水平投影可知 1 在 2 的前方,线段 ⅠK 可见,$1'k'$ 画粗实线,$b'k'$ 在△$e'f'g'$ 内的部分不可见。

(2) 投影面垂直线与一般位置平面相交。

当直线是投影面垂直线时,可利用直线投影的积聚性求交点。

【例 2-20】 已知投影如图 2-61(a)所示,求作正垂线 EF 与△BCD 的交点 K 的投影,并判别可见性。

分析:线段 EF 是正垂线,其正面投影具有积聚性,交点 K 是线段 EF 上的一个点,所以 K 点的正面投影 k' 和 $e'(f')$ 重合,因交点 K 也在△BCD 上,故可利用平面上取点的方法,作出交点 K 的水平投影 k。

作图:$e'(f')$ 与 k' 重合,连接 $d'k'$ 并延长,与 $b'c'$ 交于 m';过 m' 作 OX 轴垂线,交 bc 于 m,连接 d、m,与 ef 交于 k,k 即为点 K 的水平投影,如图 2-61(b)所示。

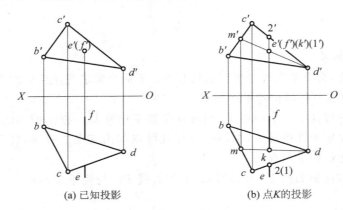

(a) 已知投影 (b) 点K的投影

图 2-61 求正垂线与一般位置平面的交点的投影

判别可见性:如图 2-61(b)所示,线段 EF 和△BCD 的三边都交叉,取其对水平投影面的重影点 Ⅰ(在线段 EF 上)和点 Ⅱ(在线段 CD 上)的水平投影,正面投影 $2'$ 在 $1'$ 的上方,则点 Ⅱ 的水平投影可见,点 Ⅰ 的不可见,线段 EF 上的 ⅠK 段位于△BCD 下方,水平投影不可见,交点 K 另一侧线段 KF 位于△BCD 上方,其水平投影可见,kf 画粗实线。交点 K 的正面投影 k' 不可见。

2) 平面与平面相交

平面与平面相交,交线是相交两平面的共有线,交线上的点都是相交两平面的共有点,因此,只要能够确定交线上的两个共有点,或者一个共有点和交线方向,即可作出两平面的交线。

(1) 两特殊位置平面相交。

【例 2-21】 已知投影如图 2-62(a)所示,求作铅垂面△ABC 与铅垂面△DEF 的交线 MN 的投影,并判别可见性。

分析:因为两个平面都是铅垂面,所以交线为铅垂线,水平投影积聚为点,正面投影垂直于 OX 轴。

作图:如图 2-62(b)所示,定出交线 MN 的水平投影 $m(n)$;过 $m(n)$ 作 OX 轴垂线,与两个三角形的正面投影相交于 m'、n',就得到了交线 MN 的正面投影。

判别可见性:从水平投影看,在交线 MN 的左侧,△DEF 在△ABC 的前方,故△$d'e'f'$ 在

$m'n'$ 左侧可见，而 $\triangle a'b'c'$ 在 $m'n'$ 左侧的 $\triangle d'e'f'$ 范围内不可见；右侧则相反。

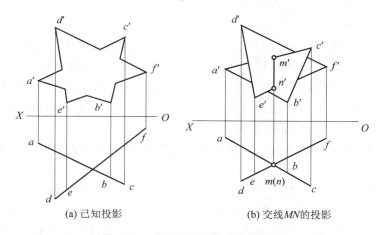

(a) 已知投影　　　　(b) 交线MN的投影

图 2-62　求两铅垂面的交线的投影

（2）特殊位置平面与一般位置平面相交。

【例 2-22】　已知投影如图 2-63(a)所示，求铅垂面 $\triangle DEF$ 与一般位置平面 $\triangle ABC$ 的交线 MN 的投影，并判别可见性。

分析：由于铅垂面 $\triangle DEF$ 的水平投影有积聚性，交线 MN 的水平投影在其积聚性投影上，故交线的水平投影已知，利用直线上点的投影特性，可求出交线 MN 的正面投影。

作图：如图 2-63(b)所示，依据铅垂面 $\triangle DEF$ 的积聚性投影，求出交线 MN 的水平投影 mn。点 m 在 ac 上，点 n 在 bc 上，过 m 作 OX 轴垂线，交 $a'c'$ 于 m'；同理，求出交点 N 的正面投影 n'。连接 m'、n'，即得交线 MN 的正面投影。

重影点法判别可见性：如图 2-63(b)所示，线段 AB、EF 上点 Ⅰ、Ⅱ 的正面投影重合，点 Ⅰ 在前，点 Ⅱ 在后，点 Ⅰ 在线段 AB 上，点 Ⅱ 在线段 EF 上，线段 AB 可见，则四边形 $a'b'n'm'$ 可见，画粗实线，其他被遮住的部分不可见。同理，$e'f'$ 被四边形 $a'b'n'm'$ 遮住的部分不可见，其他部分可见。

目测法判别可见性：如图 2-63(b)所示，MN 是可见与不可见的分界线。以水平投影 mn 为界，因四边形 $abnm$ 在积聚性投影的前方，故 $\triangle a'b'c'$ 的正面投影中，$a'b'n'm'$ 可见，画粗实线，被 $\triangle d'e'f'$ 遮住的部分不可见。同理，$\triangle d'e'f'$ 被 $a'b'n'm'$ 遮住的部分不可见。

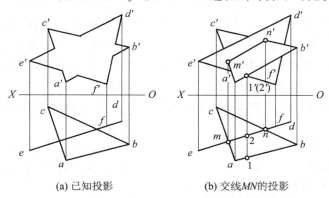

(a) 已知投影　　　　(b) 交线MN的投影

图 2-63　求铅垂面与一般位置平面的交线的投影

小 结

假设光线能够透过物体,将物体各个顶点和各条棱线都在投影面上投射出影子,这些点和线的影子将组成一个能够反映物体形状的图形,这个图形通常称为物体的投影。投影的三要素是投影线、空间形体和投影面。投影法分为中心投影法和平行投影法两大类,平行投影法又分为正投影法和斜投影法。正投影法具有同素性、平行性、从属性、定比性、积聚性、实形性、类似性等特性。三面投影图的投影规律:长对正、高平齐、宽相等。

任何物体都可以看作点的集合。点是基本几何要素,研究点的投影规律是掌握其他几何要素投影规律的基础。

在三面投影体系中,依据直线与投影面的相对位置,可将直线分为三类,即投影面垂直线(铅垂线、正垂线、侧垂线)、投影面平行线(水平线、正平线、侧平线)和一般位置直线。空间两直线的相对位置有平行、相交、交叉三种。直角投影定理:空间两直线垂直相交,若其中一直线为某投影面平行线,则两直线在该投影面上的投影互相垂直。

根据平面在三面投影体系中的不同位置可将平面分为三类,即投影面垂直面(铅垂面、正垂面、侧垂面)、投影面平行面(水平面、正平面、侧平面)和一般位置平面。直线与平面及两平面的相对位置可分为平行、相交和垂直(垂直是相交的特例)。

一、选择题

1.在制图中,把光线称为( )。
   A. 投影中心   B. 投影线   C. 投影面   D. 投影法

2.在制图中,把承受影子的面称为( )。
   A. 投影中心   B. 投影线   C. 投影面   D. 投影法

3 已知点 $A(20,0,0)$ 和点 $B(20,0,10)$,关于点 A 和点 B 的相对位置,哪一种判断是正确的?( )。
   A. 点 B 在点 A 前面   B. 点 B 在点 A 上方,且重影于 V 面上
   C. 点 A 在点 B 前面   D. 点 A 在点 B 下方,且重影在 OX 轴上

4.在投影中心与投影面距离不变的情况下,形体距投影中心愈近,影子( )。
   A. 愈大   B. 愈小   C. 不变   D. 无法确定

5.已知点 $A(0,10,25)$ 和点 $B(0,15,25)$,关于点 A 和点 B 的相对位置,哪一种判断是正确的?( )。
   A. 点 A 在点 B 前面   B. 点 B 在点 A 上方,且重影于 V 面上
   C. 点 B 在点 A 前面   D. 点 A 在点 B 前面,且重影在 OZ 轴上

6.由一点放射投影线所产生的投影称为( )。
   A. 中心投影   B. 水平投影   C. 垂直投影   D. 正投影

7. 在三面投影图中,侧面投影图能反映形体的尺寸是(　　)。
   A. 长和高　　　　　　B. 长和宽　　　　　　C. 高和宽　　　　　　D. 长、宽和高
8. 形成物体的基本几何元素包括(　　)。
   A. 点、直线和平面　　B. 点、曲线和曲面　　C. 点、曲线和平面　　D. 曲面、曲线、直线
9. 点的正投影仍然是点,直线的正投影一般仍为直线(特殊情况除外),平面的正投影一般仍为原空间几何形状的平面(特殊情况除外),这种性质称为正投影的(　　)。
   A. 同素性　　　　　　B. 从属性　　　　　　C. 定比性　　　　　　D. 平行性
10. 点在直线上,点的正投影一定在该直线的正投影上,点、直线在平面上,点和直线的正投影一定在该平面的正投影上,这种性质称为正投影的(　　)。
    A. 同素性　　　　　　B. 从属性　　　　　　C. 定比性　　　　　　D. 平行性
11. 线段上的点将该线段分成的比例,等于点的正投影将线段的正投影所分成的比例,这种性质称为正投影的(　　)。
    A. 同素性　　　　　　B. 从属性　　　　　　C. 定比性　　　　　　D. 平行性
12. 两直线平行,两直线上线段的长度之比等于线段正投影的长度之比,这种性质称为正投影的(　　)。
    A. 同素性　　　　　　B. 从属性　　　　　　C. 定比性　　　　　　D. 平行性
13. 当线段或平面平行于投影面时,其线段的投影长度反映线段的实长,平面的投影与原平面图形全等,这种性质称为正投影的(　　)。
    A. 同素性　　　　　　B. 从属性　　　　　　C. 定比性　　　　　　D. 实形性
14. 当直线或平面垂直于投影面时,直线的正投影积聚为一个点,平面的正投影积聚为一条直线。这种性质称为正投影的(　　)。
    A. 积聚性　　　　　　B. 从属性　　　　　　C. 定比性　　　　　　D. 实形性
15. 直线 *AB* 的 *V* 面投影反映实长,该直线为(　　)。
    A. 水平线　　　　　　B. 正平线　　　　　　C. 侧平线　　　　　　D. 侧垂线

二、填空题
1. 工程上常采用的投影法是_____和平行投影法,其中平行投影法按投影线与投影面是否垂直又分为_____和_____。
2. 当直线平行于投影面时,其投影_____,这种性质叫_____性;当直线垂直于投影面时,其投影_____,这种性质叫_____性;当平面倾斜于投影面时,其投影_____,这种性质叫_____性。
3. 主视图所在的投影面称为_____,用字母_____表示;俯视图所在的投影面称为_____,用字母_____表示;左视图所在的投影面称为_____,用字母_____表示。
4. 三视图的投影规律是:主视图与俯视图_____;主视图与左视图_____;俯视图与左视图_____。
5. 直线按其对三个投影面的相对位置关系的不同,可分为_____、_____和_____。
6. 与一个投影面垂直的直线,一定与其他两个投影面_____,这样的直线称为_____。
7. 与一个投影面平行、与其他两个投影面倾斜的直线,称为_____,具体又可分为_____、_____和_____。
8. 空间平面按其对三个投影面的相对位置的不同,可分为_____、_____和_____。

三、判断题

1. 当直线相对投影面倾斜时,直线的投影等于实长。(　　)
2. 水平投影:从形体的上方向下方投影,在 W 面上得到的视图。(　　)
3. 当直线垂直于投影面时,它在该投影面上的投影积聚为一点。(　　)
4. 点的单面投影不能唯一确定点的空间位置。确定点的空间位置,至少需要两个投影面的投影。(　　)
5. 点的投影仍然是点,直线的投影也可以是点。(　　)
6. 中心投影法就是投影线互相平行的投影法。(　　)
7. 当线段倾斜于投影面时,它在该投影面上的投影是缩短了的线段。(　　)
8. 垂直于一个投影面的直线,必然平行于另外两个投影面。(　　)

四、简答题

1. 正投影有哪些特性?
2. 什么是重影点?如何解释其可见性?
3. 试述直线投影规律。
4. 试述直线投影的定比性。

五、工程制图与识图

1. 已知点的两面投影如题图 2-1 所示,作出第三面投影。
2. 已知 A、B、C 三点的各一投影 a、b'、c'' 如题图 2-2 所示,且 $Bb'=10$,$Aa=20$,$Cc''=5$。完成各点的三面投影,并用直线连接各面投影。

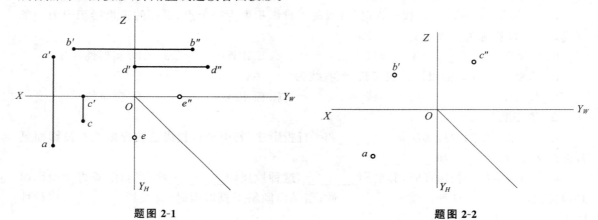

题图 2-1　　　　　　　　　　　　题图 2-2

3. 已知点 $A(22,8,5)$、$B(6,15,18)$,单位为 mm,在题图 2-3 中求作点 A 和点 B 的三面投影,并比较两点的空间位置。

点 A 在点 B 之_____(前、后)_____ mm;
点 A 在点 B 之_____(左、右)_____ mm;
点 A 在点 B 之_____(上、下)_____ mm。

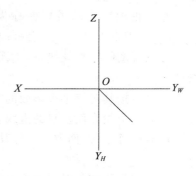

题图 2-3

4. 如题图 2-4 所示，求下列直线的第三面投影，并判别各直线与投影面的相对位置。

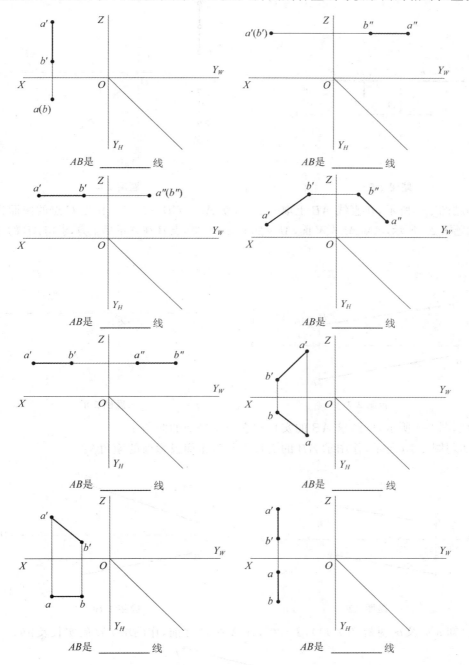

题图 2-4

5. 已知水平线 AB 与铅垂线 MN 相交于点 M，投影如题图 2-5 所示，试完成两直线的三面投影图。

6. 如题图 2-6 所示，作图判别点 K 是否在直线 AB 上。

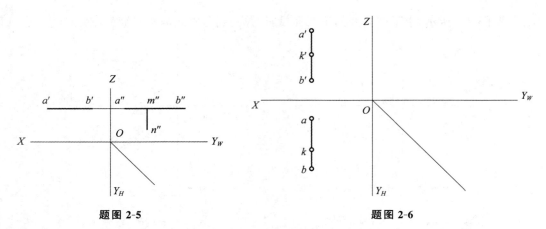

题图 2-5　　　　　　　　　题图 2-6

7. 如题图 2-7 所示，在直线 AB 上取一点 C，使 AC∶CB=4∶3。作出 C 点的两面投影。

8. 如题图 2-8 所示，已知 AB∥W 面，AB=20 mm，α=30°，点 B 在 A 的后上方，求作 AB 的三面投影。

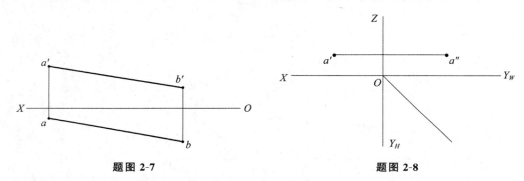

题图 2-7　　　　　　　　　题图 2-8

9. 如题图 2-9 所示，作图求 AB 的实长和它与水平面的倾角 α。

10. 如题图 2-10 所示，作图求 AB 的实长和它与正面投影面的倾角 β。

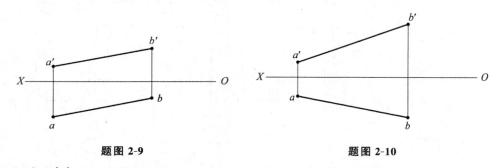

题图 2-9　　　　　　　　　题图 2-10

11. 已知 a'b' 及 b（见题图 2-11），β=30°，且 A 在 B 之前，作图求 AB 的实长及 ab。

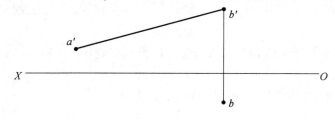

题图 2-11

12. 如题图 2-12 所示，作直线 GH，使其与 EF 和 CD 相交且与 AB 平行。

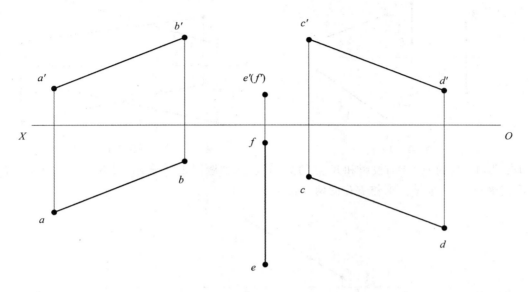

题图 2-12

13. 判别题图 2-13 中两直线的相对位置。

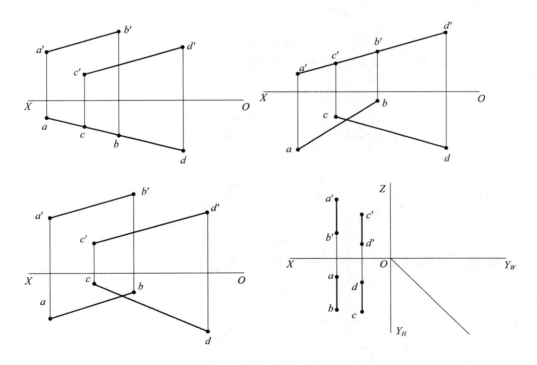

题图 2-13

14. 如题图 2-14 所示，过点 K 作一直线与 AB 和 CD 都相交。
15. 如题图 2-15 所示，判别交叉直线重影点的可见性。

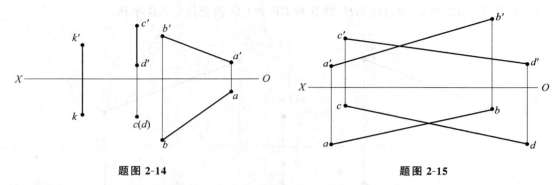

题图 2-14　　　　　　　　　　题图 2-15

16. 已知 AB 的 H、V 面投影和 K 点的 V 面投影，如题图 2-16 所示，过 K 点作水平线 KL 与 AB 垂直相交，L 为垂足。求作 KL 的两面投影。

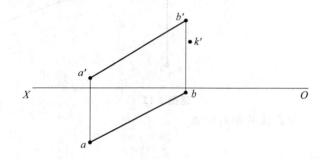

题图 2-16

17. 如题图 2-17 所示，求点 M 到水平线 AB 的距离。

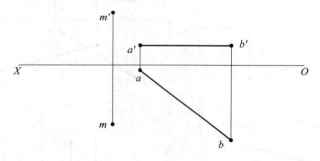

题图 2-17

18. 如题图 2-18 所示，求点 N 到正平线 AB 的距离。

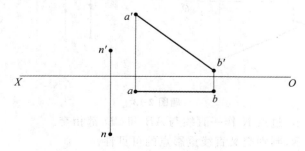

题图 2-18

19. 如题图 2-19 所示,求直线 AB 与 CD 的距离。

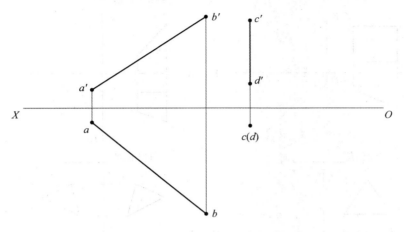

题图 2-19

20. 如题图 2-20 所示,已知△ABC 等腰三角形,C 点在直线 DE 上,AB∥V 面,求作△ABC 的两面投影。

21. 如题图 2-21 所示,已知 AB∥V 面,AB 垂直于 BC,BC=15 mm,C 点在 V 面上,C 在 B 之下,求 BC 的两面投影。

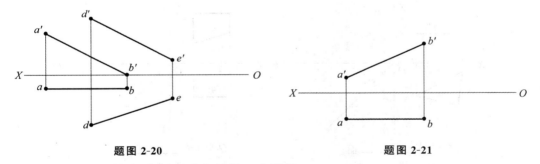

题图 2-20   题图 2-21

22. 如题图 2-22 所示,求平面内点的另一个投影。

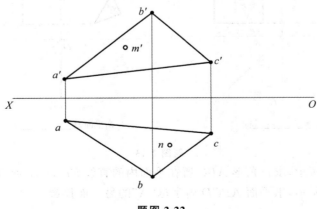

题图 2-22

23. 补画出题图 2-23 中平面的第三个投影,并判断平面与投影面的相对位置。

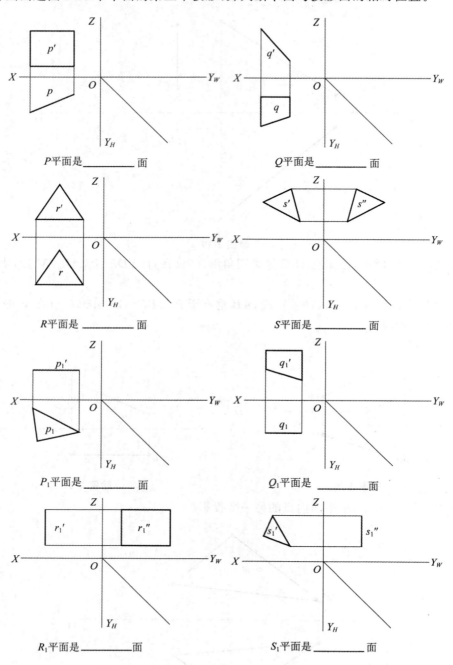

题图 2-23

24. 如题图 2-24 所示,求三角形 ABC 所在平面内的直线 EF 的 H 面投影。

25. 如题图 2-25 所示,求平面 ABCD 内字母"A"的另一面投影。

题图 2-24

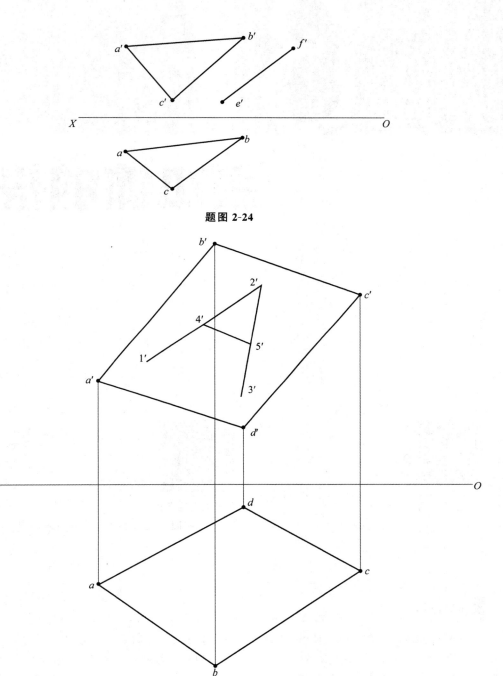

题图 2-25

工作手册 3

基本体的投影

五牌一图

慈禧太后的寝宫
——颐和园

▌知识目标

掌握棱柱、棱锥、棱台、圆锥、圆柱、球体等基本体的投影特点;了解基本体的尺寸标注;掌握基本体上点的投影特征,会在基本体的表面取点。掌握轴测投影的基本知识,掌握轴向伸缩系数和轴间角的几何意义。熟悉画轴测图常用的方法,重点掌握坐标法。熟悉截切体和相贯体的基本知识。

▌能力目标

具备基本体投影相关的基本知识,能熟练绘制基本体的投影图;掌握基本体上点的投影特征,能熟练地在基本体的表面取点;能熟练地根据实物或投影图绘制物体的正等轴测图;能根据实物或投影图绘制物体的斜轴测投影图,会运用轴测图来辅助理解视图。具备截切体和相贯体的基本知识,会运用截切体和相贯体投影知识绘制其三视图。

任务 1 基本体的三视图

任何建筑形体都可以看成由基本体按照一定的方式组合而成。基本体分为平面立体和曲面立体两大类：由平面围成的形体称为平面立体，如棱柱、棱锥等；由曲面或曲面与平面围成的形体称为曲面立体，如圆柱、圆锥等。

一、平面立体的投影

平面立体是由若干个平面围成的立体。常见的平面立体有棱柱、棱锥和棱台。平面立体的三面投影图就是各平面以及平面与平面相交处棱线的投影，因此，作平面立体的投影图时，应分析围成立体的各个平面以及棱线的投影特点，并注意投影中的可见性和重影问题。

1. 棱柱

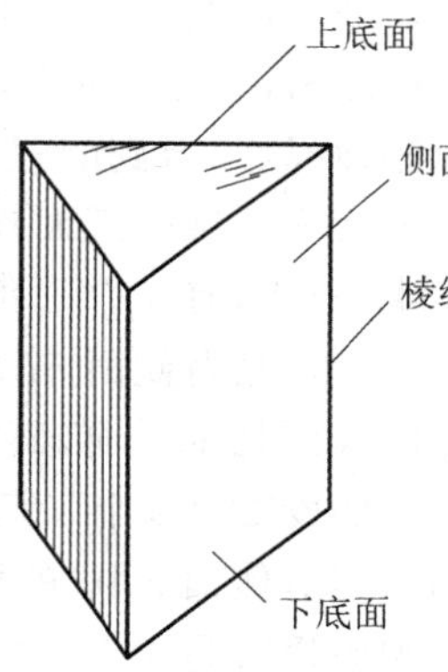

棱柱是由上、下底面和若干侧面围成的基本形体。棱柱的上、下底面形状、大小完全相同且相互平行；每两个侧面的交线为棱线，又称为侧棱，有几个侧面就有几条侧棱。侧棱垂直于底面的棱柱称为直棱柱，侧棱不垂直于底面的棱柱称为斜棱柱。

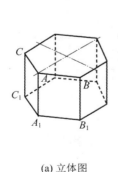

图 3-1 三棱柱

本部分内容只讨论直棱柱。图 3-1 所示为三棱柱。图 3-2(a)所示的是六棱柱，上、下底面为六边形，是水平面，前后 2 个侧面为长方形，是正平面，另外 4 个侧面为长方形，是铅垂面。对六棱柱分别向三个投影面进行投影，得到的三面投影图如图 3-2(b)所示。

(a) 立体图 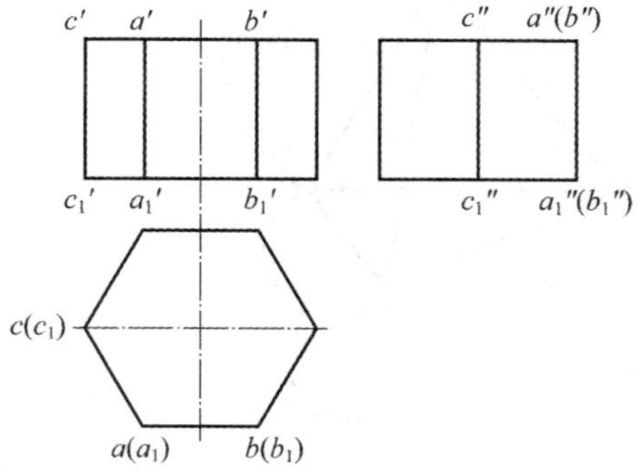　　(b) 三面投影图

图 3-2 六棱柱及其投影

分析六棱柱的三面投影图可知：

水平投影为六边形，从形体的平面投影的角度看，它可以看作上、下底面的重合投影（上底面可见，下底面不可见），并反映实形，六边形的边也可以看作垂直于水平投影面的 6 个侧面的

积聚性投影。

正面投影为 3 个长方形。中间的长方形可看作前、后 2 个平行于正投影面的侧面的重合投影(前侧面可见,后侧面不可见),并反映实形;两侧的长方形可看作左、右侧面的投影,但均不反映实形。上、下底面的积聚性投影是正面投影的最上和最下的两条横线。

侧面投影为 2 个长方形,它是左、右 4 个侧面的重合投影(左侧面可见,右侧面不可见),但均不反映实形。前、后 2 个侧面投影积聚为侧面投影的左、右两条边线,上、下底面的积聚投影是最上和最下的两条横线。

2. 棱锥

由一个底面和若干个侧面围成,各个侧面的各条棱线相交于顶点的形体称为棱锥。顶点常用字母 S 来表示,顶点到底面的垂直距离称为棱锥的高。三棱锥底面为三角形,有 3 个侧面及 3 条棱线;四棱锥的底面为四边形,有 4 个侧面及 4 条棱线;依次类推。

图 3-3(a)所示为一个三棱锥,顶点为 S,棱线分别为 SA、SB、SC。其底面△ABC 是水平面,后侧面△SAC 是侧垂面,左、右两个侧面△SAB 和△SBC 是一般位置平面。对三棱锥分别向三个投影面投影,得到的三面投影图如图 3-3(b)所示。

分析三棱锥的三面投影图可知:

水平投影有 4 个三角形,分别是三棱锥的 4 个面的水平投影,其中△sab 是左侧面 SAB 的投影,△sbc 是右侧面 SBC 的投影,△sac 是后侧面 SAC 的投影,△abc 是底面 ABC 的投影。三棱锥的底面是水平面,其投影△abc 反映实形,3 个侧面的水平投影均不反映实形。

正面投影由 3 个三角形组成,△s'a'b' 是左侧面 SAB 的投影,△s'b'c' 是右侧面 SBC 的投影,△s'a'c' 是后侧面 SAC 的投影,它们均不反映实形,投影底边 a'c' 是底面 ABC 的积聚性投影。

侧面投影是 1 个三角形,它是左侧面 SAB 和右侧面 SBC 的重合投影,不反映实形,后侧面 SAC 的投影积聚为边线 s"a"(c"),底面 ABC 的投影积聚为边线 a"(c")b"。

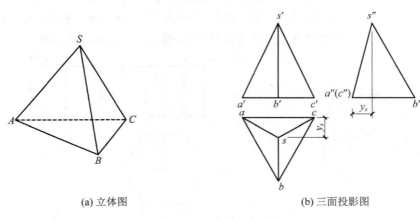

(a) 立体图　　　　　　　(b) 三面投影图

图 3-3　三棱锥及其投影

3. 棱台

棱锥的顶部被平行于底面的平面截切后即形成棱台。图 3-4(a)所示为正四棱台,其形体特点为:两个底面为大小不同、相互平行且形状相同的多边形,各侧面均为等腰梯形。

图 3-4(b)所示为正四棱台的三面投影图,其画法思路同四棱锥。应当注意的是,画每个投影图都应先画上、下底面,然后画各侧棱。

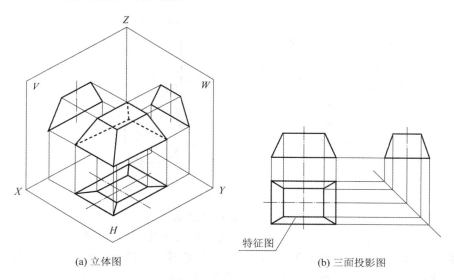

(a) 立体图　　　　　　　　(b) 三面投影图

图 3-4　正四棱台及其投影

二、曲面立体的投影

由曲面或由曲面与平面围成的立体,称为曲面立体。工程上常见的曲面立体有圆柱、圆锥和球体等。由于这些曲面立体的曲面是由直线或曲线作为母线绕固定轴回转而成,所以这些曲面立体又称为回转体。

回转面是由一条表面曲线或直线绕一固定轴线旋转一周所形成的曲面,该曲线或直线称为母线,母线在回转面上的任意位置线称为素线,母线上任意一点的轨迹称为纬圆并垂直于轴线。

1. 圆柱

圆柱是由上、下底面和圆柱面组成的。圆柱面可以看作由一条直母线绕与它平行的轴线旋转而成。

图 3-5(a)所示为圆柱,直立的圆柱轴线是铅垂线,则圆柱面上的任一直素线都是铅垂线。上、下底面(圆形)是水平面,对圆柱分别向三个投影面进行投影,得到的三面投影图如图 3-5(b)所示。

圆柱的水平投影是一个圆,它是上、下底面的重合投影,反映实形,圆周是圆柱面的积聚性投影。正面投影和侧面投影均为一个矩形,是两个半圆柱面的重合投影,上、下两条横线是上、下两个底面的积聚性投影,左、右两条竖线是圆柱面上最左(后)和最右(前)两条轮廓素线的投影,这两条素线的水平投影积聚成点。

2. 圆锥

圆锥是由圆锥面和底面组成的,圆锥面可以看作由一条直母线绕与其相交的轴线回转而成。图 3-6(a)所示为圆锥,圆锥的轴线是铅垂线,底面(圆形)是水平面,其三面投影图如图

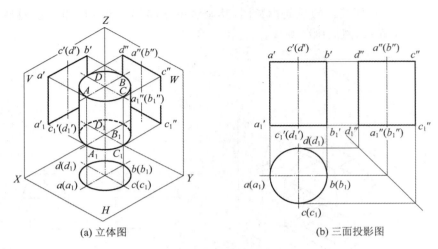

(a) 立体图　　　　　　　　　(b) 三面投影图

图 3-5　圆柱及其投影

3-6(b)所示。水平投影是一个圆，它是圆锥面和底面的重合投影，反映底面的实形，圆心是锥顶的水平投影。正面投影和侧面投影为三角形，是两个半圆锥面的重合投影。三角形的左、右两边线是圆锥最左（后）和最右（前）的两条轮廓素线的投影，三角形底边是圆锥底面的积聚性投影。

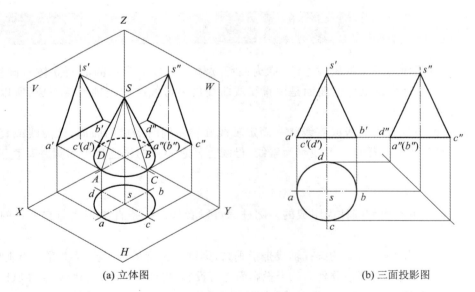

(a) 立体图　　　　　　　　　(b) 三面投影图

图 3-6　圆锥及其投影

3. 球体

球体是球面围成的，球面可以看作半圆或圆围绕一条轴线回转而成。图 3-7(a)所示为球体，其三面投影图如图 3-7(b)所示。球体的三面投影是 3 个直径相等的圆，这 3 个圆是球面上的轮廓圆的投影，圆心是球心的投影。

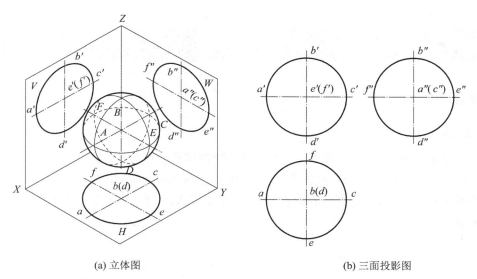

(a) 立体图 (b) 三面投影图

图 3-7 球体及其投影

三、基本体的尺寸标注

投影图只能表达组合体的形状,而组合体各部分形体的真实大小及其相对位置,则要通过尺寸标注来确定。尺寸标注的基本要求是:尺寸标注应正确、完整、清晰、合理。"正确"是指要符合国家标准的规定;"完整"是指尺寸必须注写齐全,不遗漏,不重复;"清晰"是指尺寸的布局要整齐清晰,便于读图。从形体分析角度看,组合体都是由基本体叠加、切割而成的,因此,应先分析基本体的尺寸标注,再讨论组合体的尺寸标注。

对于基本体一般只需注出长、宽、高三个方向的定形尺寸。如长方体需标注长、宽、高三个尺寸;正六棱柱应该标注高度及正六边形对边距离(或对角距离),如图 3-8(a)所示;四棱台应标注上、下底面的长、宽及高度尺寸,如图 3-8(b)所示;圆柱应标注直径及轴向长度,如图 3-8(c)所示;圆台应该标注两底圆直径及轴向长度,如图 3-8(d)所示;球体只需标注直径。圆柱、圆锥、球体等回转体标注尺寸后,还可以减少投影图的数量。

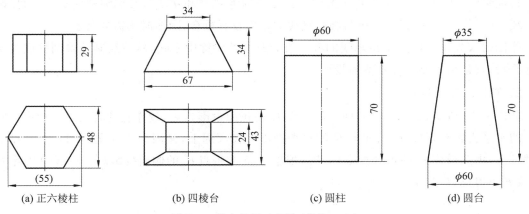

(a) 正六棱柱 (b) 四棱台 (c) 圆柱 (d) 圆台

图 3-8 基本体尺寸标注(单位:mm)

四、基本体表面上取点

1. 圆柱

1）圆柱的投影

圆柱的投影如图 3-9 所示,分析三面投影体系中的圆柱图形可知:

圆柱的上、下底面为水平面,故水平投影为圆,反映真实图形,而其正、侧面投影为直线。圆柱面水平投影积聚为圆,正面投影和侧面投影为矩形,矩形的上、下两边分别为圆柱上、下底面的积聚性投影。

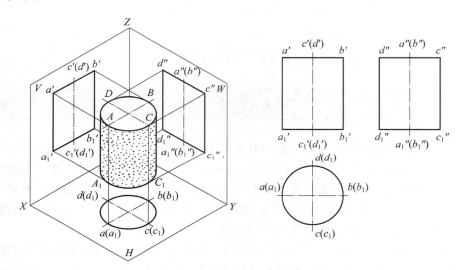

图 3-9 圆柱投影立体图及三面投影图

最左侧素线 AA_1 和最右侧素线 BB_1 的正面投影分别为 $a'a_1'$ 和 $b'b_1'$,又称圆柱面对 V 面投影的轮廓线。AA_1 与 BB_1 的侧面投影与圆柱轴线的侧面投影重合,画图时不需要表示。

最前素线 CC_1 和最后素线 DD_1 的侧面投影分别为 $c'c_1''$ 和 $d''d_1''$,又称圆柱面对 W 面投影的轮廓线。CC_1 与 DD_1 的正面投影与圆柱轴线的正面投影重合,画图时不需要表示。

作图时应先用点画线画出轴线的各个投影及圆的对称中心线,然后绘制反映圆柱底面实形的水平投影,最后绘制正面及侧面投影。

2）圆柱表面上的点

如图 3-10 所示,已知圆柱表面上的一点 K 的正面投影为 k',现作它的其余两面投影。圆柱面上的水平投影有积聚性,因此点 K 的水平投影应在圆周上,又因为 k' 可见,所以点 K 在前半个圆柱上,由此得到 K 的水平投影 k,然后根据 k'、k 求得点 K 的侧面投影 k''。点 K 在右半圆柱上,故 k'' 不可见,应加括号表示。

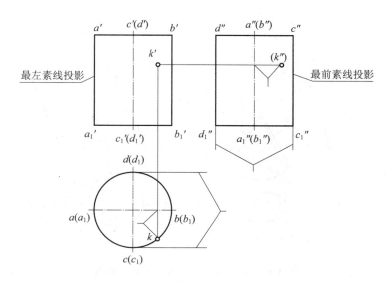

图 3-10 圆柱表面上的点的三面投影

2. 圆锥

1) 圆锥的投影

圆锥的投影如图 3-11 所示,分析三面投影体系中的圆锥图形可知:

圆锥的水平投影为一个圆,这个圆既是圆锥平行于 H 面的底圆的实形,又是圆锥面的水平投影;圆锥面的正面投影与侧面投影都是等腰三角形,三角形的底边为圆锥底圆平面的积聚性投影。

正面投影中三角形的左右两腰 $s'a'$ 和 $s'b'$ 分别为圆锥面上最左素线 SA 和最右素线 SB 的正面投影,又称为圆锥面对 V 面投影的轮廓线,SA 和 SB 的侧面投影与圆锥轴线的侧面投影重合,画图时不需要表示。

侧面投影中三角形的前后两腰 $s''c''$ 和 $s''d''$ 分别为圆锥面上最前素线 SC 和最后素线 SD 的侧面投影,又称为圆锥面对 W 面投影的轮廓线,SC 和 SD 的正面投影与圆锥轴线的正面投影重合,画图时不需要表示。

作图时应首先用点画线画出轴线的各个投影及圆的对称中心线,然后画出水平投影面上反映圆锥底面实形的圆,完成圆锥的其他投影,最后加深可见线。

2) 圆锥表面上的点

圆锥的三面投影都没有积聚性,因此,若根据圆锥表面上点的一个投影求作该点的其他投影,必须借助圆锥面上的辅助线,作辅助线的方法有两种,即素线法和纬圆法,如图 3-12 所示。

(1) 素线法。

过锥顶作辅助素线的方法称为素线法。已知圆锥面上的一点 K 的正面投影为 k',求作它的水平投影 k 和侧面投影 k'',步骤如下:

①在圆锥面上过点 K 及锥顶 S 作辅助素线 SA,即过点 S 的投影 s' 与点 K 的已知投影 k' 作 $s'a'$,a' 在正面投影三角形底边上,并求出 $s'a'$ 对应的水平投影 sa;

②按"宽相等"关系求出侧面投影 $s''a''$;

③根据 k' 点在 $s'a'$ 上的位置求出 k 及 k'' 点的位置,K 在左半圆锥上,所以 k'' 可见。

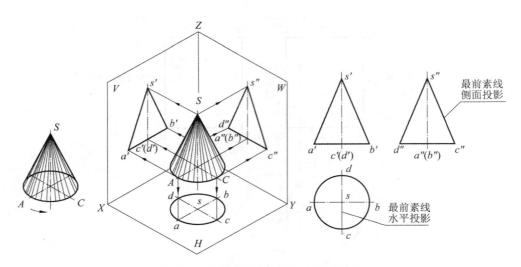

图 3-11 圆锥投影立体图及三面投影图

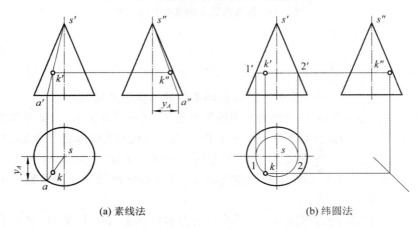

(a) 素线法　　　　　　　　(b) 纬圆法

图 3-12 素线法与纬圆法求圆锥表面上的点的投影

（2）纬圆法。

用垂直于回转体轴线的截平面截切回转体，其交线一定是圆，该圆称为纬圆，通过纬圆求解点位置的方法称为纬圆法。已知圆锥面上的一点 K 的正面投影，求作它的其他两个投影面上的投影，步骤如下：

①在圆锥面上过 K 点作水平纬圆，其水平投影反映真实形状，过 k' 作纬圆的正面投影 $1'2'$，即过 k' 作圆锥轴线的垂线，与圆锥正面投影三角形的两腰交于 $1'$、$2'$；

②以 $1'2'$ 的长度为直径，以 s 为圆心画圆，求得纬圆的水平投影，则 k 必在此水平投影圆周上，由 k' 的可见性可确定 k 的位置；

③由 k' 和 k，通过投影关系分析可求得 k''，K 位于圆锥左侧表面，故 k'' 可见。

3. 球体

1）球体的投影

球体的投影如图 3-13 所示，分析三面投影体系中的球体图形可知：

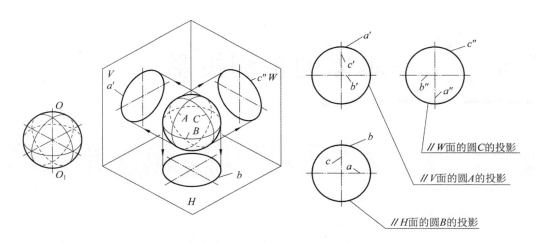

图 3-13 球体投影立体图及三面投影图

球的三面投影均为大小相等的圆,其直径等于球的直径,但三个投影面上的圆是不同转向线的投影。

正面投影 a' 是平行于 V 面的最大圆 A(区分前、后半球表面的外形轮廓线)的投影;

水平投影 b 是平行于 H 面的最大圆 B(区分上、下半球表面的外形轮廓线)的投影;

侧面投影 c'' 是平行于 W 面的最大圆 C(区分左、右半球表面的外形轮廓线)的投影。

作图时首先用点画线画出各投影的对称中心线,然后画出与球等直径的圆。

2) 球体表面上的点

由于球体的三个投影都无积聚性,所以在球面上取点、线,除特殊点可直接求出外,其余均需用辅助圆画法求出,并注意其可见性。

球体表面上取点画法如图 3-14 所示。已知球体的三面投影和球面上一点 M 的水平投影 m,如图 3-14(a)所示,求点 M 的其余两个投影面上的投影,作图方法如下:

根据 m 可确定点 M 在上半球面的左前部,过点 M 作一平行于 V 面的辅助圆,m' 点一定在该圆的正面投影圆周上,求得 m',由点 M 在前半球上可知 m' 可见;由 m' 及 m,根据点投影规律求得 m'',由点 M 在左半球上可知 m'' 可见。

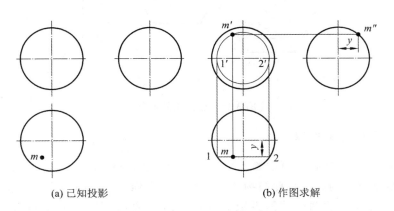

(a) 已知投影　　　　　　(b) 作图求解

图 3-14 球体表面上取点画法

任务 2　基本体的轴测投影

一、轴测投影的基本知识

1. 三视图与轴测图

三视图的优点是表达准确、清晰，作图简便，其不足是缺乏立体感。轴测图的优点是直观性强，立体感明显，但它不适合用来表达复杂形状的物体，也不能反映物体的实际形状。在工程实践中，三视图能较好地满足图示的要求，因此工程图一般用三视图来表达，而轴测图则用作辅助图样。

2. 轴测图的形成

轴测图的形成如图 3-15 所示，将长方体向 V、H 面作正投影得主、俯两视图，若用平行投影法将长方体连同固定在其上的参考直角坐标系一起沿不平行于任何一个坐标平面的方向投射到一个选定的投影面上，在该面上得到的具有立体感的图形称为轴测投影图，又称轴测图。这个选定的投影面就是轴测投影面。

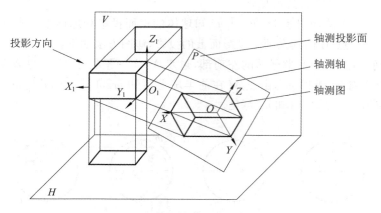

图 3-15　轴测图的形成

3. 轴间角和轴向伸缩系数

轴间角是指轴测轴之间的夹角，如 $\angle XOZ$、$\angle ZOY$、$\angle YOX$。

轴测图上沿轴方向的线段长度与物体上沿对应的坐标轴方向同一线段长度之比，称为轴向伸缩系数。OX、OY、OZ 的轴向伸缩系数分别用 p、q、r 表示，即 $p=OX/O_1X_1$；$q=OY/O_1Y_1$；$r=OZ/O_1Z_1$。

正等测图的轴间角为 $\angle XOZ=\angle ZOY=\angle YOX=120°$。
正等测图的轴向伸缩系数为 $p=q=r=1$,如表 3-1 所示。
斜二测图的轴间角为 $\angle YOX=\angle ZOY=135°,\angle XOZ=90°$。
斜二测图的轴向伸缩系数为 $p=r=1,q=0.5$,如表 3-1 所示。

表 3-1　正等测图和斜二测图的轴间角与轴向伸缩系数

种类	轴间角	轴向伸缩系数	示例	种类	轴间角	轴向伸缩系数	示例
正等测图	(Z轴向上,X、Y轴各与水平线成30°,轴间角均为120°,$p=1,q=1$)	轴向伸缩系数 $p=q=r=0.82$;简化系统 $p=q=r=1$	(立体示例图)	斜二测图	(Z轴向上,X轴水平 $p=1$,Y轴与X轴成45°,$q=0.5$)	轴向伸缩系数 $p=r=1,q=0.5$	(立体示例图)

4. 轴测图的基本特性

轴测图具有以下基本特征:

(1) 平行性。

物体上互相平行的线段,在轴测图中仍然互相平行;物体上平行于投影轴的线段,在轴测图中平行于相应的轴测轴。

(2) 等比性。

物体上互相平行的线段,在轴测图中具有相同的轴向伸缩系数;物体上平行于投影轴的线段,在轴测图中与相应的轴测轴有相同的轴向伸缩系数。

(3) 真实性。

物体上平行于轴测投影面的平面,在轴测图中反映实形。

5. 轴测图的分类

根据投影方向不同,轴测图可分为两类,即正轴测图和斜轴测图。根据轴向伸缩系数不同,轴测图又可分为等测、二测和三测轴测图。以上两种分类方法相结合,可得到六种轴测图。

1) 正轴测投影(投影方向垂直于轴测投影面)

(1) 正等轴测投影(简称正等测):轴向伸缩系数 $p=q=r$。

(2) 正二等轴测投影(简称正二测):轴向伸缩系数 $p=r=2q$。

(3) 正三测轴测投影(简称正三测):轴向伸缩系数 $p\neq q\neq r$。

2) 斜轴测投影(投影方向倾斜于轴测投影面)

(1) 斜等轴测投影(简称斜等测):轴向伸缩系数 $p=q=r$。

(2) 斜二等轴测投影(简称斜二测):轴向伸缩系数 $p=r=2q$。

(3) 斜三测轴测投影(简称斜三测):轴向伸缩系数 $p\neq q\neq r$。

工程上主要使用正等测和斜二测。

二、正等轴测图

画正等轴测图常用的方法有坐标法、特征面法、叠加法和切割法。其中坐标法是最基本的画法,而其他方法都是根据物体的形体特点对坐标法的灵活运用。

1. 坐标法

按坐标值确定平面体各特征点的轴测投影,然后连线形成物体的轴测图,这种作图方法称为坐标法。坐标法是画轴测图的基本方法,其他作图方法都以坐标法为基础。

【例 3-1】 如图 3-16(a)所示,已知正六棱台的两面投影,作正六棱台的正等轴测图。

分析:正六棱台是由上、下底面的 12 个顶点连接而成的。利用坐标法找到 12 个点在轴测图中的位置,然后依次连接即可得到正六棱台的正等轴测图。

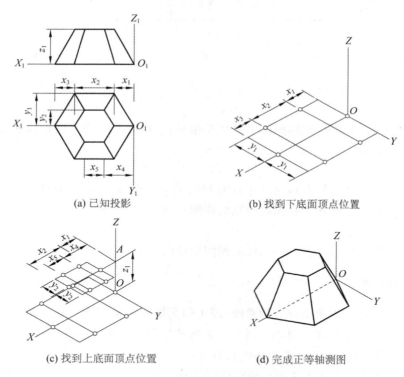

(a) 已知投影　　(b) 找到下底面顶点位置

(c) 找到上底面顶点位置　　(d) 完成正等轴测图

图 3-16　作正六棱台的正等轴测图

作图步骤:

(1) 在视图上确定各坐标轴。

(2) 画下底面。先画 OX、OY、OZ 建立三条轴测轴,然后从 O 点开始沿着 X 轴的方向分别量取 x_1、x_2 和 x_3 三个长度尺寸,在 Y 轴上分别向前、后两个方向各量取 y_1 宽度尺寸,找到正六棱台下底面的六个顶点位置,如图 3-16(b)所示。

(3) 画上底面。从 O 点沿着 Z 轴的方向量取 z_1 找到 A 点,从 A 点沿着平行于 X 轴的方向

分别量取 x_1、x_2、x_4 和 x_5，沿着平行于 Y 轴的方向分别向前、后各量取 y_2 宽度尺寸，找到正六棱台上底面的六个顶点，如图 3-16(c)所示。

（4）连棱线。将上、下底面对应的多边形顶点连起来，即为正六条棱线，擦去不可见轮廓线，加粗图线，即完成正六棱台轴测图的绘制，如图 3-16(d)所示。

2. 特征面法

特征面法适用于绘制柱类形体的正等轴测图。先画出柱类形体的一个底面（特征面），然后过底面多边形顶点作同一轴测轴的平行且相等的棱线，再画出另一底面，最后完成正等轴测图的绘制，这种方法称为特征面法。

【例 3-2】 如图 3-17(a)所示，已知一段渡槽的两面投影，作出这段渡槽的正等轴测图。

分析：渡槽的横断面相同，因此它可被看作一个柱体，底面是一个十六边形，且是渡槽的特征面，可利用特征面法作正等轴测图。

作图步骤：

（1）在视图上确定各坐标轴。

（2）画特征面。建立 X、Y、Z 轴测轴，然后从 O 点沿着 Y 轴向前、后方向各量取 y_1、y_2、y_3 和 y_4 四个宽度尺寸，沿着 Z 轴向上量取 z_1、z_2、z_3 和 z_4 四个高度尺寸，绘制出渡槽的特征底面，如图 3-17(b)所示。

（3）画棱线。从特征面多边形的顶点分别向平行于 X 轴方向画 x_1 长度的棱线，如图 3-17(c)所示。

（4）画另一底面。连接棱线上各对应端点，即得另一底面，擦去不可见棱线和底面边线，加粗图线，完成作图，如图 3-17(d)所示。

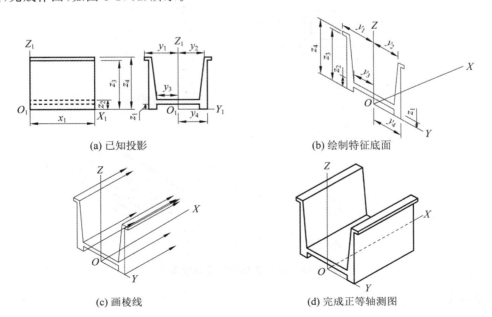

(a) 已知投影　　(b) 绘制特征底面

(c) 画棱线　　(d) 完成正等轴测图

图 3-17　作渡槽的正等轴测图

3. 叠加法

叠加法适用于画组合体的轴测图。先将组合体分解成几个基本体，再根据基本体组合时的相对位置关系，按照先下后上、先后再前的方法叠加画出轴测图，这种方法称为叠加法。

【例 3-3】 如图 3-18(a)所示，已知独立基础的两面投影，作独立基础的正等轴测图。

分析：独立基础是由三个等高的四棱柱叠加而成的，符合叠加法作图特点，可以先下、后中、再上来绘制轴测图，注意绘制时三个四棱柱的定位。

作图步骤：

（1）在视图上确定各坐标轴。

（2）绘制最下面的四棱柱。建立 X、Y、Z 轴测轴，然后从 O 点沿着 Y 轴分别向前、后方各量取 y_3 宽度尺寸，沿着 X 轴分别向左、右方各量取 x_3 长度尺寸，沿着 Z 轴向上量取 z 高度尺寸，画出最下面的四棱柱，同时找到 A 点，如图 3-18(b)所示。

（3）绘制中间的四棱柱。从 A 点沿着 Y 轴分别向前、后方量取 y_2 宽度尺寸，沿着 X 轴向左、右方各量取 x_2 长度尺寸，沿着 Z 轴向上量取 z 高度尺寸，画出中间的四棱柱，同时找到 B 点，并且将最下面的四棱柱被遮住的轮廓线擦掉，如图 3-18(c)所示。

（4）绘制最上面的四棱柱。从 B 点沿着 Y 轴分别向前、后方量取 y_1 宽度尺寸，沿着 X 轴向左和向右各量取 x_1 长度尺寸，沿着 Z 轴向上量取 z 高度尺寸，画出最上面的四棱柱，擦掉不可见的棱线和作图辅助线，加粗图线，完成作图，如图 3-18(d)所示。

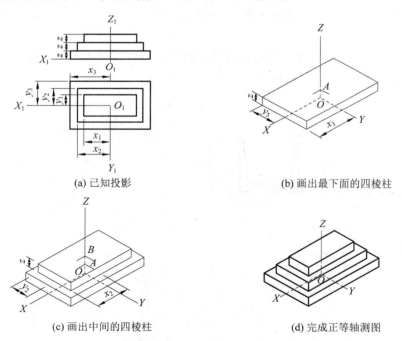

(a) 已知投影　　(b) 画出最下面的四棱柱

(c) 画出中间的四棱柱　　(d) 完成正等轴测图

图 3-18　作独立基础的正等轴测图

4. 切割法

为切割而成的形体画轴测图时，宜先画出被切割物体的原体，然后画出被切割的部分，这种方法称为切割法，用切割法作图时要注意切割位置的确定。

【例 3-4】 如图 3-19(a)所示，已知切割体的两面投影，作这个形体的正等轴测图。

分析：该形体由一个四棱柱切割掉两个小四棱柱而成。应先画出原体，再画出被切割掉的形体。

作图步骤：

(1) 在视图上确定各坐标轴。

(2) 画原体。建立 X、Y、Z 轴测轴，然后从 O 点沿着 Y 轴向后量取 y_3 宽度尺寸，沿着 X 轴向左量取 x_3 长度尺寸，沿着 Z 轴向上量取 z_2 高度尺寸，绘制出四棱柱原体，如图 3-19(b)所示。

(3) 画被切割的前上方部分。从 O 点沿着 Y 轴向后量取 y_2 宽度尺寸，找到切割的位置，切割体与原体一样长，沿着 Z 轴向上量取 z_1 高度尺寸，找到切割位置，绘出要被切割掉的第一个四棱柱，如图 3-19(c)所示。

(4) 画前下方被切割的四棱柱。从 O 点沿着 Y 轴向后量取 y_1 长度找到切割位置，沿着 X 轴向左量取 x_1 长度和 x_2 长度找到切割位置，切割体高度与原体前下方高度相同，绘出被切割的第二个四棱柱，如图 3-19(d)所示。擦掉作图辅助线，加粗图线，完成作图，如图 3-19(e)所示。

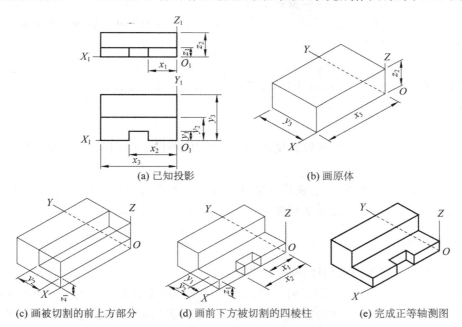

图 3-19 作切割体的正等轴测图

任务 3 截切体和相贯体

各种形状的机件虽然复杂多样，但都是由一些基本体经过叠加、切割或相交等形式组合而成的。基本体被平面截切后的剩余部分，就称为截切体。两基本体相交后得到的立体，就叫相贯体。基本体由于被截切或相交,会在表面上产生相应的截交线或相贯线。了解截交线和相贯线的性质及投影画法,有助于正确分析与表达机件形状结构。

一、截切体

1. 截切体的有关概念及性质

截切体的有关概念如图 3-20 所示,正六棱柱被平面 P 截为两部分,用来截切立体的平面称为截平面;立体被截切后的部分称为截切体;立体被截切形成的断面称为截断面;截平面与立体表面的交线称为截交线。

尽管立体的形状不尽相同(分为平面立体和曲面立体),截平面与立体表面的相对位置也各不相同,由此产生的截交线的形状也千差万别,但所有的截交线都具有以下基本性质:

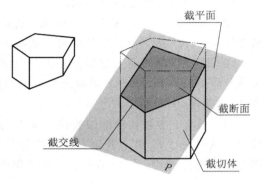

图 3-20 截切体的有关概念

(1) 共有性。

截交线是截平面与立体表面的共有线,既在截平面上,又在立体表面上,是截平面与立体表面共有点的集合。

(2) 封闭性。

由于立体表面是有范围的,所以截交线一般围合成封闭的平面图形(平面多边形或曲线图形)。

根据截交线的性质,求截交线,就是求出截平面与立体表面的一系列共有点,然后依次连接即可。求截交线时,既可利用投影的积聚性直接作图,也可通过作辅助线的方法求出。

2. 平面截切体

由平面立体截切得到的截切体,叫平面截切体。

因为平面立体由若干平面围成,所以平面与平面立体相交时的截交线是一个封闭的平面多边形,多边形的顶点是平面立体的棱线与截平面的交点,多边形的每条边是平面立体的棱面与截平面的交线。因此,作平面立体上的截交线,可以归纳为两种方法:

第一种是交点法:先求出平面立体的各棱线与截平面的交点,然后将各点依次连接起来,即得截交线。

连接各交点有一定的原则:只有两点在同一个表面上才能连接,可见棱面上的两点用实线连接,不可见棱面上的两点用虚线连接。

第二种是交线法:求出平面立体的各表面与截平面的交线。

一般常用交点法求截交线的投影。两种方法使用不分先后,可配合运用。

求平面立体截交线的投影时,要先分析平面立体在未被截割时的形状是怎样的,它是怎样被截割的,以及截交线有何特点等,然后再进行作图。

具体应用时通常利用投影的积聚性辅助作图。

1）棱柱上的截交线

【例 3-5】 已知五棱柱部分投影如图 3-21(a)所示,求作五棱柱被正垂面 P_V 截断后的投影。

分析:截平面与五棱柱的五个侧棱面均相交,与顶面不相交,故截交线为五边形。

作图,如图 3-21(b)所示:

(1) 由于截平面为正垂面,故截交线的 V 面投影已知,截交线的 H 面投影 $abdec$ 亦确定。

(2) 运用交点法,依据"高平齐"的投影关系,作出截交线各顶点的 W 面投影 a''、b''、c''、d''、e''。

(3) 五棱柱截去左上角,截交线的 H 面和 W 面投影均可见。截去的部分,棱线不再画出,但应画出侧棱线未被截去的一段,在 V 面、W 面投影中不可见侧棱线应画为虚线。

(4) 检查、整理、描深图线,完成全图,如图 3-21(c)所示。

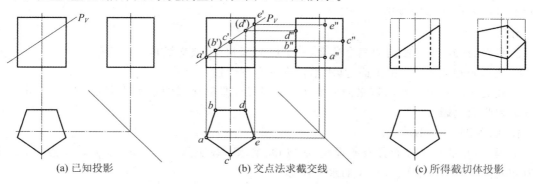

(a) 已知投影　　(b) 交点法求截交线　　(c) 所得截切体投影

图 3-21　作五棱柱的截交线

2）棱锥上的截交线

【例 3-6】 求作正垂面 P_V 截割四棱锥 S-$ABCD$ 所得截切体的投影。已知四棱锥投影如图 3-22(a)所示。

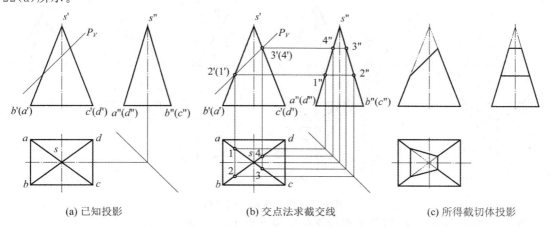

(a) 已知投影　　(b) 交点法求截交线　　(c) 所得截切体投影

图 3-22　作四棱锥的截交线

分析：

①截平面 P_V 与四棱锥的四个棱面都相交,截交线是一个四边形;

②截平面 P_V 是一个正垂面,其正面投影具有积聚性;

③截交线的正面投影与截平面的正面投影重合,即截交线的正面投影已确定,只需求出水平投影和侧面投影。

作图,如图3-22(b)所示:
①因为P_V的正面投影具有积聚性,所以P_V的正面投影与$s'a'$、$s'b'$、$s'c'$和$s'd'$的交点$1'$、$2'$、$3'$和$4'$即为截平面与四棱锥各棱线的交点Ⅰ、Ⅱ、Ⅲ和Ⅳ的正面投影。
②利用投影规律,向下引铅垂线求出相应的点1、2、3和4,向右引水平线求出$1''$、$2''$、$3''$和$4''$。
③四边形1234为截交线的水平投影。线段$2'3'$为截交线的正面投影。H面、W面各投影均可见。
④检查、整理、描深图线,完成全图,如图3-22(c)所示。

【例3-7】 已知三棱锥S-ABC部分投影如图3-23(a)所示,求作铅垂面Q_H截割三棱锥S-ABC所得的截切体的投影。

分析:
①截平面Q_H与三棱锥的三个棱面、一个底面都相交,截交线是一个四边形;
②截平面Q_H是一个铅垂面,其水平投影具有积聚性;
③截交线的水平投影与截平面的水平投影重合,即截交线的水平投影已确定,只需求出正面投影和侧面投影。

作图,如图3-23(b)所示:
①因为Q_H的水平投影具有积聚性,所以Q_H的水平投影与ac、sa、sb和bc的交点1、2、3和4即为截断面各顶点Ⅰ、Ⅱ、Ⅲ和Ⅳ的水平投影。
②利用投影规律,向上引铅垂线求出相应的点$1'$、$2'$、$3'$和$4'$,向右引水平线求出$1''$、$2''$、$3''$和$4''$。
③连接$1'$、$2'$、$3'$、$4'$,四边形$1'2'3'4'$为截交线的正面投影,线段$1'2'$可见,画成实线。
④检查、整理、描深图线,完成全图,如图3-23(c)所示。

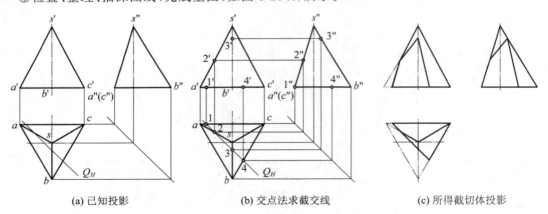

(a) 已知投影　　　(b) 交点法求截交线　　　(c) 所得截切体投影

图3-23　作三棱锥的截交线

例3-6和例3-7都是利用截平面投影的积聚性作图。

3) 带缺口的平面立体的投影

绘制带缺口的平面立体的投影图,在工程制图时经常有这样的要求,这种制图的实质仍然是求截交线的问题。

【例 3-8】 如图 3-24(a)所示,已知带有缺口的正六棱柱的 V 面和 H 面投影,求其 W 面投影。

分析:

①从给出的 V 面投影可知,正六棱柱的缺口是由两个侧平面和一个水平面截割正六棱柱而形成的。只要分别求出这三个平面与正六棱柱的截交线以及这三个截平面之间的交线即可。

②这些交线的端点的正面投影为已知,只需补出其余投影。

③Ⅰ、Ⅱ、Ⅶ、Ⅷ四点是缺口的左边的侧平面与立体相交得到的点,Ⅲ、Ⅳ、Ⅸ、Ⅹ是缺口的右边的侧平面与立体相交得到的点,Ⅴ、Ⅵ两点为正六棱柱前、后棱线与缺口的水平面相交得到的点,其中直线ⅦⅧ和ⅨⅩ又分别是缺口的左、右两侧平面与水平面相交所得的交线。

作图,如图 3-24(b)所示:

①利用正六棱柱各侧棱面水平投影的积聚性及其他投影规律依次作出点Ⅰ~Ⅹ的三面投影。

②连接各点。将在同一棱面又在同一截平面上的相邻点的同面投影相连。

③判别可见性。W 面投影中 7″8″、9″10″交线不可见,画成虚线。

④检查、整理、描深图线,完成全图,如图 3-24(c)所示。

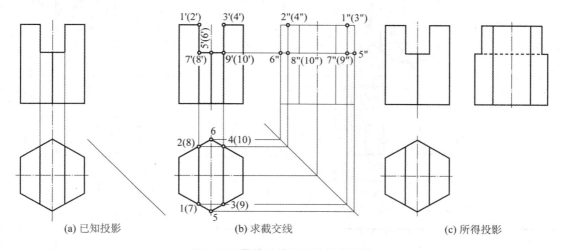

(a) 已知投影　　　　(b) 求截交线　　　　(c) 所得投影

图 3-24　带缺口的正六棱柱的投影

3. 曲面截切体

由曲面立体截切得到的截切体,叫曲面截切体。平面与曲面立体相交,所得的截交线一般为封闭的平面曲线。截交线上的每一点,都是截平面与曲面立体表面的共有点。求出足够多的共有点,然后依次连接起来,即得截交线。截交线可以看作截平面与曲面立体表面上交点的集合。

求曲面立体截交线的问题实质上是在曲面上定点的问题,基本方法有素线法、纬圆法和辅助平面法。当截平面为投影面垂直面时,可以利用投影的积聚性来求点;当截平面为一般位置平面时,需要过所选择的素线或纬圆作辅助平面来求点。

1) 圆柱上的截交线

平面与圆柱面相交,根据截平面与圆柱轴线相对位置的不同,所得的截交线(见表 3-2)有以下几种情况：

(1) 当截平面垂直于圆柱的轴线时，截交线为一个圆。

(2) 当截平面倾斜于圆柱的轴线且不截切上、下底面时，截交线为椭圆。此椭圆的短轴平行于圆柱的底圆平面，它的长度等于圆柱的直径；椭圆长轴与短轴的交点（椭圆中心），落在圆柱的轴线上，长轴的长度随截平面相对轴线的倾角不同而变化。若截切上、下底面，则投影为复合图形。

(3) 当截平面经过圆柱的轴线或平行于轴线时，截交线为矩形，其中两条边为圆柱面上的两条素线。

表 3-2 圆柱上的截交线

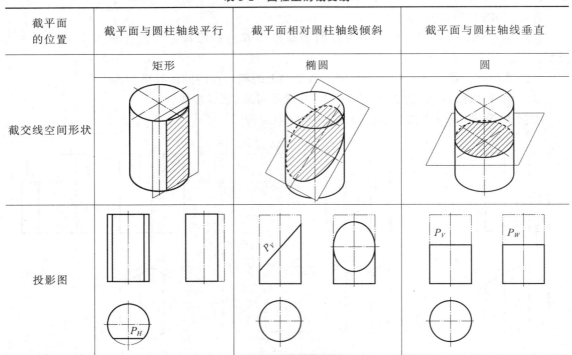

【例 3-9】 已知圆柱投影如图 3-25(a)所示，求正垂面 P_V 与圆柱的截切体的投影。

分析：

①圆柱轴线垂直于 H 面，截交线水平投影为圆。

②截平面 P_V 为正垂面，与圆柱轴线斜交，交线为椭圆。椭圆的长轴平行于 V 面，短轴垂直于 V 面。椭圆的 V 面投影积聚成一条直线，与 P_V 重合。椭圆的 H 面投影，落在圆柱面的同面投影上，故只需作图求出截交线的 W 面投影。

作图，如图 3-25(b)所示：

①求特殊点。这些点包括轮廓线上的点、特殊素线上的点、极限点以及椭圆长短轴的端点。最左点Ⅰ（也是最低点）、最右点Ⅲ（也是最高点）、最前点Ⅱ和最后点Ⅳ是截断面轮廓线上的点，又是椭圆长、短轴的端点，可以利用投影规律，直接求出其水平投影和侧面投影。

②求一般点。为了作图准确，在截交线上特殊点之间选取一些一般位置点。此处选取了Ⅴ、Ⅵ、Ⅶ、Ⅷ四个点，由水平投影 5、6、7、8 和正面投影 $5'、6'、7'、8'$，求出侧面投影 $5''、6''、7''、8''$。

③连点。将所求各点的侧面投影顺次光滑连接,即为椭圆截交线的 W 面投影。
④判别可见性。截交线的侧面投影均可见。
⑤检查、整理、描深图线,完成全图,如图 3-25(c)所示。

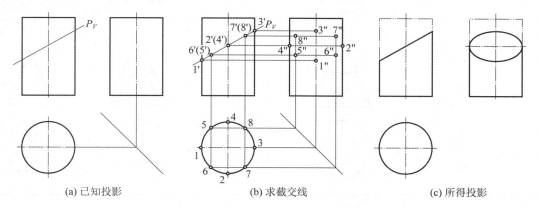

(a) 已知投影　　　　　(b) 求截交线　　　　　(c) 所得投影

图 3-25　正垂面与圆柱的截交线

从例 3-9 中可以看出,椭圆截交线在平行于圆柱轴线但不垂直于截平面的投影面上的投影一般仍是椭圆。椭圆长、短轴在该投影面上的投影,仍为椭圆投影的轴线。当截平面与圆柱轴线的夹角 $\alpha=45°$ 时,椭圆在该投影面上的投影成为一个与圆柱底圆相等的圆。

2) 圆锥上的截交线

当平面截交圆锥时,根据截平面与圆锥轴线相对位置的不同,可产生五种不同形状的截交线,如表 3-3 所示:

(1) 当截平面垂直于圆锥的轴线时,截交线为一个圆;
(2) 当截平面倾斜于圆锥的轴线,并与所有素线相交时,截交线为一个椭圆;
(3) 当截平面倾斜于圆锥的轴线,但与一条素线平行时,截交线由抛物线与一线段组成;
(4) 当截平面平行于圆锥的轴线,或者倾斜于圆锥的轴线但与两条素线平行时,截交线由双曲线的一支与一线段组成;
(5) 当截平面通过圆锥的轴线或锥顶时,截交线为三角形,其中两条边为两条素线。

表 3-3　圆锥上的截交线

截平面的位置	截平面过圆锥的锥顶	截平面与圆锥轴线垂直	截平面与圆锥轴线倾斜且与所有素线相交	截平面与圆锥轴线平行	截平面与圆锥轴线倾斜且平行于一条素线
	三角形	圆	椭圆	双曲线一支+线段	抛物线+线段
截交线空间形状					

续表

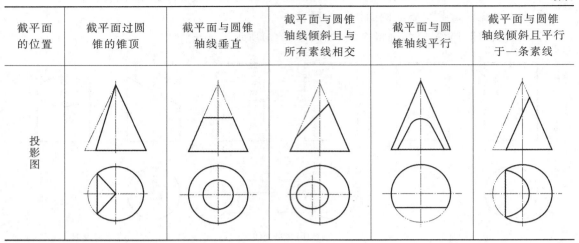

截平面的位置	截平面过圆锥的锥顶	截平面与圆锥轴线垂直	截平面与圆锥轴线倾斜且与所有素线相交	截平面与圆锥轴线平行	截平面与圆锥轴线倾斜且平行于一条素线
投影图					

平面截割圆锥所得的曲线截交线（圆、椭圆、抛物线和双曲线），统称为圆锥曲线。当截平面倾斜于投影面时，椭圆、抛物线、双曲线的投影，一般仍为椭圆、抛物线和双曲线，但有变形。圆的投影为椭圆，椭圆的投影亦可能成为圆。

【例 3-10】 如图 3-26（a）所示，已知圆锥的三面投影，正垂面 P_V 截切圆锥，求截切体的投影。

分析：

①因截平面 P_V 是正垂面，P_V 面与圆锥的轴线倾斜并与所有素线相交，故截交线为椭圆。

②P_V 面与圆锥最左、最右素线的交点即为椭圆长轴的端点Ⅰ、Ⅳ，椭圆长轴平行于 V 面，椭圆短轴（端点为Ⅴ、Ⅵ）垂直于 V 面，且平分ⅠⅣ。

③截交线的 V 面投影重合在 P_V 上，H 面投影、W 面投影仍为椭圆，椭圆截交线的长、短轴为椭圆投影的轴线。

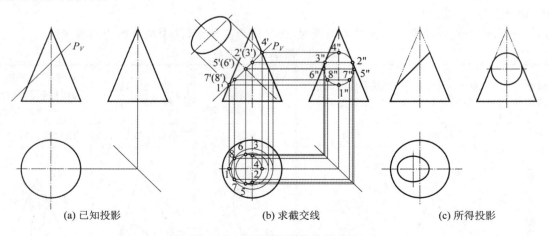

(a) 已知投影　　　　　(b) 求截交线　　　　　(c) 所得投影

图 3-26　正垂面与圆锥的截交线

作图，如图 3-26（b）所示：

①求长轴端点。在 V 面上，P_V 与圆锥投影的轮廓线的交点，即为长轴端点的 V 面投影 $1'$、

$4'$;点Ⅰ、Ⅳ的 H 面投影1、4在水平中心线上,14就是 H 面投影椭圆的长轴。

②求短轴端点。截交线椭圆短轴端点Ⅴ、Ⅵ的投影 $5'$、$6'$ 必积聚在 $1'4'$ 的中点,表示为 $5'$($6'$),用纬圆法求出水平投影5、6,之后求出 $5''$、$6''$。

③求最前、最后素线与 P_V 面的交点Ⅱ和Ⅲ。在 P_V 面正面投影与圆锥正面投影的轴线交点处得 $2'$、$3'$,向右作水平线得到其侧面投影 $2''$、$3''$,向下作铅垂线经45°线向左得到2、3。

④求一般点Ⅶ、Ⅷ。先在 V 面定出点 $7'$、$8'$,再用纬圆法求出7、8,并进一步求出 $7''$、$8''$。

⑤连接各点并判别可见性。在 H 面投影中依次平滑连接各点,即得椭圆截交线的 H 面投影;同理得出椭圆截交线的 W 面投影。

⑥检查、整理、描深图线,完成全图,如图3-26(c)所示。

【例3-11】 已知投影如图3-27(a)所示,求作侧平面 Q 截切圆锥形成的截切体的投影。

分析:

①因截平面 Q 与圆锥轴线平行,故截交线由双曲线一支与一线段组成;

②截交线的正面投影和水平投影都因积聚性重合于 Q 的同面投影;

③截交线的侧面投影反映实形。

作图,如图3-27(b)所示:

①在 Q 的正面投影与圆锥正面投影左边轮廓线的交点处,得到截交线最高点Ⅲ的投影点 $3'$,进一步得到两个投影点3、$3''$;

②在 Q 的正面投影与圆锥底面正面投影的交点处,得到截交线最低点Ⅰ和Ⅱ的投影 $1'$、$2'$,进一步得到1、2、$1''$、$2''$;

③用纬圆法求出一般点Ⅳ、Ⅴ的各投影;

④顺次连接 $2''$、$5''$、$3''$、$4''$、$1''$;

⑤W 面投影均可见;

⑥检查、整理、描深图线,完成全图,如图3-27(c)所示。

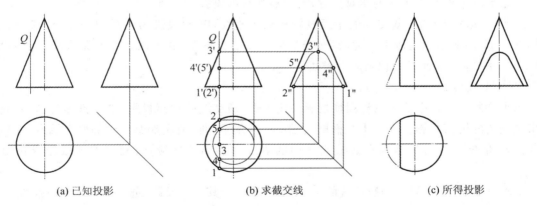

图3-27 侧平面与圆锥的截交线

3) 球体上的截交线

球体上的截平面不论其角度如何,所得截交线的形状都是圆。截平面距球心的距离决定截交圆的大小,经过球心的截交圆是最大的截交圆。

当截平面与水平投影面平行时,截交线水平投影是圆,反映实形,其正面投影和侧面投影都积聚为一条水平线段;当截平面与 V 面(或 W 面)平行时,截交线在 V 面(或 W 面)上的投影是圆,其他两投影是线段;如果截平面倾斜于投影面,则截交线在该投影面上的投影为椭圆。截平面倾斜于 H 面、W 面且垂直于 V 面时,截交线的投影如图 3-28 所示,其上各点的投影可自行分析。

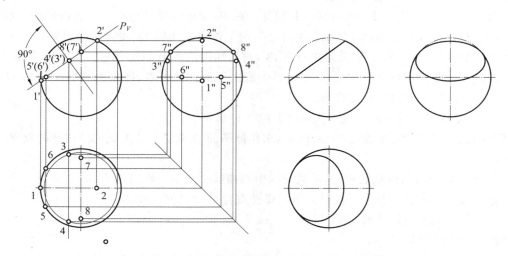

图 3-28　截平面倾斜于 H 面、W 面时球体上的截交线的投影

4) 带缺口的曲面立体的投影

【例 3-12】　如图 3-29(a)所示,给出圆柱截切体的正面投影和水平投影,补画出侧面投影。

分析:

①根据截平面的数量、截平面与轴线的相对位置,确定截交线的形状。

截切体可以看作圆柱被两个平面所截的结果。一是正垂面,与轴线倾斜,其截交线为椭圆的一部分;二是侧平面,其截交线为矩形,其中两边为两条素线。两截平面相交于一直线。

②根据截平面与投影面的相对位置,确定截交线的投影。

截平面是正垂面时,截交线的正面投影积聚为直线,W 面投影为椭圆的一部分,H 面投影为圆的一部分;截平面是侧平面时,截交线的侧面投影为矩形,其中两边为两条素线,正面投影重合为一条线段,H 面投影积聚成一条线段。

作图,如图 3-29(b)所示:

①求特殊点。根据截平面和圆柱投影的积聚性,截交线的正面投影、水平投影为已知,只需求出截交线的侧面投影。其中Ⅰ是椭圆长轴的一个端点,Ⅲ、Ⅵ是椭圆短轴的两个端点,它们在截断面轮廓线上,Ⅳ、Ⅴ是侧平面截交线中的素线和椭圆的连接点,利用水平投影求出侧面投影。

②求一般点。Ⅱ、Ⅶ是一般位置的点,用素线法求出其水平投影,进一步求出侧面投影。

③判别可见性并连接点。侧面投影中所有点的投影均可见。

④检查、整理、描深图线,完成全图,如图 3-29(c)所示。

【例 3-13】　已知圆锥截切体部分投影如图 3-30(a)所示,求切割后圆锥的投影。

分析:

①根据截平面的数量、截平面与轴线的相对位置,确定截交线的形状。

截切体可以看作圆锥被 P、R、Q 三个平面所截的结果。P、Q、R 为三个投影面垂直面。P

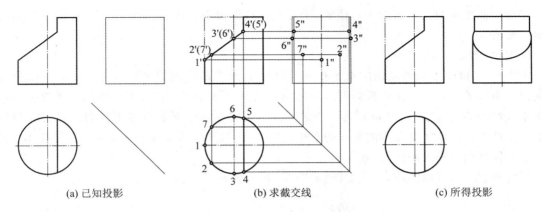

(a) 已知投影　　　　　　(b) 求截交线　　　　　　(c) 所得投影

图 3-29　带切口的圆柱的投影

和 R 两平面都垂直于轴线，其截交线为圆的一部分；Q 平面过锥顶，其截交线中有两条素线。

②根据截平面与投影面的相对位置，确定截交线的投影。

P 与 R 面为水平面，截交线水平投影为实形，即圆的一部分，其他两个投影积聚为线段。Q 面为正垂面，截交线正面投影重合为一条线段，其他两个投影为三角形的一部分。

作图，如图 3-30(b)所示：

①求特殊点。Ⅰ、Ⅴ、Ⅵ三点为 R 与圆锥表面相交的点；Ⅱ、Ⅲ、Ⅳ三点为 P 与圆锥表面相交的点；同时，Ⅲ、Ⅳ和Ⅴ、Ⅵ又分别为 P 与 Q 和 R 与 Q 相交的点。根据各点的正面投影先求出其水平投影，再求出其侧面投影。

②本例不需要求一般点。

③连接点并判别可见性。侧面投影中所有点可见。

④检查、整理、描深图线，完成全图，如图 3-30(c)所示。

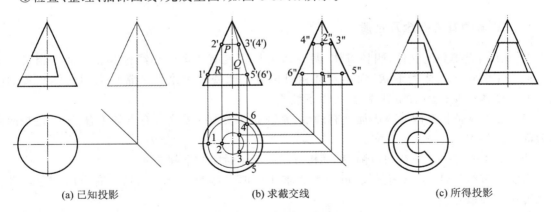

(a) 已知投影　　　　　　(b) 求截交线　　　　　　(c) 所得投影

图 3-30　带缺口的圆锥的投影

【例 3-14】　如图 3-31(a)所示，已知半球体被平面 P、Q 切割后的正面投影，画出其水平投影及侧面投影。

分析：

①根据截平面的数量、截平面与轴线的相对位置，确定截交线的形状。半球体上的缺口是由平面 P、Q 形成的截断面组成的，从正面投影可以看出平面 Q 为侧平面，平面 P 为水平面，截交线都是圆的一部分。

②根据截平面与投影面的相对位置,确定截交线的投影。断面的投影 p、q'' 反映实形,p''、q 积聚为线段。

作图,如图 3-31(b)所示:

①先作 P 和 Q 形成的断面的水平投影。已知 P 形成的断面的水平投影为圆的一部分,需要找出这个圆的半径。从正面投影可以看出 $m'n'$ 即为所求半径。作出半球体的水平投影(圆),以水平投影的圆心为圆心、以 $m'n'$ 为半径画圆弧。再将 q' 垂直延长到水平投影上,垂线与圆弧交于 1、2 两点,12 即为 Q 形成的断面的水平投影 q,12 与圆弧所围成的弓形即为水平投影 p。

②用同样的方法可画出 p''、q''。

③检查、整理、描深图线,完成全图,如图 3-31(c)所示。

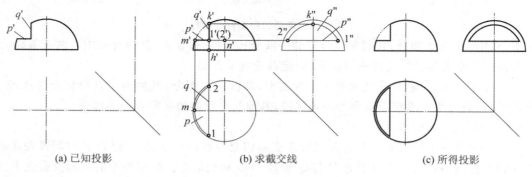

图 3-31 带切口的半球体的投影

二、相贯体

1. 相贯体的有关概念及性质

两立体相交得到的立体,叫相贯体,两立体因相贯表面产生的交线称为相贯线。相贯线的形状取决于两相交立体的形状、大小及其相对位置。此处仅讨论几种常见的回转体相贯的问题。两回转体相交得到的相贯线,具有以下性质:

(1) 相贯线是相交两立体表面共有的线,是两立体表面一系列共有点的集合,同时也是两立体表面的分界点。

(2) 立体占有一定的空间范围,所以相贯线一般是封闭的空间曲线。

根据相贯线的性质,求相贯线,可归纳为求相交两立体表面上一系列共有点的问题。求相贯线可用表面取点法。

相贯线可见性的判断原则是:相贯线同时位于两个立体的可见表面上时,其投影才是可见的;否则不可见。

2. 立体表面的相贯线

1) 两曲面体表面的交线

两曲面体表面的相贯线,一般是封闭的空间曲线,特殊情况下可能为平面曲线或直线。组成相贯线的所有相贯点,均为两曲面体表面的共有点。因此,求相贯线时,要先求出一系列的共有点,然后依次连接各点,即得相贯线。

求相贯线的方法通常有以下两种:

第一种:积聚投影法——相交两曲面体,如果有一个表面投影具有积聚性,就可利用该曲面体投影的积聚性作出两曲面体的一系列共有点,然后依次连成相贯线。

第二种:辅助平面法——根据三面共点原理,作辅助截平面与两曲面体相交,求出两辅助截交线的交点,即为相贯点。

选择辅助截平面的原则是:辅助截平面与两个曲面体的截交线(辅助截交线)的投影都应是简单易画的直线或圆。在实际应用中往往多采用投影面的平行面作为辅助截平面。

为了使相贯线的作图清楚、准确,在求共有点时,应先求特殊点,再求一般点。相贯线上的特殊点包括可见性分界点、曲面投影轮廓线上的点、极限位置点(最高、最低、最左、最右、最前、最后)等。根据这些点不仅可以掌握相贯线投影的大致范围,还可以比较恰当地设立求一般点的辅助截平面的位置。

两圆柱相交时,根据两轴线的相对位置关系,可分为三种情况,即正交(两轴线垂直相交)、斜交(两轴线倾斜相交)、侧交(两轴线垂直交叉)。

【例3-15】 相贯体投影外轮廓如图3-32(a)所示,求作两轴线正交的圆柱的相贯线投影。

分析:

①根据两立体轴线的相对位置,确定相贯线的空间形状。

由投影图可知,两个圆柱直径不同,垂直相交,一圆柱为铅垂位置,一圆柱为水平位置,所得相贯线为一组封闭的空间曲线。

②根据两立体与投影面的相对位置确定相贯线的投影。

相贯线的水平投影积聚在铅垂位置圆柱的水平投影上(水平圆柱水平投影轮廓之间),相贯线的侧面投影积聚在水平圆柱的侧面投影(圆)上。因此,需根据相贯线的已知两投影求出它的正面投影。

作图,如图3-32(b)所示:

①求特殊点。正面投影中两圆柱投影轮廓相交处的$1'$、$5'$两点分别是相贯线上的最左、最右点(同时也是最高点),它们的水平投影落在铅垂圆柱的最左、最右两条素线的水平投影上,$1''$、$5''$重合。

3、7两点分别位于铅垂圆柱的水平投影的圆周上,它们是相贯线上的最前点和最后点,也是相贯线上最低位置的点。可先在侧面投影轮廓的交点处定出$3''$和$7''$,然后再在正面投影中找到$3'$和$7'$(前、后重影)。

②求一般点。在水平圆柱侧面投影(圆)上的几个特殊点之间,选择适当的位置取几个一般点的投影,如$2''$、$4''$、$6''$、$8''$,再按投影关系找出各点的水平投影2、4、6、8,最后作出它们的正面投影$2'$、$4'$、$6'$、$8'$。

③连接点并判别可见性。连接各点成相贯线时,应沿着相贯线所在的某一曲面上相邻排列的素线(或纬圆)顺序光滑连接。

本例中绘制相贯线的正面投影可根据侧面投影中水平圆柱的各素线排列顺序依次连接$1'$、$2'$、$3'$、$4'$、$5'$、$6'$、$7'$、$8'$、$1'$各点。由于两圆柱前、后完全对称,相贯线前、后相同的两部分在正面投影中重合(可见者为前半段)。

④检查、整理、描深图线,完成全图,如图3-32(c)所示。

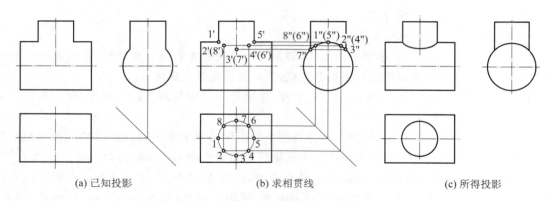

(a) 已知投影　　　　　(b) 求相贯线　　　　　(c) 所得投影

图 3-32　轴线正交的两圆柱相贯

【例 3-16】　相贯体投影外轮廓如图 3-33(a)所示,求圆柱与圆锥正交的相贯线投影。

分析:

① 根据两立体轴线的相对位置,确定相贯线的空间形状。

圆柱与圆锥正交,它们的轴线互为垂线且相交,因此相贯线为一曲线。

② 根据两立体与投影面的相对位置确定相贯线的投影。

圆柱的侧面投影积聚为圆,相贯线的侧面投影与其重合,只需求出相贯线的正面与水平投影即可。

③ 辅助平面的选择。

若以水平面为辅助平面,所得到的辅助交线为两条直线和一个水平圆(圆柱的辅助交线为两条直线,而圆锥的辅助交线为一水平圆),它们都随辅助平面位置高低的不同而位置或大小不同;若以过锥顶、平行于 V 面的铅垂面为辅助平面,所得辅助交线为素线。

作图,如图 3-33(b)所示:

① 求特殊点。

a. 求最低点。直接在正面投影中找出两回转体轮廓素线的交点 $1'$,同时,该点也是最左点,并作出它的水平投影和侧面投影。

b. 求最高点。直接在正面投影中找出两回转体轮廓素线的交点 $4'$,同时,该点也是最右点,并作出它的水平投影和侧面投影。

c. 求最前、最后点。在水平投影中,圆柱面的最前素线与圆锥面的交点是相贯线的最前点 3,最后素线与圆锥面的交点是相贯线的最后点 5,过 3、5 直接向上作竖直线交圆柱的轴线于 $3'$、$5'$,得其正面投影,它们是重影点。再作出其侧面投影。

② 求一般点。作水平辅助面 R,与两立体的相贯线的侧面投影相交于点 $2''$、$6''$,进一步用辅助圆法(纬圆法)求出水平投影 2、6 和正面投影 $2'$、$6'$。应用此法,可求出其他一般位置点。

③ 连线并判别可见性。在水平投影中,3、5 两点是可见部分与不可见部分的分界点,1、2、6 不可见,4 可见,用虚线顺序连接点 5、6、1、2、3,用实线连接点 5、4、3,得相贯线水平投影。在正面投影中,相贯线 $1'2'3'4'$ 可见,画成实线,$5'$、$6'$ 分别和 $3'$、$2'$ 重合,不可见,应画成虚线,但因重影在此省略,得其正面投影。

④ 检查、整理、描深图线,完成全图,如图 3-33(c)所示。

2) 曲面体表面交线的特殊情况

(1) 相贯线为直线,如图 3-34 所示。

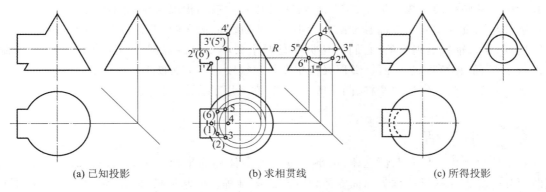

(a) 已知投影　　　　(b) 求相贯线　　　　(c) 所得投影

图 3-33　圆柱与圆锥相贯

① 两锥体共顶时,其相贯线为过锥顶的两条直素线,如图 3-34(a)所示。
② 两圆柱的轴线平行时,其相贯线为平行于轴线的直线,如图 3-34(b)所示。

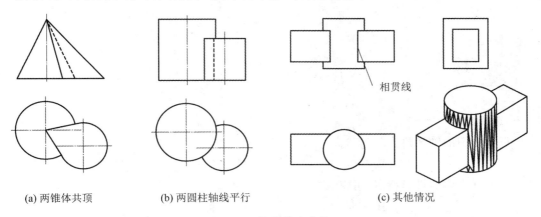

(a) 两锥体共顶　　　(b) 两圆柱轴线平行　　　(c) 其他情况

图 3-34　相贯线为直线

(2) 相贯线为平面曲线或由平面曲线构成,如图 3-35 所示。
① 两同轴回转体,其相贯线为垂直于轴线的圆。图 3-35(a)所示为同轴圆柱与球体相贯,相贯线水平投影积聚在圆柱的水平投影上。

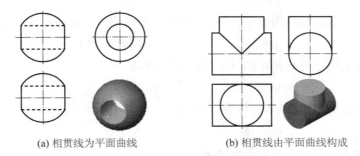

(a) 相贯线为平面曲线　　　(b) 相贯线由平面曲线构成

图 3-35　相贯线为平面曲线或由平面曲线构成

② 具有公共内切球的两回转体相交时,其相贯线为平面曲线。
两圆柱直径相等且轴线相交(即两圆柱面外切同一球面)时,如果轴线是正交的,它们的相贯线是两个大小相等的椭圆;如果轴线是斜交的,它们的相贯线为两个长轴不等但短轴相等的

椭圆。由于两圆柱的轴线均平行于 V 面，两椭圆的 V 面投影积聚为相交的两线段。

圆柱与圆锥外切同一球面且轴线相交时，如果轴线是正交的，它们的相贯线是两个大小相等的椭圆；如果轴线是斜交的，它们的相贯线是两个大小不等的椭圆。由于圆柱和圆锥的轴线均平行于 V 面，两椭圆的 V 面投影积聚为相交的两线段，其 H 面投影一般仍为两椭圆。

这种有公共内切球的两圆柱、圆锥等的相贯，常应用于管道的连接。

小　结

基本体分平面立体和曲面立体，由平面围成的形体称为平面立体，如棱柱、棱锥等；由曲面或曲面与平面围成的形体称为曲面立体，如圆柱、圆锥等。应掌握棱柱、棱锥、棱台、圆锥、圆柱、球体等基本体的投影特点及基本体上点的特征，会在基本体的表面取点，掌握轴向伸缩系数和轴间角的几何意义，能根据实物或投影图绘制物体的斜轴测投影图，会运用轴测图来辅助理解视图。

一、选择题

1. 正等测图的轴间角为（　　）。
   A. 90°　　　　　　B. 120°　　　　　　C. 45°　　　　　　D. 135°
2. 根据基本体的投影特点，可将其分为（　　）类型。
   A. 两种　　　　　　B. 三种　　　　　　C. 一种　　　　　　D. 四种
3. 立体被平面截切所产生的表面交线称为（　　）。
   A. 相贯线　　　　　B. 截交线　　　　　C. 母线　　　　　　D. 轮廓线
4. 两立体相交所产生的表面交线称为（　　）。
   A. 相贯线　　　　　B. 截交线　　　　　C. 母线　　　　　　D. 轮廓线
5. 平面立体的截交线为封闭（　　），其形状取决于截平面所截的棱边个数和交点的情况。
   A. 立体图形　　　　B. 直线　　　　　　C. 回转体图形　　　D. 平面图形
6. 当平面垂直于圆柱轴线截切圆柱时，截交线的形状是（　　）。
   A. 圆　　　　　　　B. 椭圆　　　　　　C. 半圆　　　　　　D. 半球
7. 两个基本体相交形成的形体，称为（　　）。
   A. 相贯体　　　　　B. 组合体　　　　　C. 相交体　　　　　D. 贯穿体
8. 在回转体母线上的一点的运动轨迹为（　　）。
   A. 直线　　　　　　B. 曲线　　　　　　C. 椭圆　　　　　　D. 纬圆
9. 圆柱面上任意一条平行于轴线的直线，称为圆柱面的（　　）。
   A. 边线　　　　　　B. 轴线　　　　　　C. 平面迹线　　　　D. 素线

10.圆柱是由（   ）组成的。
A.一个底面和圆柱面　　　　　　　　B.一个圆柱面
C.两个底面和圆柱面　　　　　　　　D.两个底面和曲面
11.一般情况下相贯线是空间曲线，特殊情况下（   ）。
A.相贯线可仅为平面曲线　　　　　　B.相贯线可仅为直线
C.相贯线是平面曲线和直线　　　　　D.以上都不正确
12.平面体上相邻表面的交线称为（   ）。
A.素线　　　　B.截交线　　　　C.相贯线　　　　D.棱线
13.由若干个平面所围成的几何形体，称为（   ）。
A.平面基本体　　B.多面体　　　C.正方体　　　　D.曲面体
14.求作相贯线的基本思路为求作两相交回转体表面上的一系列（   ）。
A.可见点　　　B.不可见点　　　C.共有点　　　　D.重影点
15.圆柱被平面截切后产生的截交线形状通常有圆、矩形和（   ）三种。
A.抛物线　　　　　　　　　　　　　B.椭圆
C.双曲线加直线　　　　　　　　　　D.双曲线

二、填空题

1.基本体分为_____和_____两大类：由平面围成的形体称为_____，如_____、_____等；由曲面或曲面与平面围成的形体称为_____，如_____、_____等。

2.棱柱是由_____、_____底面和若干_____面围成的基本体。

3.由一个_____面和若干个侧面围成，各个侧面的各条棱线相交于顶点的形体称为棱锥。

4.棱锥的_____部被平行于底面的平面截切后即形成棱台。

5.工程上常见的曲面立体有_____、_____和_____等。

6.三视图的优点是_____、_____，_____，其不足是_____。

7.根据投影方向不同，轴测图可分为两类，即_____和_____。

8.画正等轴测图常用的方法有_____、_____、_____和_____。其中_____是最基本的画法，而其他方法都是根据物体的形体特点对此方法的灵活运用。

三、判断题

1.基本体的尺寸一般只需注出长、宽、高三个方向的定形尺寸。（   ）

2.圆柱水平投影积聚为圆，正面投影和侧面投影为矩形。（   ）

3.圆锥的正面投影与侧面投影不是等腰三角形。（   ）

4.简述图一般用轴测图来表达。（   ）

5.物体上互相平行的线段，在轴测图上仍然互相平行。（   ）

6.物体上互相平行的线段，在轴测图中具有相同的轴向伸缩系数。（   ）

7.物体上平行于轴测投影面的平面，在轴测图中反映实形。（   ）

四、简答题

1.什么是轴测图？

2.轴测图的基本特性有哪些？

3.简述轴测图的分类。

4.简述求相贯线常用的两种方法。

五、工程制图

1.如题图 3-1 所示，已知圆锥上点 K 的正面投影 k'，求其在另两投影面上的投影。

2.如题图 3-2 所示，求圆锥表面上线的 V 和 H 面投影。

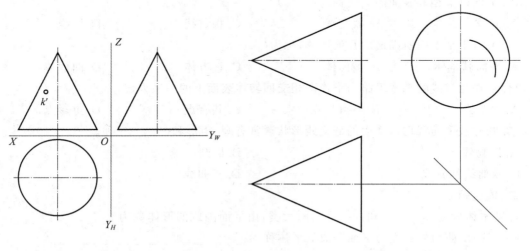

题图 3-1　　　　　　　　　题图 3-2

3.已知圆锥的三面投影及圆锥面上曲线 AD 的正面投影 $a'd'$，如题图 3-3 所示，求 AD 的其余两投影。

4.已知圆球的三面投影以及其上一曲线 AD 的 V 面投影 $a'd'$，如题图 3-4 所示，求 AD 的其余两投影。

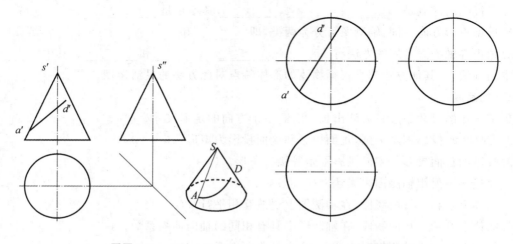

题图 3-3　　　　　　　　　题图 3-4

5.如题图 3-5 所示，补全投影，并标出指定点、线的位置。

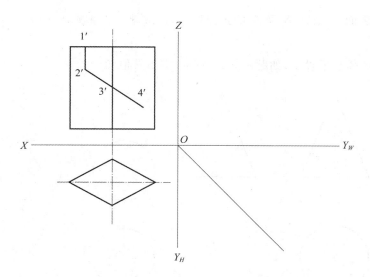

题图 3-5

6. 如题图 3-6 所示,作出指定点、线的三面投影。

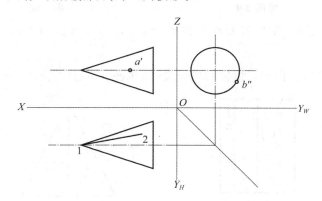

题图 3-6

7. 如题图 3-7 所示,已知圆锥表面的点 M 的正面投影 m',求出点 M 的其他投影。

8. 如题图 3-8 所示,已知圆锥面上点 M 的水平投影 m,求出其 m' 和 m''。

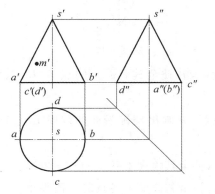

题图 3-7

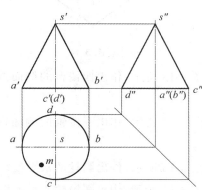

题图 3-8

9. 已知圆锥表面上点 M、N 及 A 的正面投影 m'、n' 和 a'，如题图 3-9 所示，求它们的其余两投影。

10. 已知点 M 的水平投影，如题图 3-10 所示，求出其他两个投影。

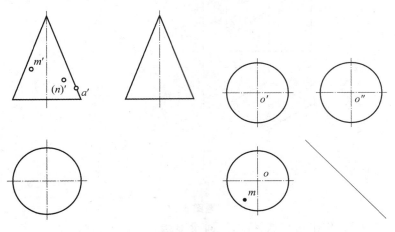

题图 3-9　　　　　　　题图 3-10

11. 如题图 3-11 所示，作出五棱柱的侧面投影，并补全其表面上的点 A、B、C、D 的三面投影。

12. 如题图 3-12 所示，作出三棱锥的侧面投影，并补全 A、B 两点的三面投影。

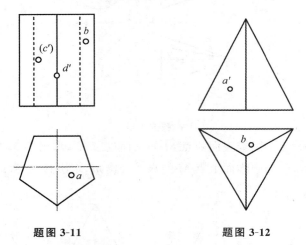

题图 3-11　　　　　　　题图 3-12

13. 如题图 3-13 所示，作出四棱台的侧面投影，并补全其表面上的点 A、B、C、D、E 和 F 的三面投影。

14. 如题图 3-14 所示，作出三棱锥的侧面投影，并画出棱锥表面的线段 LM、MN、NL 的其他两投影。

15. 如题图 3-15 所示，作出圆柱的水平投影，补全其表面上各点的三面投影。

16. 如题图 3-16 所示，作出圆锥的水平投影，补全其表面上各点的三面投影。

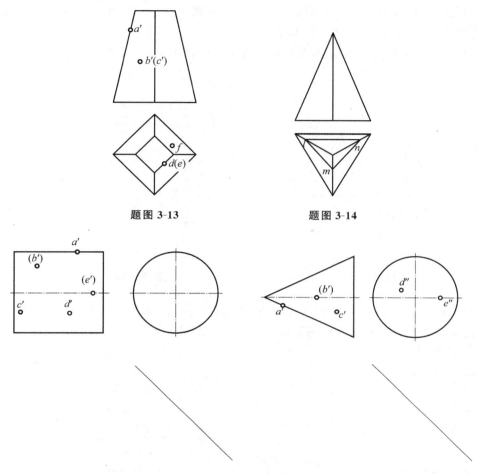

题图 3-13　　　　　　　题图 3-14

题图 3-15　　　　　　　题图 3-16

17. 已知圆柱面上一段曲线的正面投影 $a'c'e'$，如题图 3-17 所示，求该曲线的其他投影。

18. 如题图 3-18 所示，画出物体的正等测图。

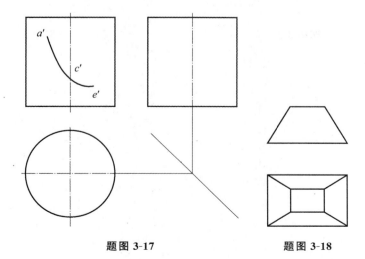

题图 3-17　　　　　　　题图 3-18

19. 如题图 3-19 所示，M、N 分别是立体表面上的两个点。已知 M 点的正面投影 m'、N 点的水平投影 n，试求点 M、N 的另外两面投影。

20. 如题图 3-20 所示，已知立体表面上点 A 的正面投影 a'，求其另外两面的投影。

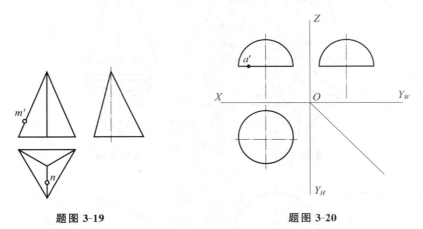

题图 3-19　　　　　　　　　　　　题图 3-20

21. 根据直观图及 V 面和 H 面的投影图（见题图 3-21），试绘出该物体的 W 面投影图。

22. 已知立体表面上直线 MK 的正面投影 $m'k'$，如题图 3-22 所示，试作直线 MK 的水平投影 mk 和侧面投影 $m''k''$。

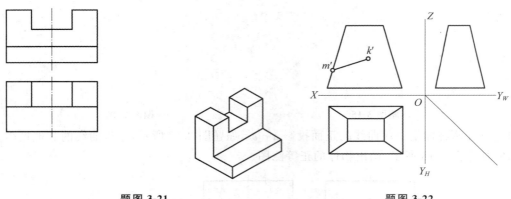

题图 3-21　　　　　　　　　　　　题图 3-22

工作手册 4

组合体的投影

东方明珠设计者江欢成院士：
从地标打造到地标更新

国内著名的十位建筑师

▌知识目标

学习组合体的组合方式（叠加式、切割式和综合式），根据组合体投影图作图方法和步骤的相关知识熟练完成组合体的三面投影图。

▌能力目标

了解组合体的定形尺寸、定位尺寸和总体尺寸的标注。能熟练运用形体分析法和线面分析法进行组合体三面投影图的识读。

任务 1　组合体的三视图

由基本体(如圆柱、圆锥、棱柱、球体等)按一定规律(组合方式)组合而成的形体称为组合体。在建筑工程中也将组合体称为建筑形体。

一、组合体的组合方式

建筑物及其构配件的形状是多种多样的,但经过分析都可以看作由一些几何体按一定的组合方式组合而成的组合体。组合体的组合方式有:

(1) 叠加式:将若干个基本体按一定方式叠加起来组成一个整体,如图 4-1(a)所示。

(2) 切割式:在基本体上切割掉若干个基本体而形成一个新的形体,如图 4-1(b)所示的组合体是在长方体的基础上切割掉两个小长方体和两个小楔形体而形成的。

(3) 综合式:由几个基本体综合(既有叠加方式又有切割方式)形成的组合体,如图 4-1(c)所示的组合体中,台阶由阶梯和挡墙叠加而成,而挡墙则经过了切割。

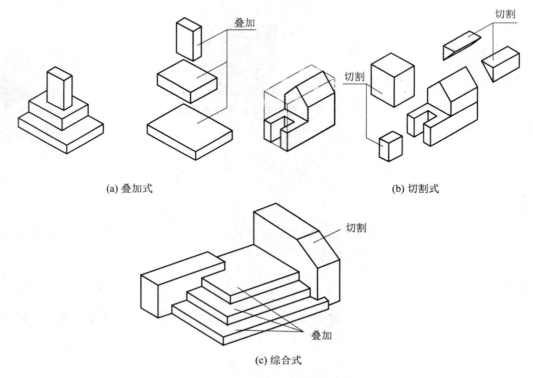

图 4-1　组合体的组合方式

二、组合体三视图的画法

正确画出组合体的三面投影图应遵循以下步骤：
形体分析→选择视图→画出视图。

1. 形体分析

形体分析是绘制组合体三视图的首要步骤。作图前，首先要分析组合体是由哪些基本体组成的，然后对组合体中基本体的组合方式及相互位置等进行分析，弄清各部分的形状特征，这种分析过程称为形体分析。如图 4-2 所示，运用形体分析可以将组合体分解为三棱柱、四棱柱和切割后的四棱柱。

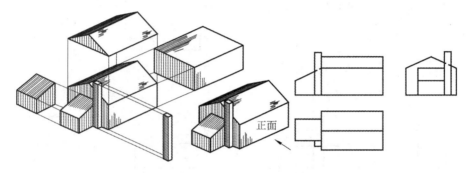

图 4-2　组合体的形体分析

2. 选择视图

画组合体三面投影图时，一般应使组合体处于自然安放位置，然后将前、后、左、右四个方向投影所得的投影图进行比较，选择合理的投影图有助于更清楚地了解组合体。选择组合体投影图时主要考虑以下三个方面：

（1）选择自然安放位置。对于一般组合体而言，自然安放位置指的是组合体相对于投影面的某个位置，该位置能使组合体上尽可能多的线（面）为投影面的特殊位置线（面），即组合体的主要线（面）垂直或平行于基本投影面的位置。对于建筑形体而言，首先应该考虑的是它的工作位置。

（2）选择主视面。确定组合体的自然安放位置后，还要选择一个面作为主视面，一般选择能反映形体的主要轮廓特征的一面作为主视面来绘制正立面图。这样的投影图最能显示组合体各部分形状和它们之间的相对位置。

正立面图是一组投影图中最重要的投影图，阅读正立面图，可以对组合体的长、宽、高各方面有初步的认识，再选择其他投影图来全面了解组合体。通常的组合体用三个投影图即可表示清楚，根据形体的复杂程度，可能会需要多一些投影图或需要少一些投影图。在保证完整清晰地表达组合体各部分形状和位置的前提下，投影图数量应尽量少。

（3）选择视图要减少虚线。如果投影图中的虚线过多，则会增加识图的难度，影响对组合体的认识。组合体的位置摆放要显示尽可能多的特征轮廓，这样可保证投影图中虚线最少。

如图 4-2 所示，选择箭头所指的"正面"作为主视面，绘制组合体的正立面图，并配合左视图和俯视图就能表达组合体各部分的形状，也能满足虚线数量少的要求。

3. 画出视图

与组合体的组合方式相配合，画组合体视图的方法有叠加法、切割法、综合法等。

1）叠加法

叠加法是根据叠加式组合体中基本体的叠加顺序，由下而上或由上而下地画出各基本体的三面投影，进而画出整体视图的方法。如图4-3所示，可根据叠加法画出组合体的三视图。

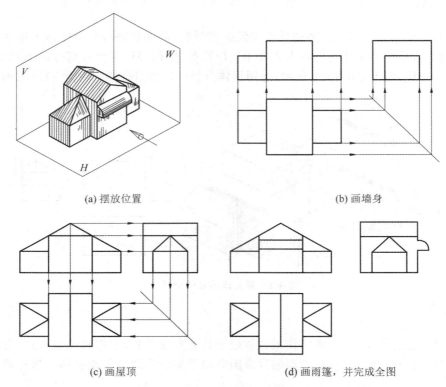

图 4-3 叠加法画组合体投影图

2）切割法

当组合体经分析为切割式组合体时，应先画出组合体被切割前的三面投影图，然后按形体的切割顺序，画出切去部分的三面投影，最后画出组合体整体投影。这种方法称为切割法。图4-4表示了组合体按切割法画三视图的步骤。

3）综合法

综合法是指叠加法和切割法这两种方法的综合运用。

选择组合体投影面和正确的画图方法之后可以按照如下步骤画出组合体的视图：

（1）根据形体大小、复杂程度和注写尺寸所占的位置选择适宜的图幅和比例。

（2）布置投影图。先画出图框和标题粗线框，明确图纸上可以画图的范围，然后大致安排三个投影图的位置，再画组合体的主要部分和各投影图的对称中心线或最重要的面，使每个投影在标注完尺寸后与图框的距离大致相等。

（3）画底稿。先画主要部分，后画次要部分；先画大形体，后画小形体；先画整体形状，后画细部形状；先画最具特征的投影，后画其他投影。几个投影图应配合起来同时画，以便正确实现

工作手册 4
组合体的投影

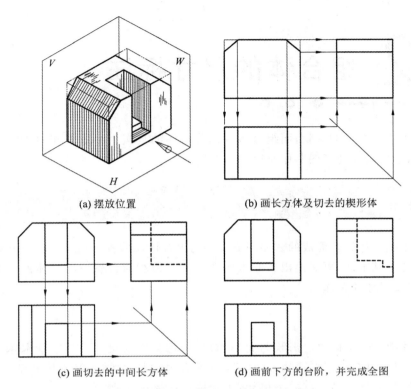

(a) 摆放位置　　(b) 画长方体及切去的楔形体

(c) 画切去的中间长方体　　(d) 画前下方的台阶，并完成全图

图 4-4　切割法画组合体三面投影图

"长对正、高平齐、宽相等"的投影规律。

（4）加深图线。经检查无误后，按各类线型进行加深，完成投影图。

梁板式基础三视图的作图步骤如图 4-5 所示。

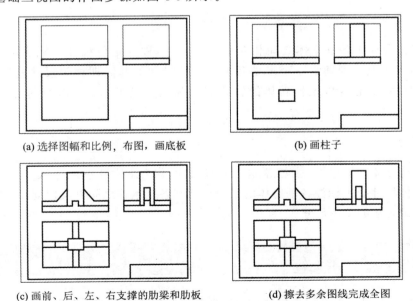

(a) 选择图幅和比例，布图，画底板　　(b) 画柱子

(c) 画前、后、左、右支撑的肋梁和肋板　　(d) 擦去多余图线完成全图

图 4-5　梁板式基础三视图的作图步骤

任务 2　组合体的尺寸标注

视图只能表达组合体的形状,而组合体各部分形体的真实大小及其相对位置,则要通过标注尺寸来确定,这两者在施工图制作时缺一不可。

一、组合体的尺寸分类

组合体是由基本体组合而成的。要完成完整的组合体尺寸标注,首先应采用形体分析法将组合体分解为若干基本体,再标注出各基本体的尺寸以及相对位置。组合体的尺寸分为三类,即定形尺寸、定位尺寸和总体尺寸。

1. 定形尺寸

表示组合体中各基本体自身形状与大小的尺寸,称为定形尺寸。对于基本体,一般只标注长、宽、高尺寸,但有时会根据形状的不同,采用一些特殊的标注方法(基本体的尺寸标注如图4-6所示):长方体必须标注长、宽、高三个尺寸;正六棱柱应该标注高度及正六边形对边距离(或对角距离);四棱台应标注上、下底面的长、宽及高度尺寸;圆柱(锥)应标注直径及轴向长度;圆台应该标注两底圆直径及轴向长度;球体只需标注一个直径。圆柱、圆锥、球体等回转体标注尺寸,还可以减少投影图的数量。

2. 定位尺寸

用于确定组合体中各基本体之间相互位置的尺寸,称为定位尺寸。标注定位尺寸时,必须在长、宽、高方向上分别确定一个尺寸基准。标注尺寸的起点即称为尺寸基准。通常把组合体的底面、侧面、中心线以及回转体的轴线等作为尺寸基准。定位尺寸标注示例如图4-7所示。

3. 总体尺寸

用于确定组合体外形总长、总宽、总高的外包尺寸,称为总体尺寸。

标注组合体尺寸必须标注各基本体的定形尺寸和各基本体之间以及切割面的定位尺寸,最后再考虑标注组合体的总体尺寸。

二、组合体尺寸标注的注意事项

(1)尺寸标注明显。尺寸应尽可能标注在最能反映形体特征的视图上。

工作手册 4
组合体的投影

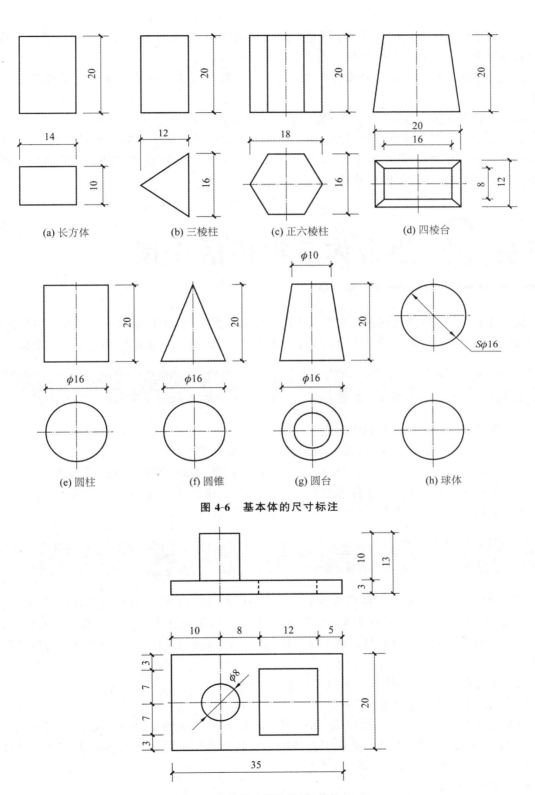

图 4-6　基本体的尺寸标注

图 4-7　定位尺寸标注示例（单位：mm）

（2）尺寸标注清晰。尺寸标注应尽量布置在视图外；两个视图相关的尺寸标注尽量布置于两个视图之间，以便对照识读；尽量不在虚线图形上标注尺寸。

（3）尺寸标注集中。反映基本体的尺寸，应尽量集中标注在反映基本体特征轮廓的投影图上。

（4）一般不宜标注重复尺寸，但在需要时也允许标注重复尺寸。

（5）尺寸标注布置整齐。同一方向的几个连续尺寸应尽量标注在同一条尺寸线上；尺寸标注排列要注意大尺寸在外、小尺寸在内，避免尺寸线和尺寸界线交叉，并在不出现重复尺寸的前提下，使尺寸标注构成封闭的尺寸链。

任务 3 组合体三视图的识读

读图是根据组合体的视图想象出组合体的空间形状的过程，也是画图的逆过程。想要正确、迅速地读懂组合体投影图，必须掌握识读投影图的基本方法，通过不断实践，培养空间想象能力。

一、读图的基本知识

（1）掌握点、线、面在三视图中的投影规律。
（2）掌握三视图的投影关系，即"长对正、高平齐、宽相等"。
（3）掌握基本体的投影特点，即棱柱、棱锥、圆柱、圆锥和球体等基本体的投影特点。
（4）掌握在三视图中各基本体的相对位置关系，即上下关系、左右关系和前后关系。
（5）掌握组合体三视图的画法。

二、形体分析法读图

形体分析法就是根据基本体形状特征比较明显的投影图的特点，将建筑形体投影图分解成若干个基本体的投影图，分析各基本体的形状，根据三面投影规律了解各基本体的相对位置，并按它们各自的投影关系分别想象出各个基本体的形状，然后把它们综合起来想象组合体的整体形状。

用形体分析法识读三视图，按下列步骤进行：

（1）了解组合体的大致形状。

分析三面投影图，以正立面图为主，配合其他投影图，进行初步的投影分析和空间分析。同时，要抓住形体的主要特征，找出反映组合体的形状特征和组成组合体的各基本体之间相对位置的特征，对组合体的形状有大概的了解。

（2）分解投影图。

根据基本体投影的基本特点，将三面投影图中的每一个投影图进行分解，分解投影图时，应使分解后的每一部分能具体反映基本体形状。

（3）分析各基本体。

利用"长对正、高平齐、宽相等"的三面投影规律,分析分解后各基本体的具体形状,对照投影图,找出与之对应的投影并想象出形体的形状。

（4）综合整体。

利用投影图中的上下、左右、前后关系,分析识读各基本体的相对位置,得出组合体的整体形状。

例如,图 4-8(a)所示为组合体的三面投影图。组合体的投影图表现为线框,从反映形体特征的正立面图入手,将投影图分解成若干个线框,该组合体正立面图初步分为 1'、2'、3'、4' 四个部分。在平面图和左侧立面图中与正立面图中 1'、3' 相对应的线框是 1、3 和 1″、3″,由此可以想象出基本体Ⅰ和Ⅲ的大致形状(见图 4-8(b));与正立面图中 2' 对应的线框是平面图中的 2,但左侧立面图中对应的是 a″和 b″两个线框,由此可以想象出上顶面为斜面的基本体Ⅱ;而正立面图中 4' 线框所对应的形体是与左边形体Ⅱ相对称的部分。综合上述信息,了解每个基本体的相对位置,综合成一个整体,就可以想象出组合体的空间形体。

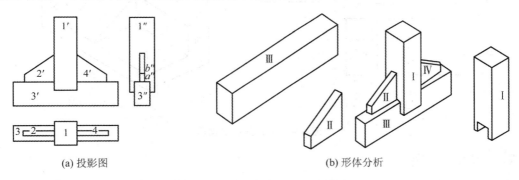

(a) 投影图　　　　　　　　　　　　(b) 形体分析

图 4-8　形体分析法读图

三、线面分析法读图

对以叠加方式形成的组合体或形体清晰的组合体,采用形体分析法就可以解决读图问题,而对于切割后形体不完整、形体特征又不明显的组合体或有些局部较为复杂的组合体,只用形体分析法还不够,有时候需应用线面分析法来辅助想象和读懂局部的形状。

根据线、面的投影规律,视图中的一条线（直线或曲线）,可能是投影面垂直面的积聚性投影,也可能是两平面交线的投影,或者是曲面转向轮廓素线的投影;视图中的一个封闭线框可能表示一个平面的投影,也可能表示一个曲面的投影。利用线、面的投影规律去分析三面投影图上相互对应的线段和线框的意义,从而弄清组成该组合体的基本体和整个形体的形状,分析组合体的表面性质和相对位置的方法,称为线面分析法。

如图 4-9 所示,将正立面图中封闭的线框编号,在平面图和左侧立面图中找到与之相对应的线框或线段,确定其空间形状。正立面图中有 1'、2'、3' 三个封闭线框,按"高平齐"的关系,1' 线框对应侧立面投影图上的一条竖直线 1″,根据平面的投影规律可知Ⅰ平面是一个正平面,其水平投影应为与之"长对正"的平面图中的水平线 1。2' 线框对应侧立面投影应为斜线 2″,因此Ⅱ平面应为侧垂面,根据平面的投影规律,其水平投影与其正面投影不仅"长对正",而且应互为类似形,即为平面图中封闭的线框2。3′线框对应侧立面投影为竖线3″,说明Ⅲ平面为正平面,其水平投影为横向线段3。将平面图和侧立面图中剩余封闭线框编号,分别是4、8和5″、6″、7″,找到与之相对应的投影并确定空间形状。其中,平面图中线框4对应投影为正立面图中的线段4′和侧立面图中的线段4″,可以确定Ⅳ平面为矩形的水平面;平面图中线框8对应投影为正立面图中的线段8′和侧立面图中的线段8″,可以确定Ⅷ平面也是矩形的水平面;侧立面图中5″线框对应投影为正立面图中的竖线5′和平面图中的线段5,可确定Ⅴ平面为形状是直角三角形的侧平面;同理,侧立面图中的线框6″、正立面图中的竖线6′和平面图中的线段6对应的Ⅵ平面也是侧平面;侧立面图中7″线框对应投影为正立面图中的竖线7′和平面图中的线段7,可确定Ⅶ平面也是侧平面。通过投影图分析各组成部分的上下、左右、前后关系,综合起来得出图4-9(b)所示的整体形状。

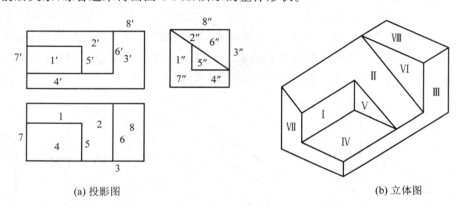

(a) 投影图　　　　　　　　　　　(b) 立体图

图4-9　线面分析法读图

小　结

组合体是由基本体(如圆柱、圆锥、棱柱、球体等)按一定规律(组合方式)组合而成的形体。组合体的组合方式有叠加式、切割式和综合式。正确画出组合体的投影图应遵循步骤:形体分析→选择视图→画出视图。组合体的尺寸分为三类,即定形尺寸、定位尺寸和总体尺寸。想要正确、迅速地读懂组合体投影图,必须掌握识读投影图的基本方法,通过不断实践,培养空间想象能力。

一、选择题

1. 相贯线一般为封闭的空间曲线,有时为(　　)。
   A. 平面曲线　　　　　　　　　　B. 直线
   C. 水平线　　　　　　　　　　　D. 铅垂线

2. 截平面平行于圆锥的某一素线时,截交线的形状为(　　)。
   A. 圆　　　　　　　　　　　　　B. 双曲线
   C. 抛物线　　　　　　　　　　　D. 椭圆

3.以下说法错误的是(　　)。
A.由两个或两个以上的基本体构成的形体称为组合体
B.两形体的表面彼此相交称为相切
C.用一截平面截切球的任何部位,所形成的截交线都是圆
D.叠加式组合体分为相接、相切、相贯三种

4.以下不属于形体分析法步骤的是(　　)。
A.确定基准,分析尺寸　　　　　　　　B.认识视图,抓住特征
C.分析投影,联想形体　　　　　　　　D.综合起来,想象整体

5.组合体(两面投影如题图4-1所示)正确的左视图是(　　)。

A. 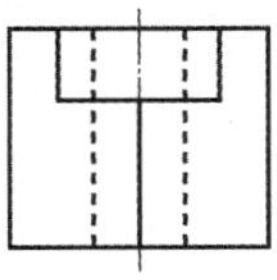　　　　　　　　　　　　　B.

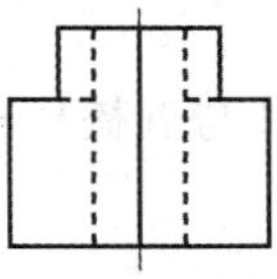

C. 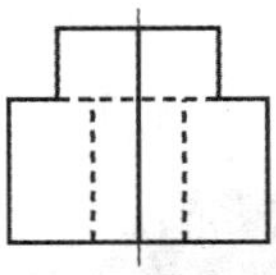　　　　　　　　　　　　　D.

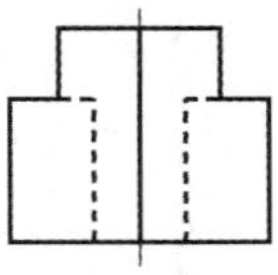

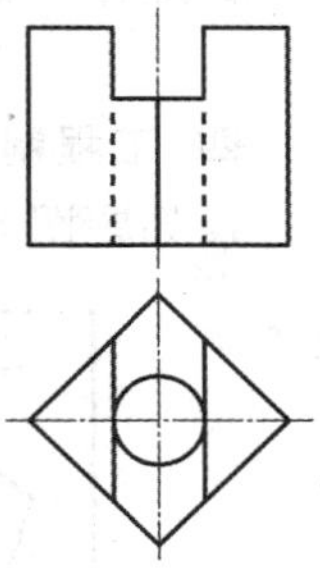

题图4-1

6.已知主视图和俯视图如题图4-2所示,正确的左视图是(　　)。

A. 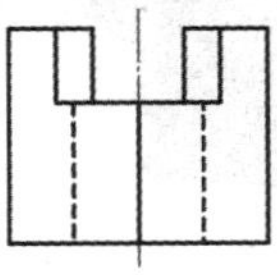　　　　　　　　　　　　　B.

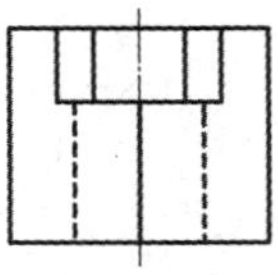

C. 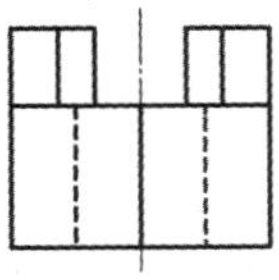　　　　　　　　　　　　　D.

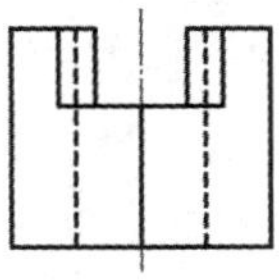

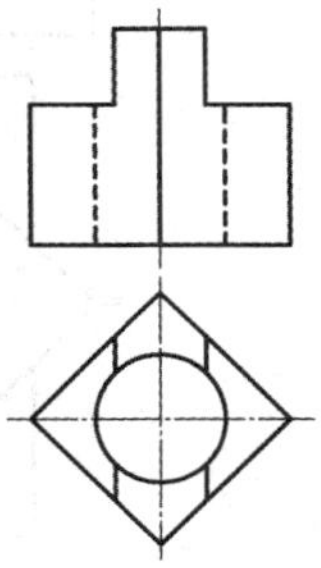

题图4-2

7.以下关于绘制组合体底图时的先后顺序错误的是(　　)。
A.先画主要部分,后画次要部分
B.先画看得见的部分,后画看不见的部分
C.先画看不见的部分,后画看得见的部分
D.先画主视图,再画俯视图和左视图

二、填空题

1.组合体的组合方式有_____、_____和_____三种。
2.组合体形体分析的内容包括_____。
3.看组合体三视图的方法有_____和_____。
4.对于基本体,一般只标注_____尺寸,但有时会根据形状的不同,采用一些特殊的标注方法:长方体必须标注长、宽、高三个尺寸;正六棱柱应该标注高度及正六边形_____;四棱台应标注_____的长、宽及高度尺寸;圆柱(锥)应标注_____及轴向长度;圆台应该标注两底圆直径及_____;球体只需标注一个_____。
5.组合体的视图上,一般应标注出_____、_____和_____三种尺寸,标注尺寸的起点称为_____。

三、名词解释

1. 定形尺寸：

2. 定位尺寸：

3. 总体尺寸：

4. 形体分析法：

四、工程制图

1. 如题图 4-3 所示，四棱柱与五棱柱相贯，求作其侧面投影。

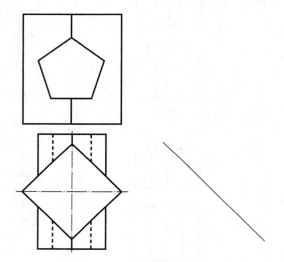

题图 4-3

2. 如题图 4-4 所示，补画主视图、俯视图中缺少的线。

3. 如题图 4-5 所示，补画主视图、俯视图中缺少的线。

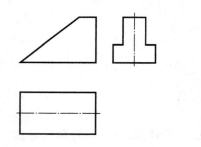

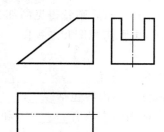

题图 4-4　　　　　　　　　　　　　　**题图 4-5**

4. 补画主视图、左视图（见题图 4-6）中缺少的图线。

5. 补画主视图、俯视图（见题图 4-7）中缺少的线。

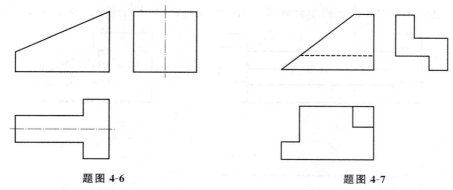

题图 4-6　　　　　　　　　　　题图 4-7

6. 补画主视图、俯视图（见题图 4-8）中缺少的线。
7. 如题图 4-9 所示，作四棱柱与圆柱相贯的相贯体投影。

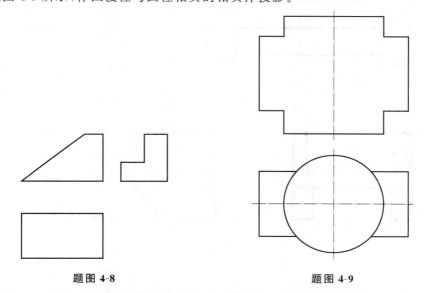

题图 4-8　　　　　　　　　　　题图 4-9

8. 在题图 4-10 中补全房屋轮廓的烟囱的正面投影和天窗的水平投影。
9. 如题图 4-11 所示，作屋面交线的水平投影，并补全房屋模型的投影。

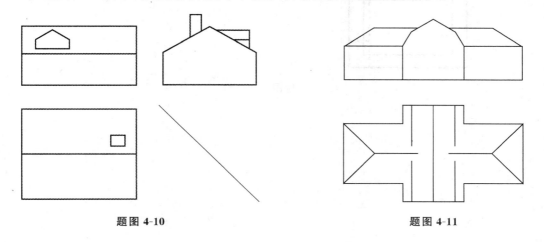

题图 4-10　　　　　　　　　　　题图 4-11

10. 在题图 4-12 中作出下列组合体三视图的尺寸标注（以尺子量取实际尺寸，单位：mm）。

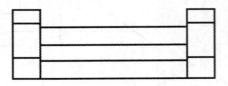
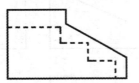

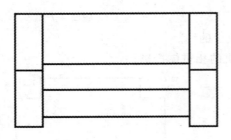

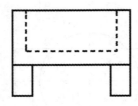
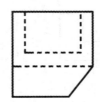

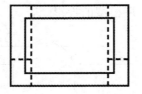

题图 4-12

工作手册 5

剖面图与断面图

黄鹤楼

建设工程的最低保修期限

■ 知识目标

掌握剖面图和断面图的分类和区别；掌握剖面图的绘制方法；熟悉剖面图和断面图的常用图例；熟悉剖面图与断面图在建筑工程中的应用；了解剖面图和断面图的形成原理。

■ 能力目标

具备剖面图和断面图的基本知识，能够快速、准确识读常用建筑材料图例，具备正确绘制剖面图和断面图图例的能力。

> **工程案例**

剖面图和断面图在建筑工程图纸中占有重要位置,能准确识读建筑工程剖面图和断面图十分关键,通过从形体的外部进入形体的内部进行剖析,进一步增强对形体内外一致性的认识,或采用从里到外的方法,可增强对形体内部空间的了解。剖面图与断面图的画法如图 5-1 所示,由此可见,剖面图和断面图存在差异,那么,剖面图和断面图有哪些联系,又有哪些区别呢?

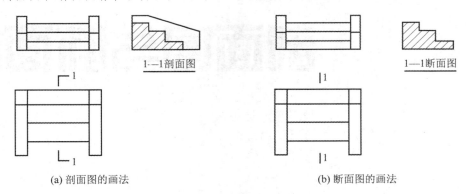

图 5-1　剖面图与断面图的画法

任务 1　剖面图

一、剖面图的形成

国家制图标准规定,物体投影时,直接可见部分用粗实线表示,不直接可见部分用虚线表示。实际应用时,对于一些简单物体采用这种方法表示较容易,而对于一些内部构造复杂的物体,如有空腔、孔洞、沟槽等的物体,尤其是多层乃至高层、超高层房屋,采用这种方法,必然会使图纸中虚实线纵横交错、混淆不清,无法表示清楚房屋内部构造,也不利于标注尺寸和读图,给识读工程图带来困难。为了能清晰表达形体内部构造,工程制图中采用假想平面将物体剖开,让它的内部形状显露出来。

假想用一个剖切面将物体剖开,把观察者和剖切面之间的部分移去,将剩余部分投影到与剖切面平行的投影面上,所得的图形称为剖面图,简称剖面。

例如,图 5-2 所示为双柱杯形基础的三视图,正立面和侧立面图中的虚线表达不可见的楔形槽,为了清楚表达内部形状,假想用正平面 P 沿基础前后对称面进行剖切,移去平面 P 前面的部分,将剩余的后半部分向正面投影面投影,如图 5-3(a) 所示,就得到了杯形基础的正向剖面图,如图 5-3(b) 所示。同样,可选择侧平面 Q 沿基础上杯口的中心线进行剖切,投影得到基础的侧向剖面图,如图 5-4 所示。

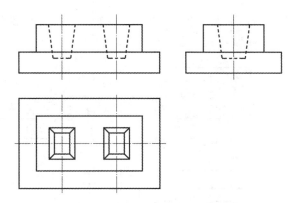

图 5-2 双柱杯形基础的三视图

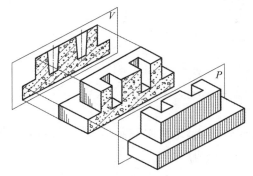
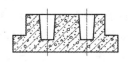

(a) 假想用剖切平面P剖开基础并向V面进行投影　　　　(b) 基础的正向剖面图

图 5-3 正向剖面图的产生

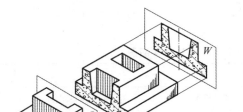

(a) 假想用剖切平面Q将基础剖开并向W面进行投影　　　　(b) 基础的侧向剖面图

图 5-4 侧向剖面图的产生

二、剖面图的绘制

剖面图的绘制可按以下步骤进行：

（1）确定剖切位置，确定剖切平面。

剖切平面一般应平行于某一基本投影面，如图 5-3 和图 5-4 所示的正平面和侧平面。为了表达清晰，应尽量使剖切平面通过形体的对称面或主要轴线及物体上的孔、洞、槽等结构的轴线或对称中心线。如图 5-3 中剖切平面为基础的前后对称面,图 5-4 中剖切平面通过基础杯口的中心线,用剖面图表示的双柱杯形基础如图 5-5 所示。

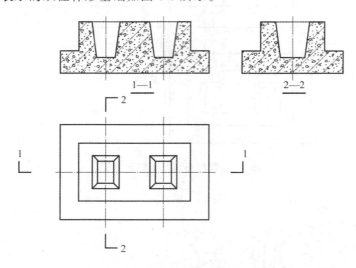

图 5-5　用剖面图表示的双柱杯形基础

(2) 按投影方向,画出剩余物体的投影。

如图 5-5 所示,物体被剖切后所形成的断面轮廓线,用粗实线画出;物体未被剖到部分的投影轮廓线,用中粗实线画出;看不见的虚线,原则上不再画出。

(3) 在断面内填充材料图例。

为使物体剖到部分与未剖到部分区别开来,使图形清晰可辨,应在断面轮廓范围内画上表示其材料种类的图例。

根据《房屋建筑制图统一标准》(GB/T 50001—2017)的规定,常用建筑材料的图例如表 5-1 所示。

表 5-1　常用建筑材料图例

序号	名　称	图　例	备　注
1	自然土壤		包括各种自然土壤
2	夯实土壤		—
3	砂、灰土		—
4	砂砾石、碎砖三合土		—
5	石材		
6	毛石		
7	实心砖、多孔砖		包括普通砖、多孔砖、混凝土砖等砌体
8	耐火砖		包括耐酸砖等砌体
9	空心砖、空心砌块		包括空心砖、普通或轻骨料混凝土小型空心砌块等砌体

剖面图与断面图

续表

序号	名　称	图　例	备　注
10	加气混凝土	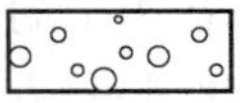	包括加气混凝土砌块砌体、加气混凝土墙板及加气混凝土材料制品等
11	饰面砖	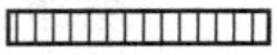	包括铺地砖、玻璃马赛克、陶瓷锦砖、人造大理石等
12	焦渣、矿渣	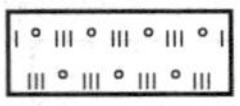	包括与水泥、石灰等混合而成的材料
13	混凝土		(1)包括各种强度等级,含骨料、添加剂的混凝土;
14	钢筋混凝土		(2)在剖面图上绘制表达钢筋时,不需绘制图例线; (3)断面图形较小、不易绘制表达图例线时,可填黑或深灰(灰度宜为70%)
15	多孔材料	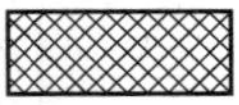	包括水泥珍珠岩、沥青珍珠岩、泡沫混凝土、软木、蛭石制品等
16	纤维材料	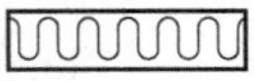	包括矿棉、岩棉、玻璃棉、麻丝、木丝板、纤维板等
17	泡沫塑料材料	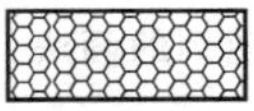	包括聚苯乙烯、聚乙烯、聚氨酯等多聚合物类材料
18	木材		(1)上图为横断面,左上图为垫木、木砖或木龙骨; (2)下图为纵断面
19	胶合板		应注明为×层胶合板
20	石膏板	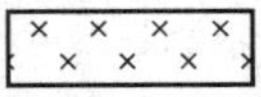	包括圆孔或方孔石膏板、防水石膏板、硅钙板、防火石膏板等
21	金属		(1)包括各种金属; (2)图形较小时,可填黑或深灰(灰度宜为70%)
22	网状材料		(1)包括金属、塑料网状材料; (2)应注明具体材料名称
23	液体	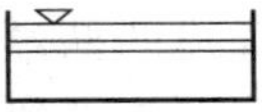	应注明具体液体名称
24	玻璃		包括平板玻璃、磨砂玻璃、夹丝玻璃、钢化玻璃、中空玻璃、夹层玻璃、镀膜玻璃等
25	橡胶		—
26	塑料		包括各种软、硬塑料及有机玻璃等
27	防水材料		构造层次多或绘制比例大时,采用上面的图例
28	粉刷		本图例采用较稀的点

注:1.本表中所列图例通常在1∶50及以上比例的详图中绘制表达。
2.如需表达砖、砌块等砌体墙的承重情况,可通过在原有建筑材料图例上增加填灰等方式进行区分,灰度宜为25%左右。
3.序号1、2、5、7、8、14、15、21图例中的斜线、短斜线、交叉线等均为45°。

绘制剖面图的图例时还应注意以下几点：

①图例线应间隔均匀,疏密适度。

②不同规格的同类材料使用同一图例时,应在图上附加必要的说明(见图 5-6(a))。

③两个相同的图例相接时,图例线宜错开或使倾斜方向相反(见图 5-6(b))。

④两个相邻的填黑或灰的图例间应留有空隙,空隙净宽度不得小于 0.5 mm(见图 5-6(c))。

⑤需画出的建筑材料图例面积过大时,可在断面轮廓线内,沿轮廓线作局部表示(见图5-6(d))。

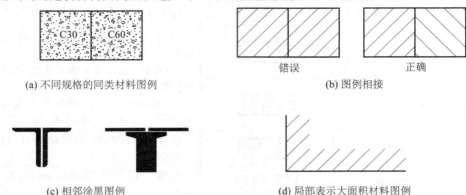

图 5-6　图例的画法

（4）标注剖面图。

为了使看图时便于了解剖切位置和剖切方向,寻找投影的对应关系,还应对剖面图进行剖面标注。

三、剖面图的标注

1. 剖切符号的标注

剖面图的剖切符号由剖切位置线和剖视方向线组成,均应以粗实线绘制。剖切位置线实质上是剖切平面的积聚性投影,标准规定用两小段粗实线表示,每段长度宜为 6～8 mm。剖视方向线表明剖面图的投影方向,一般画在剖切位置线的两端同一侧且与其垂直,长度短于剖切位置线,宜为 4～6 mm。剖面图的剖切符号不应与图面上的图线相接触。

2. 剖切符号的编号及剖面图的图名

在剖视方向线的端部宜采用阿拉伯数字,按顺序由左至右、由下至上连续编排注写剖面编号。剖切位置线有时需要转折,此时应在转角的外侧加注与该符号相同的编号。

剖面图一般以剖切符号的编号命名。如剖切符号编号为 1,则相应的剖面图命名为"1—1 剖面图",也可简称"1—1",其他剖面图也应同样依次命名和标注。剖面图的图名一般标注在剖面图的下方或一侧,并在图名下绘上与图名长度相等的横线。

剖切符号和编号如图 5-7 所示。

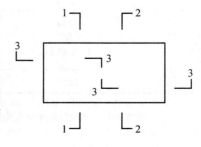

图 5-7　剖切符号和编号

四、常用剖面图的分类

根据形体的内部和外部形状,可选择不同的剖切方式,因此,剖面图有全剖面图、半剖面图、阶梯剖面图、展开剖面图、局部剖面图和分层剖面图等种类。

1. 全剖面图

用剖切面完全地剖开形体所得到的剖面图称为全剖面图。全剖面图以表达内部结构为主,常用于外部形状较简单的不对称形体。在建筑工程图中,建筑平面图就是用水平面完全剖切的方法绘制的水平全剖面图,立面图就是垂直全剖面图,如图 5-8 所示。

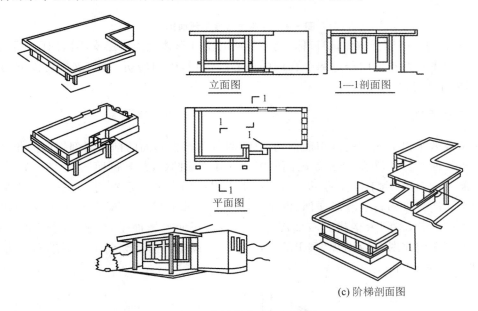

图 5-8 房屋的平、立、剖面图

2. 半剖面图

对于对称的形体,作剖面图时可以对称线为分界线,一半画剖面图表达内部结构,一半画视图表达外部形状,这种剖面图称为半剖面图。半剖面图适用于内、外形状都较复杂的对称形体。当剖切平面与形体的对称平面重合,且半剖面图位于基本视图的位置时,可以不予标注剖切符号;剖切平面不通过形体的对称平面,则应标注剖切位置线和剖视方向线。

同一形体的全剖面图与半剖面图如图 5-9 所示。

3. 阶梯剖面图

用两个或两个以上互相平行的剖切面剖切物体得到的剖面图,通常称为阶梯剖面图。当形体内部结构层次较多,用一个剖切面不能同时剖切到所要表达的几处内部构造时,常采用阶梯

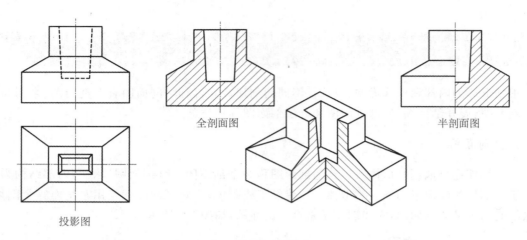

图 5-9 全剖面图与半剖面图

剖面图。例如，用一个正平面剖切形体，则不能同时剖开形体上前后层次不同的两个孔洞，此时可用两个互相平行的正平面经过两个孔洞的中心线剖切，中间转折一次，这样就能同时剖到两个孔洞，满足了要求。

4. 展开剖面图

用两个或两个以上相交的剖切面剖切形体，将倾斜于投影面的剖面绕剖切面的相交线旋转展开到与投影面平行的位置，所得到的剖面图为展开剖面图（或旋转剖面图）。图 5-10 所示为一个楼梯的展开剖面图，由于楼梯的两个梯段在水平投影图上成一定夹角，用一个或两个平行的剖切平面都无法将楼梯表示清楚，因此可以用两个相交的剖切平面进行剖切，移去剖切平面和观察者之间的部分，将剩余楼梯的右面部分旋转至与正面投影面平行，便可得到展开剖面图。若为展开剖面图应在图名后面加"展开"二字，并加上圆括号。剖切符号在转折处用粗实线表示，每段长度为 4～6 mm。

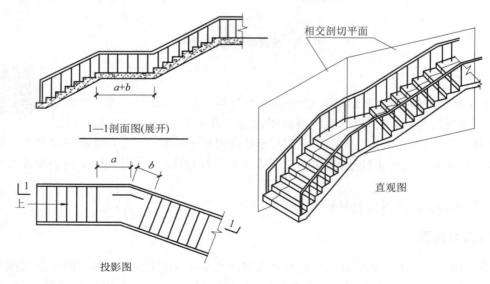

图 5-10 展开剖面图

5. 局部剖面图

用剖切平面局部地剖开形体所得到的剖面图,称为局部剖面图。局部剖面图常用于外部形体比较复杂,仅仅需要表达局部内部形体的情况。如图 5-11 所示的杯形基础,为了保留较完整的外形,将其一角剖开在水平投影中画成局部剖面,以表示基础内部的钢筋配置情况。

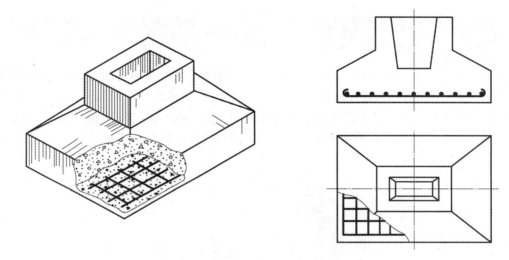

图 5-11 杯形基础的局部剖面图

6. 分层剖面图

为了表示建筑物的局部构造层次,可按实际情况用分层剖开的方法得到其剖面图,这种剖面图称为分层剖面图。如图 5-12 所示,用几个互相平行的剖切面将地坪局部一层一层剖开,再将几个局部剖面图依次画在一个投影图上,并用波浪线将各层的投影分开,分层画出地坪构造层次。在画分层剖面图时,波浪线不与任何图线重合。

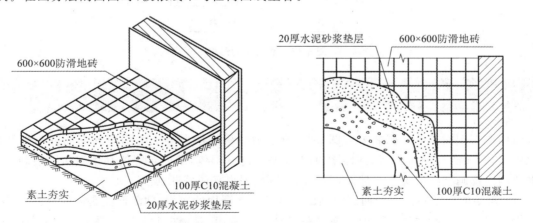

图 5-12 地坪分层剖面图(单位:mm)

任务 2 断面图

一、断面图的概念

假想用一剖切平面剖开物体,仅画出该剖切面与物体接触的断面的图形,同时在剖切断面处的物体部分画上材料图例,这样画出的图形称为断面图,简称断面。断面图只绘制剖到的部分,其形成如图 5-13 所示。断面图常用于表达建筑物中梁、板、柱的某一部位的断面形状,也用于表达建筑形体的内部形状。断面图常与剖面图互相配合,使建筑形体的图样表达更加完整、清晰。

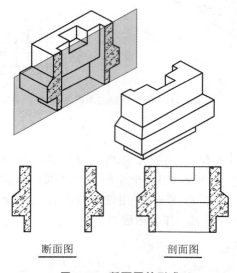

断面图　　　　　剖面图

图 5-13　断面图的形成

二、断面图与剖面图的区别

断面图与剖面图有共同之处。图 5-14 所示为一根钢筋混凝土牛腿柱的剖面图与断面图。由此可见,断面图与剖面图都是用假想的剖切平面剖开形体,断面轮廓线都用粗实线绘制,断面轮廓范围内都画材料图例等。然而,断面图与剖面图也有许多区别。

(1) 表达的内容不同。断面图只画出被剖切到的断面的实形,即断面图是面的投影;而剖面图是将被剖切到的断面连同断面后面剩余形体一起画出,是体的投影。实际上,剖面图中包含着断面图。

(2) 标注不同。断面图的剖切符号只画剖切位置线,用粗实线绘制,长度为 6~10 mm;而剖面图的剖切符号需画出剖视方向线,图5-14中1—1剖面和2—2剖面表示的剖视方向都是由上向下。

(3) 用途不同。断面图是用来表达形体中某断面的形状和结构的;而剖面图是用来表达形体内部形状和结构的。

(4) 剖切平面转折不同。剖面图中的剖切平面可转折,断面图中的剖切平面则不可转折。

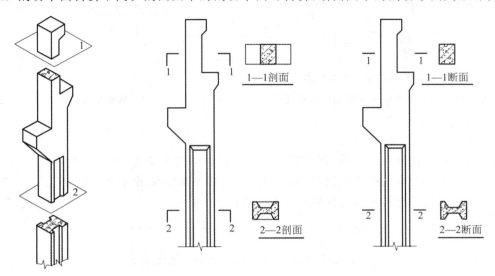

图 5-14　牛腿柱的剖面图与断面图

三、断面图的分类

断面图根据其在视图中的不同位置,一般可分为移出断面图、重合断面图和中断断面图。

1. 移出断面图

配置在视图以外的断面图,称为移出断面图。如图 5-14 所示,牛腿柱采用 1—1、2—2 两个断面图来表达柱身的形状,这两个断面图都是移出断面图。需要注意的是,移出断面图移画的位置一般在剖切位置附近,以便对照识读;移出断面图一般可用较大的比例画出,以利于标注尺寸和清晰地显示其内部构造。

2. 重合断面图

将断面图旋转90°重合到基本投影图上,形成的断面图叫重合断面图。画重合断面图时,不需要标注剖切符号;断面轮廓线以粗实线绘制,投影轮廓线以中粗实线绘制。图 5-15 所示为一角钢的重合断面图,该断面图没有标注断面的剖切符号。

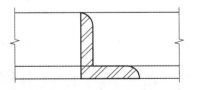

图 5-15　角钢重合断面图

重合断面图还可用于结构布置图(见图 5-16)和装饰立面图(见图 5-17)等中。图 5-16 中它表示屋顶结构的形式与坡度;图 5-17 中表示墙壁立面上装饰花纹凸凹起伏的状况。

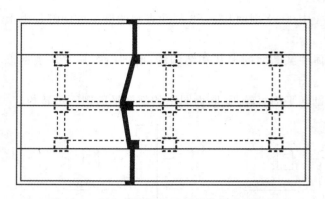

图 5-16 重合断面图用于屋顶结构布置图中　　图 5-17 墙壁装饰花纹重合断面图

3. 中断断面图

画等截面的细长杆件时,常把断面图直接画在杆件假想的断开处,得到的断面图称为中断断面图。断开处一般采用折断线表示,圆柱或圆筒形构件则要采用曲线折断方式。图 5-18 所示的是由金属或木头等材料制成的杆件的中断断面图。

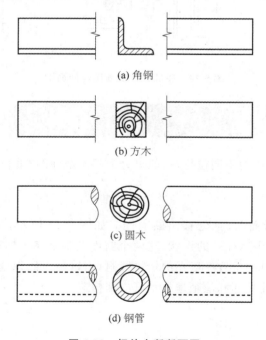

(a) 角钢

(b) 方木

(c) 圆木

(d) 钢管

图 5-18 杆件中断断面图

四、断面图的标注

1. 移出断面图的标注

(1) 移出断面图一般应用剖切符号表示剖切位置,用箭头表示移出方向,并注上数字或字母,在断面图的上方用同样的数字或字母标出其名称"×—×"。

(2) 配置在剖切符号延长线上的不对称移出断面图,应画出剖切符号和箭头,但可省略数字或字母标注。

(3) 未配置在剖切符号延长线上的对称移出断面图,不论画在什么地方,均可省略箭头。

(4) 配置在剖切符号延长线上的对称移出断面图,不必标注。

(5) 按投影关系配置的移出断面图,可省略箭头。

2. 重合断面图的标注

对称的重合断面图不必标注,不对称的重合断面图应画出剖切符号和箭头。

3. 中断断面图的标注

中断断面图不必标注,直接画出中断的图例即可。

任务 3　剖面图与断面图在建筑工程中的应用

在实际建筑工程图纸中,剖面图是与平、立面图相互配合的不可缺少的重要图样之一。它可以清晰地表示建筑的结构和构造形式、分层情况、结构高度以及各结构之间的关系等。因此,剖面图的数量和位置会根据建筑自身的复杂程度而定。

建筑剖面图的剖切位置通常选择建筑的主要部位或构造较为典型的地方,如楼梯间等,并应通过门窗洞口。图 5-19 所示为一所小学教学楼的局部平、立、剖面图。图 5-19(a)所示为该教学楼轴④~轴①立面图,一层平面图(见图 5-19(c))即为该位置的水平全剖面图。虽然水平剖面图可以明确地表达建筑幕墙外表面与轴线Ⓑ的距离,但如想了解每一层此处建筑幕墙外表面的位置,还需识读每一层的平面图。为了更方便、清晰地表达此处每层建筑幕墙的位置关系,设置一剖切面垂直于立面图投影面,绘制出此位置的结构梁、楼板、结构柱及建筑幕墙等建筑构件的投影图,得到了图 5-19(b)所示的剖面图。在这张剖面图中,我们可以轻易读出建筑物的各主要构件的高度及相互之间的位置关系。

由于楼板和结构梁的断面相对于建筑物总高度来说较窄,不易画出材料图例,故在图 5-19(b)中按制图标准予以填黑。若想知道结构梁与建筑幕墙等构造节点处的详细构造,则可以放大比例绘制该构造节点处的剖面图,即节点图,如图 5-20 所示。节点图中通常包含了大量的建筑细部构造及标注。图 5-20 表示的是教学楼二层建筑幕墙的剖面图。建筑幕墙中的金属骨架通常为铝合金杆状构件,层与层之间也采用形状较复杂的铝合金短杆连接。为了表达此处的连接短杆,图 5-20 中绘制了金属短杆的移出断面图 2—2。在 2—2 断面图中可以清楚地看出该连接短杆的断面形状及尺寸。

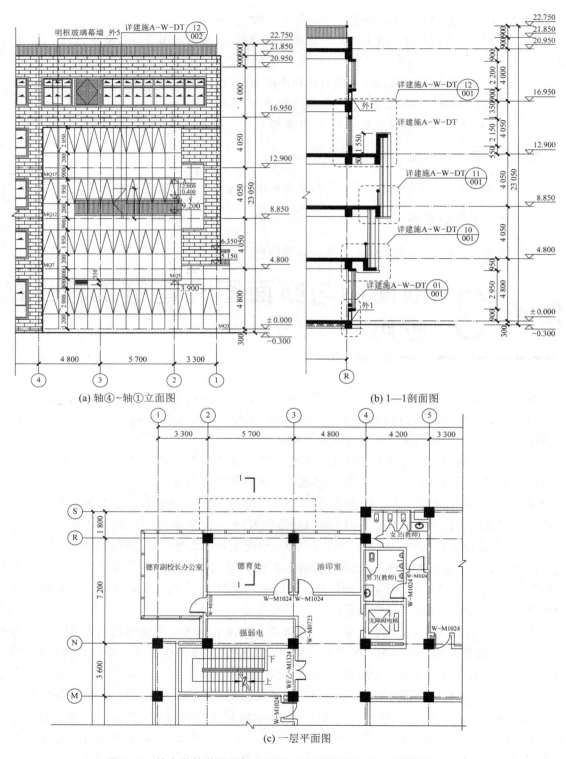

图 5-19 某小学教学楼局部建筑施工图（标高单位为 m，其余为 mm）

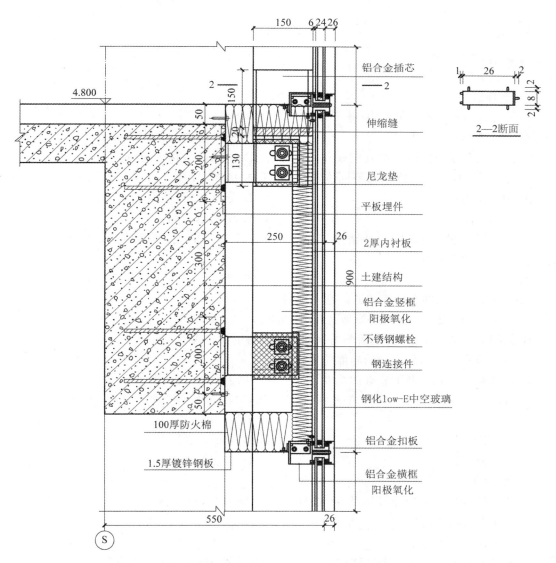

图 5-20　某小学教学楼层间节点图（标高单位为 m，其余为 mm）

剖面图与断面图在建筑工程中的灵活运用可以极大地降低建筑图纸的识读难度，避免在建筑图纸识读过程中产生歧义和错误。

小　结

剖面图与断面图是工程制图中表达建筑形体内部形状的主要方式。剖面图是用来表达建筑物或建筑构件内部形状的主要手段，断面图是建筑杆件形状的主要表达形式。剖面图有全剖面图、半剖面图、阶梯剖面图、局部剖面图、分层剖面图和展开剖面图；断面图有移出断面图、中断断面图和重合断面图。绘制剖面图或断面图都应在被剖切的断面上画出构件的材料图例。在识读施工图中的剖面图和断面图时，应先分析剖切平面的位置和剖切方向。

一、选择题

1. 剖面图和断面图的关系为（　　）。
   A. 剖面图与断面图相同　　　　　　　　B. 剖面图中包含断面图
   C. 剖面图和断面图图示结果一致　　　　D. 剖面图包含于断面图

2. 断面图根据其在视图中的不同位置，一般可分为移出断面图、重合断面图和（　　）三种。
   A. 中断断面图　　　　　　　　　　　　B. 分层断面图
   C. 局部断面图　　　　　　　　　　　　D. 阶梯断面图

3. 根据《房屋建筑制图统一标准》(GB/T 50001—2017)的规定，常用建筑材料的图例中的斜线、短斜线、交叉线等均为（　　）。
   A. 30°　　　　B. 60°　　　　C. 75°　　　　D. 45°

4. 以下关于剖面图和断面图的区别正确的有（　　）。
   A. 剖面图包含断面图，断面图是剖面图的部分
   B. 剖切符号的表示不同，断面图的剖切符号只有剖切位置线
   C. 剖面图只需绘出剖切到的断面轮廓投影
   D. 形体被剖切到的断面轮廓内均要填充材料图例

5. 画等截面的细长杆件时，常把断面图直接画在杆件假想的断开处，这种断面图称为（　　）。
   A. 局部断面图　　　　　　　　　　　　B. 阶梯断面图
   C. 中断断面图　　　　　　　　　　　　D. 分层断面图

二、填空题

1. 根据形体的内部和外部形状，可选择不同的剖面图，有全剖面图、半剖面图、_____、_____、局部剖面图和_____等种类。

2. 剖面图的剖切符号由_____和_____组成，均应以_____线绘制。剖切位置线实质上是剖切平面的积聚性投影，标准规定用两小段粗实线表示，每段长度宜为_____ mm。

3. 断面图根据其在视图中的不同位置，一般分为_____、_____和_____三种。

三、判断题

1. 在剖视方向线的端部宜采用阿拉伯数字，按顺序由左至右、由下至上连续编排、注写剖面编号。（　　）

2. 剖切位置线每段长度宜为 6～8 mm，而剖视方向线的长度宜为 4～6 mm。（　　）

3. 用两个或两个以上相交的剖切面剖切形体，将倾斜于投影面的剖面绕剖切面的相交线旋转展开到与投影面平行的位置，这样得到的剖面图为阶梯剖面图。（　　）

4. 断面图是用来表达形体中某断面的形状和结构的；而剖面图是用来表达形体内部形状和结构的。（　　）

5. 画等截面的细长杆件时，常把断面图直接画在杆件假想的断开处，这种断面图称为中断断面图。（　　）

四、名词解释

1. 剖面图：

2. 分层剖面图：

3. 断面图：

五、工程制图

1. 如题图 5-1 所示，求作 2—2 断面图和 3—3 剖面图。

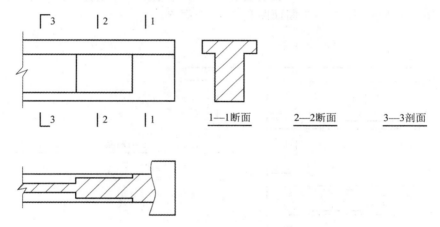

题图 5-1

2. 如题图 5-2 所示，求作 2—2 剖面图和 3—3 断面图。

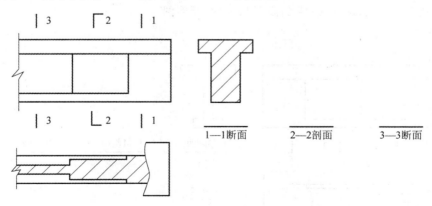

题图 5-2

3. 如题图 5-3 所示，求作 1—1 断面图和 3—3 剖面图。

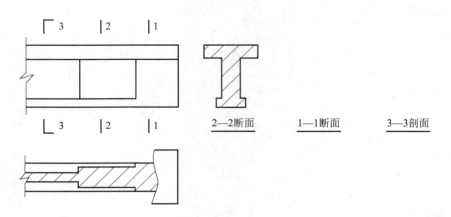

题图 5-3

4. 如题图 5-4 所示,求作 1—1 断面图和 2—2 剖面图。

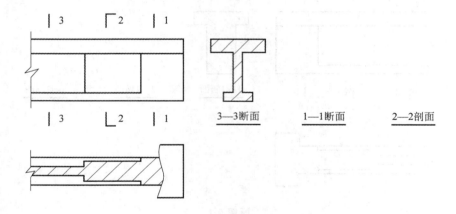

题图 5-4

5. 如题图 5-5 所示,求作 1—1 剖面图和 2—2 断面图。

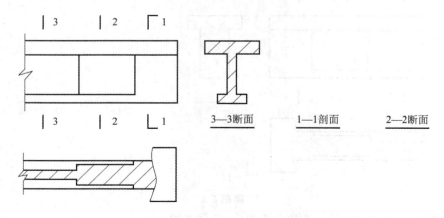

题图 5-5

6. 如题图 5-6 所示,画出钢筋混凝土构件的 1—1、2—2 断面图。

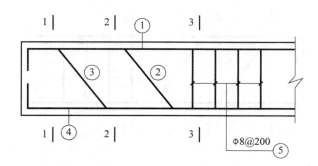

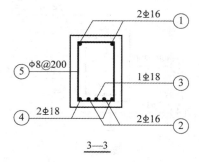

题图 5-6

7. 如题图 5-7 所示,画出钢筋混凝土构件的 2—2、3—3 断面图。

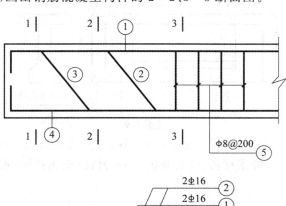

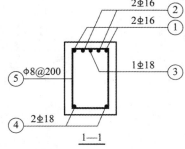

题图 5-7

8. 如题图 5-8 所示,画出钢筋混凝土构件的 1—1、3—3 断面图。

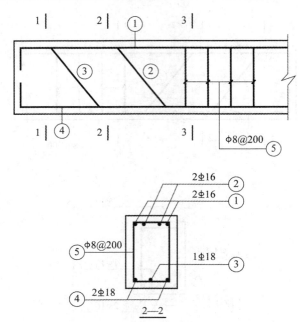

题图 5-8

9. 如题图 5-9 所示,求作 2—2 剖面图、3—3 断面图和 4—4 断面图。

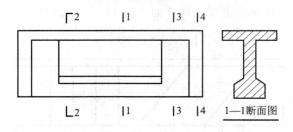

题图 5-9

10. 绘制常用建筑材料的图例:①夯实土壤;②砂、灰土;③空心砖、空心砌块;④焦渣、矿渣;⑤混凝土;⑥钢筋混凝土;⑦纤维材料;⑧石膏板;⑨木材;⑩金属;⑪防水材料;⑫塑料。

工作手册 6

建筑工程图的基本知识

名人故事——
天才建筑师贝聿铭

世界上最大的宫殿——
故宫

知识目标

掌握建筑工程施工图的常用符号；熟悉房屋的组成部分和作用。了解建筑工程施工图的产生、分类、编排顺序、图示特点及识读要求。

能力目标

具备建筑工程施工图的基本知识，能够快速、准确识读常用建筑图例，具备查阅关于建筑工程施工图的相关规范和标准的能力。

建筑制图与识图（含习题集）

▎工程案例

建筑工程施工图的常用符号的基本知识是识读建筑工程图纸所必备的，如图 6-1 所示的首层平面图中，常用符号有指北针、定位轴线、标高符号、剖切符号、尺寸标注、门窗代号等，识读工程图纸时，必须熟练掌握各个符号所代表的含义。

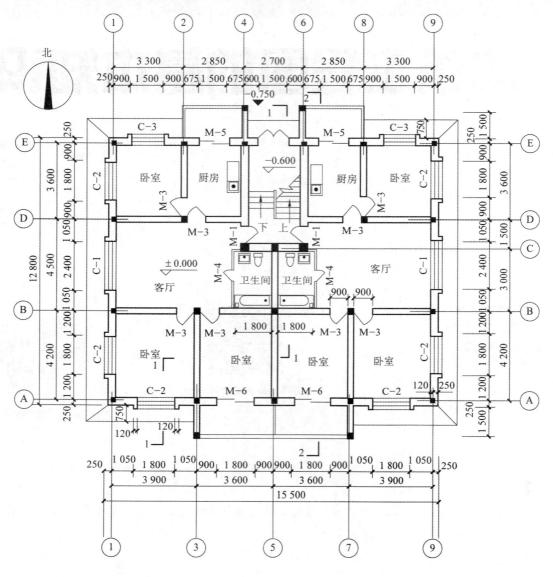

首层平面图 1:100

图 6-1 首层平面图（标高单位为 m，其余为 mm）

任务 1 房屋的组成部分和作用

一、房屋的组成部分

虽然房屋的使用要求、空间组合、外形处理、结构形式和规模大小等各有不同,但其基本上是由基础、墙或柱、楼地面、楼梯、屋顶、门窗六大主要部分组成,还包括台阶、散水、阳台、雨篷、天沟、勒脚、踢脚板等附属配件和设施部分。房屋的组成部分如图6-2所示。

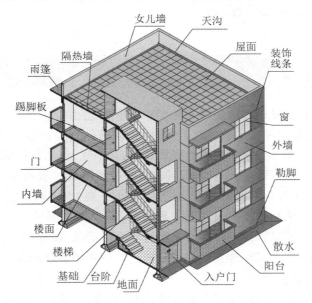

图 6-2 房屋的组成部分

二、房屋主要组成部分的作用

(1)基础:主要用来承受建筑物的全部荷载,并把这些荷载传递给它下面的地基。基础是建筑物的主要组成部分,所以必须坚固、稳定,并能经受冰冻和地下水与化学物质的侵蚀。

(2)墙或柱:主要承受楼板和屋面传递的荷载,同时承受风荷载,并把承受的荷载传递给基础。墙和柱是建筑物的垂直构件,既起承重的作用,又起围护和分隔的作用。

(3)楼地面:建筑物水平方向的承重和分隔构件,同时将承受的荷载传递给墙和柱。楼板支撑在墙上,对墙起着水平支撑的作用。

（4）楼梯：楼房上下层之间的交通疏散设施，应坚固、安全，具有足够的通行宽度和疏散能力。

（5）屋顶：房屋顶部的承重和围护部分，承受屋顶的全部荷载，并传递给墙或柱，同时又起到阻隔雨水、风雪对室内影响的作用，并将雨水排出到屋外地面。

（6）门窗：门是供人和家具设备进出房屋和房间的建筑配件，也是人们紧急疏散的通道，应该有足够的宽度和高度，有的门还兼有采光和通风的作用；窗的作用是采光、通风和供人眺望，应该有足够的面积。门和窗安装在墙上，因此又对房屋起到围护作用，依其所处的位置的不同，分别具有防水、防风沙、保温和隔音的功能。

任务 2 建筑工程施工图的简介

一、建筑工程施工图的产生

建造一栋房屋，要经过设计和施工两个主要阶段。在业主报建手续完善之后，进入初步设计阶段。根据业主建造要求和有关政策性的文件、地质条件进行初步设计，绘制房屋的初步设计图，形成初步设计方案图。方案图报业主征求意见，并报规划、消防等部门审批。根据审批同意后的方案图，进入设计第二阶段，即技术设计阶段。技术设计过程包括建筑、结构、给水排水、采暖通风、电气、消防报警等各专业的设计、计算与协调。在这一阶段，需要设计和选用各种主要构配件、设备和构造做法。在技术设计通过评审后，进入设计第三阶段，即施工图设计阶段，对各种具体的问题进行详尽的设计与计算，并绘制最终用于施工的施工图纸。施工图纸要完整、详尽、统一，并且图样正确、尺寸齐全，将施工中各项的具体要求都明确地反映到各专业的施工图中。

综上所述，建筑工程施工图是经过方案设计、初步设计、技术设计到施工图设计而产生的。

（1）方案设计阶段的方案设计图（简称方案）：由建筑设计者考虑建筑的功能，确定建筑的平面形式、层数、立面造型等基本问题。

（2）初步设计阶段的初步设计图（简称初设图）或扩大初设图：由建筑设计者考虑包括结构、设备等一系列基本相关因素后独立设计完成。

（3）技术设计阶段的技术设计图：各专业根据报批的初步设计图对工程进行技术协调后设计绘制基本图纸。对于大多数中小型建筑而言，此过程及图纸均由建筑师在初步设计阶段完成。

（4）施工图设计阶段的设计图（简称建施图）：此阶段的主要设计依据是报批获准的技术设计图或扩大初设图，要求以尽可能详尽的图形、尺寸、文字、表格等方式，将工程对象的有关情况表达清楚。

二、建筑工程施工图的分类及编排顺序

建筑工程施工图是土建工程各专业工种施工的依据,属于专业工程图。因此,从事建筑专业工作的各类人员必须掌握绘制施工图纸的方法并能看懂施工图,即通常所说的"按图施工"。

工业与民用建筑施工图按专业分,由建筑、结构、给水排水、采暖通风和电气几个专业图纸组成。各专业图纸又分基本图纸和详图。基本图纸表明全局性的内容,详图则表明局部或某一构件的详细做法和尺寸。按内容分类,建筑工程施工图应包括总平面图、建筑施工图、结构施工图、水暖和电气等各专业图纸。

1. 建筑工程施工图的分类

1) 图纸目录

图纸目录(又称标题页或首页图)主要说明该工程是由哪几个专业图纸所组成的,以及各专业图纸名称、张数和图号顺序。其目的是便于查找图纸。图纸目录中一般列出工程名称、工程编号、建筑面积等。

2) 设计总说明

设计总说明主要说明工程的概况和总的要求,包括工程设计依据(如地质、水文、气象资料)、设计标准(建筑标准、结构荷载等级、抗震要求、采暖通风要求、照明标准)、施工要求(如施工技术及材料要求)等。一般中小型工程设计总说明不单独列出,分别写在各有关图纸中。

3) 建筑施工图

建筑施工图(简称建施)主要表示建筑物的内部布置情况、外部形状以及装修、构造、施工要求等。它的基本图纸包括总平面图、平面图、立面图、剖面图、墙身剖面图等。详图包括楼梯、门、窗、厕所、浴室及各种装修、构造等的详细做法。

建筑施工图是房屋施工时定位放线、砌筑墙身、制作楼梯、安装门窗、固定设施以及室内外装饰的主要依据,也是编制工程预算和施工组织计划等的主要依据。

4) 结构施工图

结构施工图(简称结施)主要表示承重结构的布置情况,构件类型、大小,以及构造做法等。它的基本图纸包括基础图、柱网布置图、楼层结构布置图、屋顶结构布置图等。涉及的构件包括柱、梁、板、楼梯、雨篷等。一般混合结构,首层室内地面以上的砖墙及砖柱由建施表示,首层地面以下的砖墙由结施表示。

结构施工图是房屋施工时开挖地基,制作构件,绑扎钢筋,设置预埋件,安装梁、板、柱等构件的主要依据,也是编制工程预算和施工组织计划等的主要依据。

5) 设备施工图

设备施工图(简称设施)主要表达建筑物的给水排水、采暖通风、供电照明、燃气等设备的布置和施工要求等。建筑给水排水施工图主要表达给水、排水管道的布置和设备安装;建筑采暖通风施工图主要表达供暖、通风管道的布置和设备的安装;建筑电气照明施工图主要表达电气线路布置和接线原理。

设备施工图是室内布置管道或线路、安装各种设备及配件等的主要依据,也是编制工程预

算的主要依据。

2. 编排顺序

建筑工程施工图的编排顺序是：建施→结施→水施→暖施→电施→其他。各专业施工图的编排顺序为：全局性的在前，局部性的在后；先施工的在前，后施工的在后；重要的在前，次要的在后。

三、建筑工程施工图的图示特点和识读要求

1. 图示特点

（1）建筑工程施工图中的图样是依据正投影法原理绘制的。

建筑工程施工图符合正投影的投影规律，一般在 H 面上绘制房屋平面图，在 V 面上绘制房屋正立面图，在 W 面上绘制房屋剖面图和侧立面图。可将平、立、剖面图绘制在同一张图纸上，也可将平、立、剖面图分别绘制在不同的图纸上。

（2）一般使用以小比例绘制的建筑平、立、剖面图来表达房屋的整体状况，使用以大比例绘制的建筑详图来表达房屋的建筑细部。

由于建筑工程形体较大，建筑工程施工图一般用较小比例绘制。用较小比例绘制的图无法完全清楚地表达房屋各部分的构造做法，所以还需用以较大的比例绘制的详图来详细表达房屋各部分的构造做法。平、立、剖面图用较小比例，详图用较大比例。

（3）房屋构配件以及所使用的建筑材料均采用国标规定的图例或代号来表示。

建筑工程一般由多种材料构成且构配件规格较多，为了作图时表达简便，国标规定了一系列的图形符号来代表建筑物或构筑物及其构配件、卫生设备、建筑材料等，这种图形符号称为图例。采用国标规定的图例可简化图示。

（4）为了使建筑工程施工图中各图样重点突出、活泼美观，采用多种线型与线宽来绘制。

2. 识读要求

在识读施工图时，必须掌握正确的识读方法和步骤。在识读整套图纸时，应采用"总体了解、顺序识读、前后对照、重点细读"的读图方法。

1）总体了解

一般先看目录、总平面图和施工总说明，以大致了解工程的基本概况，如工程设计单位、建设单位、新建房屋的位置、周围环境、施工技术要求等。对照目录检查图纸是否齐全，采用了哪些标准图，并准备齐全这些标准图。再看建筑平面图、立面图和剖面图，总体想象一下建筑物的立体形象及内部布置。

2）顺序识读

在总体了解建筑物的情况后，根据施工的先后顺序，按基础、墙体（或柱）、结构平面布置、建筑构造及装修的顺序，仔细识读相关图纸。

3）前后对照

识读施工图时,要注意平面图、剖面图及立面图对照读,建筑施工图和结构施工图对照读,土建施工图与设备施工图对照读,做到对整个工程施工情况及技术要求心中有数。

4）重点细读

根据工种的不同,将有关专业施工图再重点仔细读一遍,并将遇到的问题记录下来,及时向设计单位反映。

要想熟练地识读建筑工程施工图,除了要掌握投影基本原理、熟悉国家制图标准外,还必须掌握各专业施工图的用途、图示内容和方法。此外,还要经常深入施工现场,对照图纸,观察实物,不断提高识读施工图的能力。

识读一张图纸时,应按"由外向里、由大到小、由粗到细、图样与说明交替、有关图纸对照看"的方法,重点看轴线及各种尺寸关系。

任务 3　建筑工程施工图常用符号

下面根据《房屋建筑制图统一标准》(GB/T 50001—2017)的规定,介绍定位轴线及编号、索引符号、详图符号、标高符号、剖切符号、引出线、指北针与风玫瑰等建筑工程施工图的常用符号。

一、定位轴线及编号

建筑工程施工图的定位轴线是建造房屋时砌筑墙身、浇筑柱梁、安装构配件等施工定位的依据。凡是墙、柱、梁或屋架等主要承重构件,都应画出定位轴线,并编号确定其位置。对于非承重的分隔墙、次要的承重构件,可编绘附加轴线,有时也可以不编绘附加轴线,而直接注明其与附近的定位轴线之间的尺寸。《房屋建筑制图统一标准》(GB/T 50001—2017)对定位轴线的规定如下:

(1) 定位轴线应用 0.25b 线宽的单点长画线绘制。

(2) 定位轴线应编号,编号应注写在轴线端部的圆内。圆应用 0.25b 线宽的实线绘制,直径宜为 8~10 mm。定位轴线圆的圆心应在定位轴线的延长线上或延长线的折线上。

(3) 除较复杂需采用分区编号或圆形、折线形标注外,平面图上定位轴线的编号宜标注在图样的下方及左侧,或在图样的四面标注。横向编号应用阿拉伯数字,从左至右顺序编写;竖向编号应用大写英文字母,从下至上顺序编写。定位轴线的编号顺序如图 6-3 所示。

(4) 英文字母作为轴线编号时,应全部采用大写字母,不应用同一个字母的大小写来区分轴线编号。英文字母 I、O、Z 不得用作轴线编号。当字母数量不够使用时,可增用双字母或单字母加数字注脚。

(5) 组合较复杂的平面图中定位轴线可采用分区编号(见图 6-4),编号的注写形式应为"分

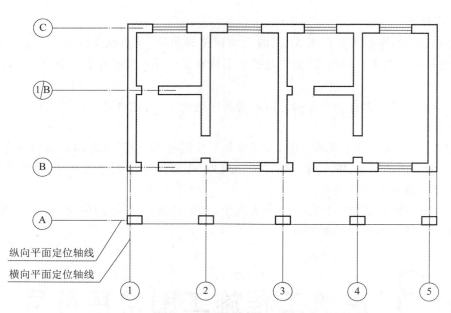

图 6-3 定位轴线的编号顺序

区号-该分区定位轴线编号",分区号宜采用阿拉伯数字或大写英文字母表示;多子项的平面图中定位轴线可采用子项编号,编号的注写形式为"子项号-该子项定位轴线编号",子项号采用阿拉伯数字或大写英文字母表示,如"1-1""1-A""A-1""A-2"。当采用分区编号或子项编号,同一根轴线有不止1个编号时,相应编号应同时注明。

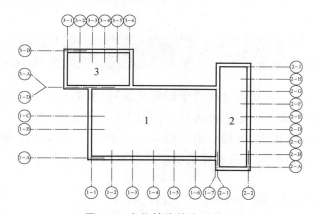

图 6-4 定位轴线的分区编号

(6) 附加定位轴线的编号应以分数形式表示,并应符合下列规定:

①两根轴线的附加轴线,应以分母表示前一轴线的编号,分子表示附加轴线的编号,编号宜用阿拉伯数字顺序编写;

②1号轴线或A号轴线之前的附加轴线的分母应以01或0A表示。

(7) 一个详图适用于几根轴线时,应同时注明各有关轴线的编号,如图6-5所示。

(8) 通用详图中的定位轴线,应只画圆,不注写轴线编号。

(9) 圆形与弧形平面图中的定位轴线,其径向轴线应以角度进行定位,其编号宜用阿拉伯数字表示,从左下角或−90°(若径向轴线很密、角度间隔很小则采用)开始,按逆时针顺序编写,其

图 6-5 详图的轴线编号

环向轴线宜用大写英文字母表示,从外向内顺序编写,如图 6-6 和图 6-7 所示。

圆形与弧形平面图的圆心宜选用大写英文字母编号(I、O、Z 除外),有不止 1 个圆心时,可在字母后加注阿拉伯数字进行区分,如 P1、P2、P3。

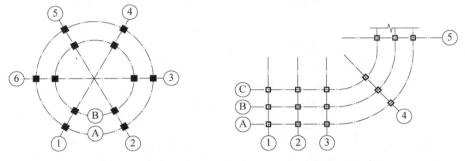

图 6-6　圆形平面图中定位轴线的编号　　图 6-7　弧形平面图中定位轴线的编号

（10）折线形平面图中定位轴线的编号可按图 6-8 所示的形式编写。

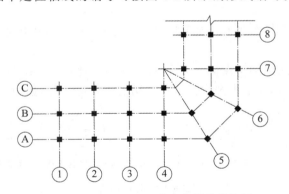

图 6-8　折线形平面图中定位轴线的编号

二、索引符号和详图符号

建筑工程领域对索引符号和详图符号有如下规定。

（1）图样中的某一局部或构件,如需另见详图,应以索引符号(见图 6-9)索引。索引符号应由直径为 8～10 mm 的圆和水平直径组成,圆及水平直径线宽宜为 $0.25b$。索引符号编写应符合下列规定：

①索引出的详图与被索引的详图同在一张图纸上,应在索引符号的上半圆中用阿拉伯数字

注明该详图的编号,并在下半圆中间画一段水平细实线。

②索引出的详图与被索引的详图不在同一张图纸上,应在索引符号的上半圆中用阿拉伯数字注明该详图的编号,在索引符号的下半圆中用阿拉伯数字注明该详图所在图纸的编号。数字较多时,可加文字标注。

③索引出的详图采用标准图时,应在索引符号水平直径的延长线上加注该标准图集的编号。需要标注比例时,应标注在文字的索引符号右侧或延长线下方,与符号下对齐。

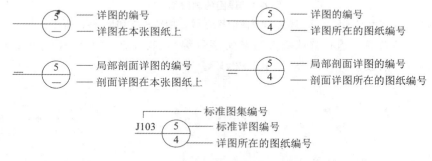

图 6-9　索引符号

(2) 索引符号用于索引剖视详图时,应在被剖切的部位绘制剖切位置线,并以引出线引出索引符号,引出线所在的一侧应为剖视方向。

(3) 零件、钢筋、杆件及消火栓、配电箱、管井等设备的详图编号宜以直径为 4～6 mm 的圆表示,圆线宽为 0.25b,同一图样应保持一致,编号应用阿拉伯数字按顺序编写。

(4) 详图的位置和编号应以详图符号表示。详图符号的圆直径应为 14 mm,线宽为 b。详图编号应符合下列规定:

①当详图与被索引的图样同在一张图纸上时,应在详图符号内用阿拉伯数字注明详图的编号,如图 6-10(a)所示;

②当详图与被索引的图样不在同一张图纸上时,应用细实线在详图符号内画一水平直径,在上半圆中注明详图编号,在下半圆中注明被索引的图纸的编号,如图 6-10(b)所示。

(a) 与被索引图样同在一张图纸上的详图符号　　(b) 与被索引图样不在同一张图纸上的详图符号

图 6-10　详图符号

三、标高符号

标高表示建筑物各部分的高度,是建筑物某一部位相对于基准面(标高的零点)的竖向高度,是竖向定位的依据,标高以米为单位。标高按基准面选取的不同分为绝对标高和相对标高。绝对标高是以青岛附近黄海平均海平面为零点测出的高度尺寸,它仅使用在建筑总平面图中。相对标高是以建筑物底层室内主要地面为零点测出的高度尺寸。建筑工程施工图中的标高基本上都采用相对标高。

标高符号的画法及标高数字的注写如图 6-11 所示。

(1) 标高符号为等腰直角三角形,细实线绘制,斜边上的高约为 3 mm。

(2) 总平面图室外整平地面标高符号为涂黑的等腰直角三角形,标高数字注写在符号的右侧、上方或右上方。

(3) 底层平面图中室内主要地面的零点标高注写为±0.000。低于零点标高的为负标高,标高数字前加"—"号,如—0.450;高于零点标高的为正标高,标高数字前可省略"+"号,如 6.000。

(4) 在标准层平面图中,同一位置可同时标注几个标高。

(5) 标高符号的尖端应指至被标注的高度位置,尖端可向上,也可向下。

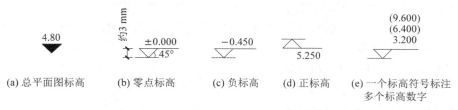

图 6-11　标高符号的画法及标高数字的注写

四、剖切符号

《房屋建筑制图统一标准》中对剖切符号有如下规定:

(1) 剖切符号宜优先选择国际通用方法(见图 6-12)表示,也可采用常用方法(见图 6-13)表示,同一套图纸应选用一种表示方法。

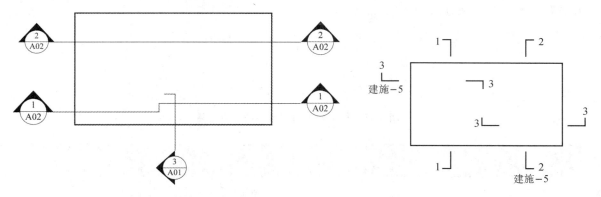

图 6-12　剖视的剖切符号(国际通用方法)　　图 6-13　剖视的剖切符号(常用方法)

(2) 剖切符号标注的位置应符合下列规定:

①建(构)筑物剖面图的剖切符号应注在±0.000 标高的平面图或首层平面图上;

②局部剖面图(不含首层)、断面图的剖切符号应注在包含剖切部位的最下面一层的平面图上。

(3) 采用国际通用剖视表示方法时,剖面及断面的剖切符号应符合下列规定:

①剖面剖切索引符号应由直径为 8~10 mm 的圆和水平直径以及两条相互垂直且外切圆的线段组成,水平直径上方应为索引编号,下方应为图纸编号,详细规定与索引符号相同。线段与

圆之间应填充黑色并形成箭头表示剖视方向。索引符号应位于剖切位置线两端。断面及剖视详图剖切符号处的索引符号应位于平面图外侧一端,另一端为剖视方向线。

②剖切线与符号线线宽应为 $0.25b$。

③需要转折的剖切位置线应连续绘制。

④剖切符号的编号宜由左至右、由下向上连续编排。

(4) 采用常用方法表示时,剖面的剖切符号应由剖切位置线及剖视方向线组成,均应以粗实线绘制,线宽宜为 b。剖面的剖切符号应符合下列规定:

①剖切位置线的长度宜为 6~10 mm;剖视方向线应垂直于剖切位置线,长度应短于剖切位置线,宜为 4~6 mm。绘制时,剖视剖切符号不应与其他图线相接触。

②剖视剖切符号的编号宜采用阿拉伯数字按剖切顺序由左至右、由下向上连续编排,并应注写在剖视方向线的端部。

③需要转折的剖切位置线,应在转角的外侧加注与该符号相同的编号。

④断面的剖切符号(见图 6-14)应仅用剖切位置线表示,其编号应注写在剖切位置线的一侧;编号所在的一侧应为该断面的剖视方向;其余规定同剖面的剖切符号。

⑤若与被剖切图样不在同一张图上,应在剖切位置线的另一侧注明其所在图纸的编号,也可在图上集中说明。

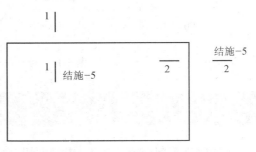

图 6-14　断面的剖切符号

⑥索引剖视详图时,应在被剖切的部位绘制剖切位置线,并以引出线引出索引符号,引出线所在的一侧应为剖视方向,如图 6-15 所示。

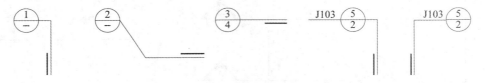

图 6-15　用于索引剖视详图的索引符号

五、引出线

《房屋建筑制图统一标准》中对引出线有如下规定:

(1) 引出线线宽应为 $0.25b$,宜采用水平方向的直线,或采用与水平方向成 30°、45°、60°、90°角的直线并经上述角度再折成水平线。文字说明宜注写在水平线的上方,也可注写在水平线的端部,如图 6-16 所示。索引详图的引出线,应与水平直径线相连接,如图 6-17 所示。

(2) 同时引出的几个相同部分的引出线,宜互相平行,也可画成集中于一点的放射线,如图 6-18 所示。

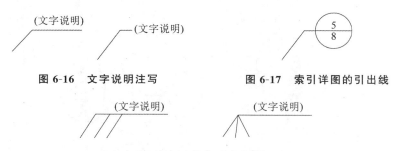

图 6-16 文字说明注写　　　图 6-17 索引详图的引出线

图 6-18 共同引出线

（3）多层构造或多层管道共用引出线，应通过被引出的各层，并用圆点示意对应各层次。文字说明宜注写在水平线的上方，或注写在水平线的端部，说明的顺序应由上至下，并应与被说明的层次对应；如层次为横向排序，则由上至下的说明顺序应与由左至右的层次对应。多层引出线及文字说明注写如图 6-19 所示。

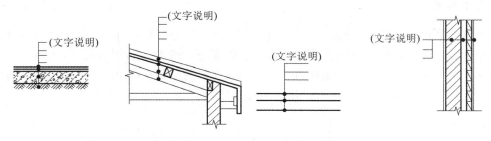

图 6-19 多层引出线及文字说明注写

六、指北针与风玫瑰

1. 指北针

在总平面图或底层建筑平面图上，一般都画有指北针，以指明建筑物的朝向。其圆的直径宜为 24 mm，用细实线绘制；指针尾部的宽度宜为 3 mm，指针头部应注"北"或"N"。需用较大直径绘制指北针时，指针尾部宽度宜为圆的直径的 1/8。

2. 风玫瑰

风向频率玫瑰图（简称风玫瑰）用来表示该地区常年的风向频率和房屋的朝向，是根据当地多年平均统计的各个方向吹风次数的百分数，按一定比例绘制的。风的吹向是从外吹向中心。较粗实线表示全年平均风向频率；虚线表示夏季风向频率；较细实线表示冬季风向频率。

指北针与风玫瑰结合时宜采用互相垂直的线段，线段两端应超出风玫瑰的轮廓线 2~3 mm，垂点宜为风玫瑰中心，北向应标注"北"或"N"。

指北针和风玫瑰如图 6-20 所示。

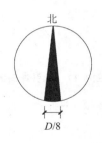
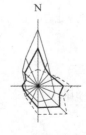

图 6-20　指北针和风玫瑰

七、其他符号

1. 连接符号

对于较长的构件,当其长度方向的形状相同或按一定规律变化时,可断开绘制,断开处应用连接符号表示。连接符号应以折断线表示需连接的部分。两部位相距过远时,折断线两端靠图样一侧应标注大写英文字母表示连接编号。两个被连接的图样应用相同的字母编号,如图 6-21 所示。

2. 折断符号

折断符号分为直线折断和曲线折断,如图 6-22 所示。
(1) 直线折断:当图形采用直线折断时,其折断符号为折断线,它经过被折断的图面。
(2) 曲线折断:对圆形构件的图形表示折断,其折断符号为曲线。

3. 对称符号

当房屋施工图的图形完全对称时,可只画该图形的一半,并画出对称符号,以节省图纸篇幅。对称符号应由对称线和两端的两对平行线组成,如图 6-23 所示。对称线应用单点长画线绘制,线宽宜为 $0.25b$;平行线应用实线绘制,其长度宜为 6～10 mm,每对的间距宜为 2～3 mm,线宽宜为 $0.5b$;对称线应垂直平分两对平行线,两端宜超出平行线 2～3 mm。

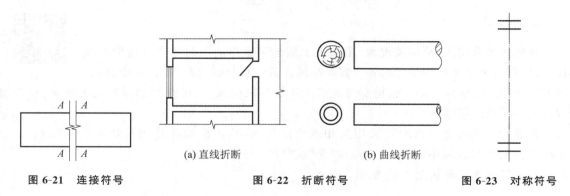

图 6-21　连接符号　　　　图 6-22　折断符号　　　　图 6-23　对称符号

4. 变更云线

对图纸进行局部变更宜采用变更云线,并宜注明修改版次。修改版次符号宜为边长 0.8 cm 的等边三角形,修改版次应采用数字表示,如图 6-24 所示,右下方的数字"1"表示修改次数为 1。变更云线的线宽宜采用 0.7b。

图 6-24 变更云线

5. 坡度符号

在建筑工程施工图中,倾斜部分通常加注坡度符号,一般用箭头表示。箭头应指向下坡方向,坡度的大小用数字注写在箭头上方。对于坡度较大的坡屋面、屋架等,可用直角三角形的形式标注它的坡度。坡度符号如图 6-25 所示。

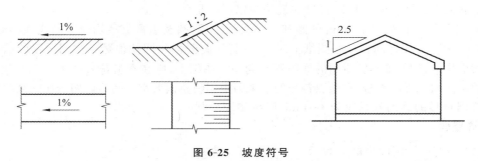

图 6-25 坡度符号

小 结

房屋建筑由基础、墙或柱、楼地面、楼梯、屋顶、门窗六大主要部分组成。建筑工程施工图是经过方案设计、初步设计、技术设计到施工图设计而产生的。在识读施工图时,必须掌握正确的识读方法和步骤。在识读整套图纸时,应采用"总体了解、顺序识读、前后对照、重点细读"的读图方法。根据《房屋建筑制图统一标准》(GB/T 50001—2017)的规定,定位轴线及编号、索引符号、详图符号、标高符号、引出线、剖切符号等建筑工程施工图的常用符号的绘制及识读应遵循相应规则。

一、选择题

1. 标高符号斜边上的高约为(　　)。
   A. 2.5 mm　　　　B. 3 mm　　　　C. 3.5 mm　　　　D. 4 mm
2. 建筑平面图中的中心线、对称线一般应用(　　)。
   A. 细实线　　　　B. 细虚线　　　　C. 细单点长画线　　　　D. 细双点长画线
3. 建筑工程施工图中定位轴线端部的圆用细实线绘制,直径为(　　)。
   A. 8~10 mm　　　　B. 11~12 mm　　　　C. 5~7 mm　　　　D. 12~14 mm
4. 建筑工程施工图中详图符号的圆直径应为(　　)。

A. 10 mm　　　　　B. 12 mm　　　　　C. 14 mm　　　　　D. 16 mm

5. 指北针圆的直径宜为（　　），用细实线绘制。

A. 14 mm　　　　　B. 18 mm　　　　　C. 20 mm　　　　　D. 24 mm

6. 房屋水平方向的承重构件是（　　）。

A. 墙体　　　　　　B. 柱　　　　　　　C. 基础　　　　　　D. 楼板

7. 关于定位轴线，下列说法正确的是（　　）。

A. 定位轴线用细实线表示

B. 定位轴线圆的圆心应在定位轴线的延长线上或延长线的折线上，圆内注明编号

C. 平面图上定位轴线的编号，宜标注在图样的下方与右侧

D. 圆形平面图中定位轴线的编号，其径向轴线宜用阿拉伯数字表示，从左下角开始，按顺时针顺序编写

8. 以下关于索引符号和详图符号的说法中错误的是（　　）。

A. 索引符号由直径为 14 mm 的圆和水平直径组成，圆及水平直径均应以细实线绘制

B. 与被索引的图样同在一张图纸上时，应在详图符号内用阿拉伯数字注明详图的编号

C. 索引出的详图，如与被索引的详图不在同一张图纸上，应在索引符号的上半圆中用阿拉伯数字注明该详图编号，在索引符号的下半圆中用阿拉伯数字注明该详图所在图纸的编号

D. 详图符号的圆的直径应为 14 mm，以粗实线绘制

二、填空题

1. 详图符号 ⑤/② 圆圈内的 2 表示_____；5 表示_____。

2. 定位轴线用_____线表示，末端画_____线圆，圆的直径宜为_____。

3. 建筑工程施工图是经过方案设计、_____、技术设计到_____而产生的。

4. 对图纸进行局部变更宜采用变更云线，并宜注明_____。修改版次符号宜为边长 0.8 cm 的等边三角形，修改版次应采用_____表示。

5. 风向频率玫瑰图常用来表示该地区常年的风向频率和房屋的朝向。风的吹向是_____。较粗实线表示_____风向频率；虚线表示_____风向频率；较细实线表示_____风向频率。

三、判断题

1. 绝对标高的基准面是我国青岛市外的黄海平均海平面。（　　）

2. 墙体作为建筑物的重要组成部分，主要起承重、围护和分隔的作用。（　　）

3. 对称符号应由对称线和两端的两对平行线组成，对称线应垂直平分两对平行线，并用细实线绘制。（　　）

4. 定位轴线的横向编号应用阿拉伯数字，从左至右顺序编写；竖向编号应用大写英文字母，从下至上顺序编写。（　　）

5. 折断符号分为直线折断和曲线折断。（　　）

四、简答题

1. 简述房屋主要组成部分及其作用。

2. 简述建筑工程施工图的分类及编排顺序。

3. 建筑工程施工图有哪些图示特点？

4. 简述定位轴线的作用及编号原则。

工作手册 7

建筑施工图

世界屋脊的明珠
——布达拉宫

唐陵中的杰作——乾陵

知识目标

掌握建筑总平面图、建筑平面图、建筑立面图、建筑剖面图、建筑详图的作用、图示内容及识读方法。熟悉建筑施工图的分类、首页的构成及作用。了解工业厂房建筑施工图的图示内容及识读方法。

能力目标

具备识读建筑施工图的基本知识和技能，能熟练识读建筑施工图，收集与图纸相关的技术资料，将所学建筑施工图知识更好地运用到工程实践中，具备识读建筑施工图和参与图纸会审的工作能力。

工程案例

图 7-1 所示是某住宅的底层平面图(比例尺为 1∶100),可以看出该住宅底层的平面形状、各室的平面布置情况,出入口、走廊、楼梯的位置,各种门、窗的布置等。在厨房、卫生间内还可看到固定设备及其布置情况。底层平面图不仅要反映室内情况,还须反映室外可见的台阶、明沟、散水等。有关建筑平面图的内容将在后面详细讲述。

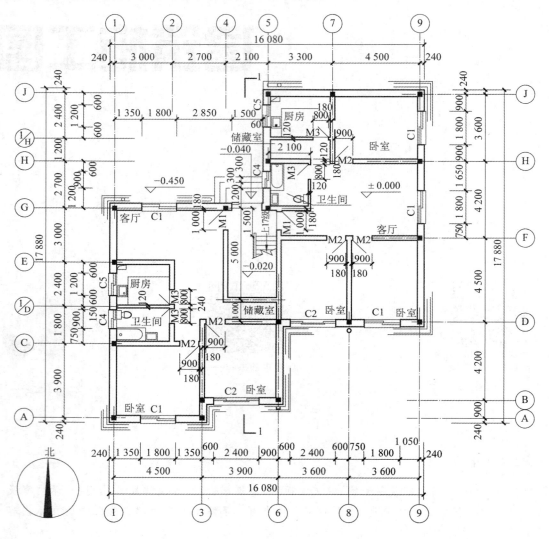

底层平面图 1∶100

图 7-1 某住宅的底层平面图(标高单位为 m,其余为 mm)

任务 1　建筑施工图基本知识

一、建筑施工图的定义、分类、特点及识读的一般方法

1. 定义及分类

建筑施工图（简称建施）是用来表示房屋的规划位置、外部造型、内部各房间的布置、内外装修、细部构造、固定设施及施工要求等的图纸。建筑施工图包括首页图、建筑总平面图、建筑平面图、建筑立面图、建筑剖面图和建筑详图等。

2. 建筑施工图的特点

（1）建筑施工图中，除效果图、设备施工图中的管道线路系统图外，其余采用正投影的原理绘制，因此建筑施工图符合正投影的特性。

（2）房屋的平、立、剖面图采用小比例绘制，对无法表达清楚的部分，采用大比例绘制建筑详图来进行表达，并且用文字和符号详细说明。

（3）房屋构配件以及所使用的建筑材料均采用国标规定的图例或代号来表示。有时国标中没有，需要自己设计，并加以说明。

（4）为了使建筑施工图中的各图样重点突出、活泼美观，可采用多种线型来绘制。

3. 识读建筑施工图的一般方法

一幢房屋从施工到建成，需要有全套房屋施工图指导。识读这些施工图时应按图纸目录顺序（即总说明、建施、结施、设施）先从大的方面看，然后再依次阅读细小部分，即先粗看后细看。简单地说，可按"先整体后局部，先文字说明后图样，先基本图样后详图，先图形后尺寸"的顺序仔细识读，并应注意各专业图样之间的关系。

二、建筑施工图的设计阶段

建筑施工图是为施工现场服务的，要求准确、完整、简明、清晰，其设计阶段通常分为三个，即初步设计阶段、技术设计阶段和施工图设计阶段。

1. 初步设计阶段

设计人员接受任务后，首先根据设计任务书、有关的政策文件、地质条件、环境、气候、文化

背景等,明确设计意图,提出设计方案。在设计方案中应包括总平面布置图、平面图、立面图、剖面图、效果图、建筑经济技术指标等,必要时还要提供建筑模型。经过多个方案的比较,最后确定综合方案。该方案即为初步设计。

2. 技术设计阶段

在已批准的初步设计的基础上,组织各有关工种的技术人员进一步解决各种技术问题,协调工种之间的矛盾,使设计在技术上合理、可行,并进行深入的技术经济比较,使设计在技术上、经济上都合理可行。

3. 施工图设计阶段

施工图是各工种的设计人员根据初步设计方案和技术设计方案绘制的,用来指导施工用的图样。其中,建筑设计人员设计建筑施工图,结构设计人员设计结构施工图,给排水设计人员设计给排水施工图,暖通设计人员设计采暖和通风施工图,建筑电气设计人员设计电气施工图。

三、建筑施工图首页图

建筑工程施工图中除各专业图样外,还包括目录、说明等表格和说明文字。这部分内容通常集中编写,放在全套施工图的前部。当内容较少时,可以全部绘制在施工图的第一张图纸上,即形成首页图。

首页图服务于全套图纸,为整套图纸提供索引和说明,但习惯上多由建筑设计人员编写,所以可认为是建筑施工图的一部分。首页图一般由图纸目录、设计总说明、构造做法表、门窗表、装修表及有关经济技术指标等组成。有时建筑总平面图也可以画在首页图上。

1. 图纸目录

图纸目录放在一套图纸的最前面,说明本工程的图纸类别、图号编排、图纸名称和备注等,以方便图纸的查阅。

2. 设计总说明

设计总说明主要说明工程的概况和总的要求。内容包括工程设计依据(如工程地质、水文、气象资料)、设计标准(建筑标准、结构荷载等级、抗震要求、耐火等级、防水等级)、建设规模(占地面积、建筑面积)、工程做法(墙体、地面、楼面、屋面等的做法)及材料要求等。

3. 构造做法表

构造做法表是以表格的形式对建筑物各部位构造、做法、层次、选材、尺寸、施工要求等进行详细说明。

4. 门窗表

门窗表是对建筑物上所有不同类型门窗的统计表,作为施工及预算依据。门窗表反映门窗的编号、类型、数量、尺寸规格、选用标准图集编号等内容。

5. 装修表

装修表中一般包括墙体、墙身防潮层、地下室防水、屋面、外墙面、勒脚、散水、台阶、坡道、油漆、涂料等的材料和做法,可用文字说明,或部分文字说明,部分直接在图上引注或加注索引号。室内装修部分除用文字说明外,也可用表格形式表达,即在表上填写相应的做法或代号;较复杂或较高级的民用建筑应另行委托室内装修设计;凡属二次装修的部分,可不列装修做法表,但对原建筑设计、结构和设备设计有较大改动时,应征得原设计单位和设计人员的同意。

6. 经济技术指标

经济技术指标一般以表格形式列出,包括总用地面积、总建筑面积、道路用地面积、建筑系数、建筑容积率、绿化率、建设项目综合指标、建筑红线等。

(1) 总用地面积:用地红线坐标范围内的用地面积。如总用地面积内含有代征城市道路用地、代征城市绿化用地或其他不可建设用地时,计算总用地面积时应减去上述不可规划建设用地面积,以可规划用地面积作为总用地面积,并以此计算各项技术指标。

(2) 总建筑面积:在建设用地范围内单栋或多栋建筑物地面以上及地面以下各层建筑面积之总和,包含使用面积和公摊面积。

(3) 道路用地面积:建设用地范围内主要道路用地面积。居住区用地平衡表中道路用地面积按规定计算,居住区级道路按红线宽度计,小区路及组团路按路面宽计算,车行道旁设有人行道时计入人行道用地面积,不包括宅前路用地面积。

(4) 建筑系数:建筑平面系数的简称,以 K 表示,指使用面积占建筑面积的比例,即 $K=$ 使用面积/建筑面积×100%。

(5) 建筑容积率:一个小区的地上总建筑面积与建设用地面积的比值,又称建筑面积毛密度。计算容积率时,总建筑面积中是否包含地下、半地下建筑面积,根据所在城市规划部门的规定计算。对于开发商来说,容积率决定地价成本,而对于住户来说,容积率直接涉及居住的舒适度,容积率一般是由政府规定的。一个环境良好的居住小区,高层住宅容积率应不超过5,多层住宅应不超过3。由于受土地成本的限制,并不是所有项目都能做到。容积率是衡量建设用地使用强度的一项重要指标,容积率的值是无量纲的比值。容积率越低,居住的舒适度越高,反之则舒适度越低。

(6) 绿地率:项目规划建设用地范围内的总绿地面积与规划建设用地面积之比,即绿地率=绿地面积/用地面积×100%。住宅小区绿地率不能低于30%。

(7) 建设项目综合指标:按规定应列入建设项目投资的从立项筹建到竣工验收、交付使用的全部投资额。建设项目综合指标一般以项目的综合生产能力的单位投资表示,其单位包括元/t、元/kW 等。

(8) 建筑红线:城市规划管理中,控制城市道路两侧沿街建筑物或构筑物(如外墙、台阶等)

靠临街面位置的界线。任何临街建筑物或构筑物不得超过建筑红线。建筑红线由道路红线和建筑控制线组成。道路红线是城市道路(含居住区级道路)用地的规划控制线；建筑控制线是建筑物基底位置的控制线。基底与道路邻近一侧，一般以道路红线为建筑控制线，如果因城市规划需要，主管部门可在道路红线以外另定建筑控制线，一般称后退道路红线。任何建筑都不得超越给定的建筑红线。

任务 2　建筑总平面图

一、建筑总平面图的形成与作用

1. 形成

用水平投影法和相应的图例，在画有等高线或加上坐标方格网的地形图上，画出新建、拟建、原有和要拆除的建筑物、构筑物(连同其周围的地形、地物状况)的工程图样称为建筑总平面图，又称总图。建筑总平面图是新建房屋在基地范围内的总体布置图，主要表明新建房屋的平面轮廓形状和层数、与保留建筑物的相对位置、周围环境、地貌、地形、道路和绿化的布置等情况。总图中用一条粗虚线来表示用地红线，所有新建、拟建房屋不得超出此红线，并应满足消防、日照等要求。

2. 作用

总平面图是新建的建筑物施工定位、放线和布置施工现场的依据，是了解建筑物所在区域的大小和边界以及其他专业(如水、电、暖、燃气)的管线总平面图规划布置的依据，是建设项目开展技术设计的前提和依据，是房产、土地管理部门审批动迁、征用、划拨土地手续的前提，是城市规划行政主管部门核发建设工程规划许可证、核发建设用地规划许可证、确定建设用地范围和面积的依据，是建设项目是否珍惜用地、合理用地、节约用地的依据，是建设工程进行建设审查的必要条件。

二、建筑总平面图的内容与识读要点

(1) 看图名、比例及有关文字说明。

总平面图表达的范围较大，所以绘制它时都用较小的比例，如 1∶500，1∶1 000，1∶2 000 等。总平面图上标注的尺寸，一律以米为单位，图中所用图例符号较多。

(2) 了解新建工程的性质与总体布局。

在用地范围内，了解各建筑物及构筑物的位置、道路、场地和绿化等布置情况以及各建筑物的层数。国标中所规定的常用建筑总平面图图例如表 7-1 所示,必须熟识图例符号及意义。在较复杂的总平面图中,若用到国标中没有规定的图例,必须在图中另加说明。

表 7-1 建筑总平面图图例

名称	图例	说明	名称	图例	说明
新建的建筑物		(1) 上图为不画出入口的图例,下图为画出入口的图例,需要时可用 ▲ 表示出入口; (2) 需要时,可在图形内右上角以点数或数字(高层宜用数字)表示层数; (3) 用粗实线表示	原有的道路		
			计划扩建的道路		
			人行道		
原有的建筑物		(1) 应注明拟利用者; (2) 用细实线表示	拆除的道路		
计划扩建的预留地或建筑物		用中粗虚线表示	公路桥		用于旱桥时应注明
拆除的建筑物	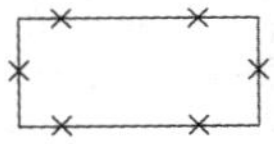	用细实线表示	敞棚或敞廊		
围墙及大门	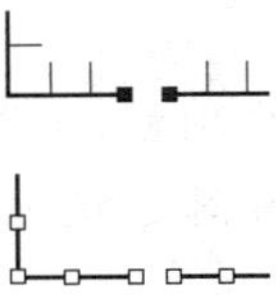	(1) 上图为实体性质的围墙; (2) 下图为通透性质的围墙; (3) 如仅表示围墙,不画大门	铺砌场地	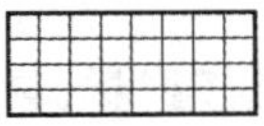	
			烟囱		实线为烟囱下部直径,虚线为基础
坐标	X 105.00 Y 425.00 A 131.51 B 278.35	上图表示测量坐标,下图表示施工坐标	阔叶乔木		
填挖边坡		边坡较长时,可在一端或两端局部表示	针叶灌木		
护坡			阔叶灌木	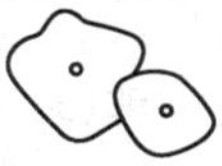	

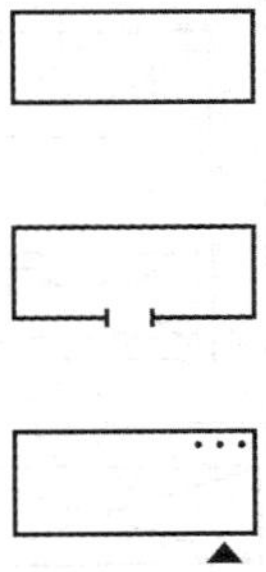

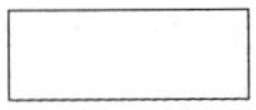

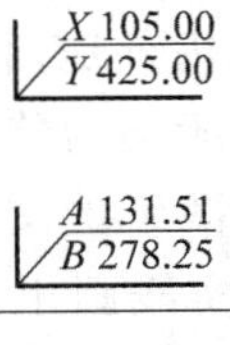

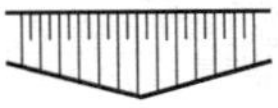

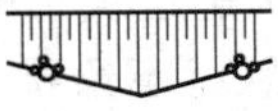

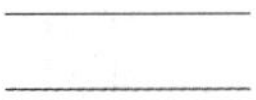

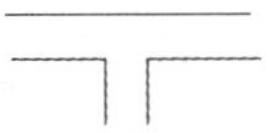

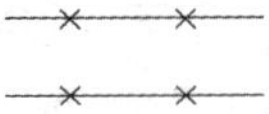

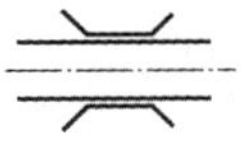

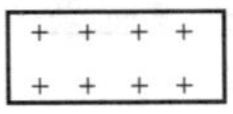

续表

名　称	图　例	说　明	名　称	图　例	说　明
新建的道路		(1)"R9"表示道路转弯半径为 9 m,"150.00"为路面中心标高,"6"表示6%,为纵向坡度,"101.00"表示变坡点间距离； (2)图中斜线为道路断面示意,根据实际需要绘制	修剪的树篱		
			草地		
			花坛		
散状材料露天堆场		需要时可注明材料名称	其他材料露天堆场或露天作业场		需要时可注明材料名称
水池、坑槽		也可以不涂黑	雨水口		
室内地坪标高	154.20	数字平行于建筑物书写	室外标高	▼ 143.00	室外标高也可以采用等高线表示
挡土墙		(1)上图为一般的挡土墙； (2)下图为挡土墙上设围墙； (3)被挡土在凸出一侧	方格网交叉点标高	-0.50 | 77.85 78.35	"78.35"表示原地面标高；"77.85"为设计标高；"-0.50"为施工高度("-"表示挖方)

(3) 查看新建建筑物的位置和朝向。

新建建筑物平面位置在总平面图上的标定方法有两种：对于小型项目，可以根据相邻原有永久性建筑物的位置，引出相对位置；对于大型建筑物，或附近没有相邻建筑物时，往往用城市规划网的测量坐标及平面尺寸来确定建筑物角点的位置。

(4) 了解新建建筑物室内外高差、道路标高及坡度。

看新建建筑物底层室内地面和室外整平地面的绝对标高，可知室内外地面高差及相对标高与绝对标高的关系。在建筑总平面图上标注的标高一般均为绝对标高，工程中标高的水准引测点有的在图上可直接查阅到，有的则在图纸的文字说明中加以表明。地形起伏较大的地区，应画出地形等高线(即用细实线画出地面上标高相同的位置，并注上标高的数值)，以表明地形的坡度、雨水排除的方向等。

(5) 看总平面图上的指北针或风玫瑰。

根据图中的指北针可知新建建筑物的朝向，根据风玫瑰可了解新建建筑物的地区常年的盛行风向(主导风向)以及夏季主导风向。有的总平面图中绘出风玫瑰后就不绘指北针。

(6) 查看建筑物与管线走向的关系，以及管线引入建筑物的位置。

总平面图上有时还画出给排水、采暖、电气等管网布置图，一般与设备施工图配合使用。

（7）查看规划红线。

规划红线是指在城市建设规划地形图上划分建筑用地和道路用地的界线，一般都以红色线条表示。它是建造沿街房屋和地下管线时决定位置的标准线。

（8）查看绿化规划。

随着人们生活水平的提高，生活环境越来越受到重视，绿化和建筑小品也是总平面图中重要的内容之一，包括树木、花草、建筑小品等的位置、场地建筑坐标（或与建筑物、构筑物的距离尺寸）、设计标高等。绿地率已成为居住生活质量的重要衡量指标之一。绿地率是项目绿地总面积与总用地面积的比值，一般用百分数表示。

（9）查看容积率、建筑密度。

容积率是指项目规划建设用地范围内全部建筑面积与规划建设用地面积之比，一般用小数表示，附属建筑物也计算在内，但注明不计算面积的附属建筑物除外。建筑密度，即建筑覆盖率，为项目总占地基地面积与总用地面积的比值，一般用百分数表示。

上面所列内容，不是在任何工程设计中都缺一不可，而应根据具体工程的特点和实际情况决定，对一些简单的工程，可不画出等高线、坐标网、绿化规划和管道的布置。

三、建筑总平面图的识读实例

图 7-2 所示为某科研所的建筑总平面图，比例为 1∶500。

科研所庭院地形用等高线表示（等高线的标高是绝对标高，单位是 m），从 131 m 到 136 m，每相邻两条线的高差为 1 m。由西南向东北越来越高，东面坡陡，西面坡缓。图上还有建筑坐标方格网，南北向为 A，东西向为 B，50 m 一个方格。

科研所四周有围墙，由公路中心线引出的建筑红线为 10 m。围墙外墙皮长、宽尺寸为 260 m 和 126 m，则建设区域的占地面积为 32 760 m^2。通过庭院中心有南北向与东西向两条大道。图中建筑物图形右上角的圆点表示层数。

从风向频率玫瑰图上看，该地区刮南风和西南风的日子较多。

建筑物的平面配置是根据使用功能、风向、防火通道、楼间防火距离、楼高与楼间距离的光照影响尺寸等设计的，如建筑物与围墙间留有 5.5 m 的防火通道，大烟囱设在庭院的下风位（东北角）。

图中用粗实线绘制的五栋楼是新建工程。新建工程在墙角处标注坐标数据（测量放线定位用），并注明室内一层地面和室外地坪标高。如 E 栋两墙角坐标为 $\dfrac{A145.74}{B21.50}$、$\dfrac{A160.58}{B64.24}$，室内一层地面标高为 134.85（表示室内一层地面相对标高±0.000 的位置），室外地坪标高为 134.50。

图中用虚线表示的是计划建设留地（H），用细实线表示的是原有建筑（B、F 等），用细实线加"×"表示拆除建筑（L），用内实外虚的两同心圆表示烟囱，G 栋的北面是堆煤场。图中还对树木、花坛等平面绿化进行了表示。

科研所的四周是公路，南方公路上有一跨越小河的公路桥，河中箭头指向水流方向，箭头上边的"1"表示坡度为 1%，下边的"40.00"表示变坡点间的距离。

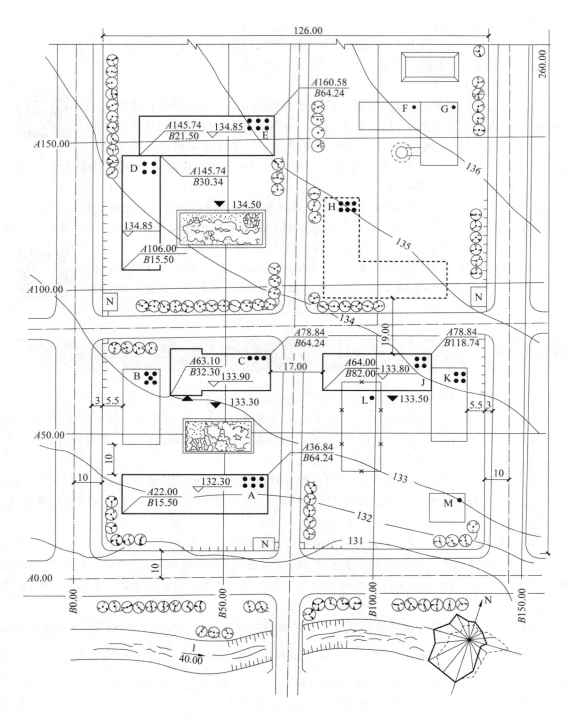

××科研所总平面图 1:500

图 7-2 某科研所的建筑总平面图（单位：m）

任务 3 建筑平面图

一、建筑平面图的形成与作用

1. 形成

假想用一水平剖切平面,在房屋各层窗台以上洞口处将房屋切开,移去剖切平面以上部分,对剩下部分向 H 面进行正投影,所得的水平剖面图,即为建筑平面图,简称平面图。

如果一栋多层房屋的各层平面布置都不相同,应画出各层的建筑平面图。建筑平面图通常以层来命名,如底层平面图、二层平面图等;如果有两层或更多层的平面布置相同,这几层可以合用一个平面图表示,称为标准层平面图或×~×层平面图。如果几层的平面布置只有局部不同,也可合用一个平面图,但需要另外绘制不同处的局部平面图作为补充。当建筑平面图左右对称时,亦可将两层平面图画在同一个平面图上,左边画出一层的平面图,右边画出另一层的平面图,中间画一对称符号作为分界线,并在图的下边分别注明相应平面图的图名。

建筑平面图除包括上述的各层平面图外,还有局部平面图、屋顶平面图等。局部平面图可以用于表示两层或两层以上合用的平面图中的局部不同之处,也可以用来将平面图中某个局部以较大的比例另行画出,以便较清晰地表示室内的一些固定设施的形状和尺寸。屋顶平面图则是房屋顶部按俯视方向在水平投影面上所得的正投影。

2. 作用

建筑平面图能反映出建筑物的平面形状、大小和内部布置,墙(或柱)的位置、厚度和材料,门窗的类型和位置等情况。建筑平面图可作为施工放线、砌筑墙体、安装门窗、预留孔洞、预埋构件、室内装修、编制预算、施工备料等工作的依据。

二、建筑平面图的图示内容

建筑平面图中,除基本内容相同外,房屋中的个别构配件应该画在哪一层平面图上是有明确分工的。具体来说,底层平面图除表示该层的内部形状外,还画有室外的台阶、花池、散水或明沟、雨水管和指北针,以及剖面的剖切符号,如 1—1,2—2,3—3 等,以便与剖面图对照查阅。房屋标准层平面图除表示本层室内形状外,需要画出本层室外的雨篷、阳台等。屋顶平面图主要反映屋面上天窗、水箱、铁爬梯、通风道、女儿墙、变形缝等的位置以及采用的标准图集代号、屋面排水分区、排水方向、坡度、雨水口的位置、尺寸等内容。

建筑平面图一般采用1∶50、1∶100和1∶200的比例绘制,所以门、窗和设备等均采用国标规定的图例表示。因此,阅读建筑平面图必须熟记建筑物的构造及配件图例符号。建筑构造及配件常用图例如表7-2所示。

表 7-2　建筑构造及配件常用图例

名　称	图　例	说　明
墙体	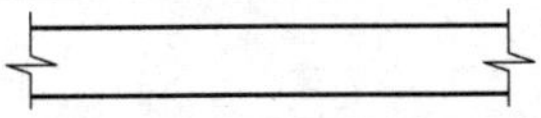	应加注文字或填充图例表示墙体材料,在项目设计图纸说明中列材料图例表给予说明
隔断		包括板条抹灰、木质、石膏板、金属材料等隔断
栏杆	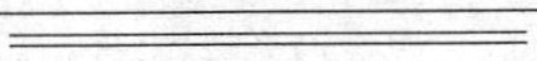	
楼梯	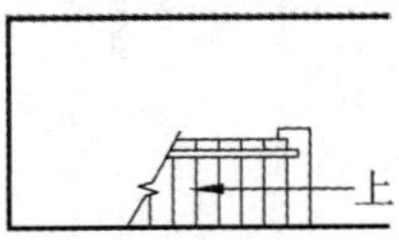 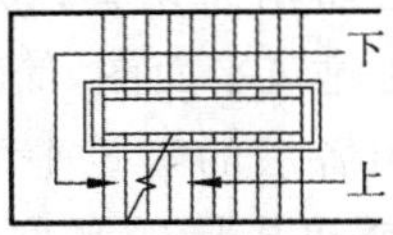 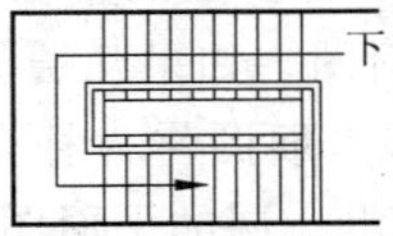	上图为底层楼梯平面; 中图为中间层楼梯平面; 下图为顶层楼梯平面; 楼梯及栏杆扶手的形式和梯段踏步数应按实际情况绘制
坡道	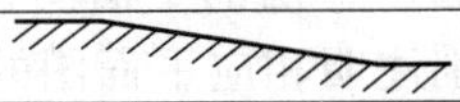 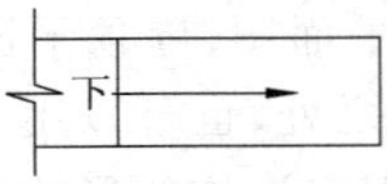	长坡道
	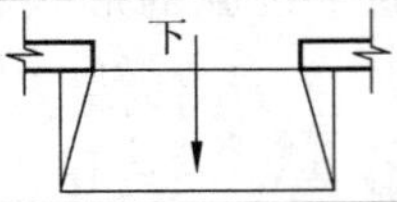 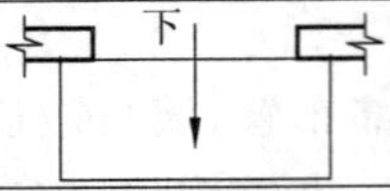	门口坡道
平面高差	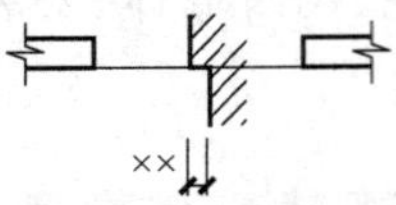	适用于高差小的地面或楼面相接处
检查口		左图为可见检查孔,右图为不可见检查孔
孔洞		阴影部分可用涂色代替
墙预留洞	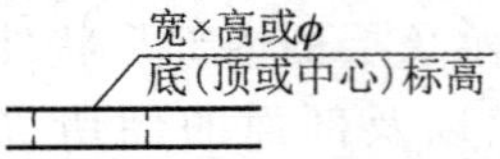	以洞中心或洞边定位; 宜以涂色区别墙体和洞边位置
烟道	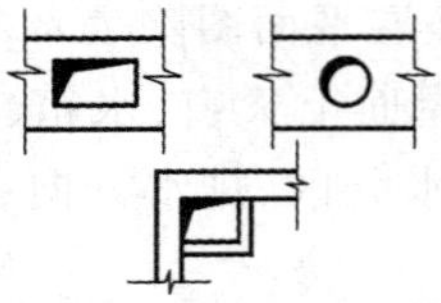	阴影部分可用涂色代替; 烟道与墙体为同一材料时,其相接处墙身线应断开

续表

名 称	图 例	说 明
风道		
新建的墙和窗		左上图为剖面图图例,右上图为立面图图例; 下图为平面图图例; 本图以小型砌块为图例,绘图时应按所用材料的图例绘制,不易以图例绘制的,可在墙面上以文字或代号注明
在原有墙或楼板上新开的洞		
空门洞		h 为门洞高度

建筑平面图的识读内容包括:

(1) 看图名、比例,了解该图是哪一层的平面图,绘图比例是多少。

(2) 看底层平面图上画的指北针,了解房屋的朝向。

(3) 看房屋平面外形和内部墙的分隔情况,了解房屋平面形状和房间分布、用途、数量及相互间联系,如入口、走廊、楼梯和房间的位置等。

(4) 在底层平面图上看室外台阶、花池、散水(或明沟)及雨水管的大小和位置。

(5) 看图中定位轴线的编号及其间距尺寸,从中了解各承重墙(或柱)的位置及房间大小,以便施工时定位放线和查阅图纸。

(6) 看平面图的各尺寸。平面图中的尺寸分为外部尺寸和内部尺寸。从各尺寸的标注可知各房间的开间与进深、门窗及室内设备的大小、位置。

一般在建筑平面图上的尺寸(详图例外)均为未装修的结构表面尺寸(如墙厚、门窗尺寸等)。平面图的尺寸标注形式如下:

①外部尺寸。一般在图形下方及左侧注写三道外部尺寸:

第一道尺寸,表示外轮廓的总尺寸,即从一端外墙边到另一端外墙边的总长和总宽尺寸。用总尺寸可计算出房屋的占地面积。

第二道尺寸,表示轴线间的距离,用以说明房间的开间和进深大小。

第三道尺寸,表示门窗洞口、窗间墙及柱等的尺寸。

如果房屋前后或左右不对称,则平面图上四周都应分别标注三道尺寸,相同的部分不必重复标注。

另外,台阶、花池及散水(或明沟)等细部的尺寸,可单独标注。

②内部尺寸。为了表明房间的大小和室内的门窗洞、孔洞、墙厚和固定设备(如盥洗室、工作台、搁板等)的大小与位置,在平面图上应清楚地注写出有关内部尺寸。

(7) 看地面标高。在平面图上清楚地标注着地面标高。楼地面标高是表明各层楼地面对标高零点的相对高度。一般平面图分别标注室内地面标高、室外地面标高、室外台阶标高、卫生间地面标高、楼梯平台标高等。

(8) 看门窗的分布及其编号,了解门窗的位置、类型及其数量。图中窗用 C 表示,门用 M 表示。由于一幢房屋的门窗较多,其规格大小和材料组成又各不相同,对各种门窗除用各自的代号表示外,还需分别在代号后面写上编号,如 M-1、M-2、M-3 和 C-1、C-2、C-3 等,同一编号表示同一类型的门或窗,它们的构造尺寸和材料都一样。从所写的编号可知门窗共有多少种。一般情况下,在首页图或在本平面图上,附有一个门窗表,列出门窗的编号、名称、尺寸、数量及其所选标准图集的编号等内容。至于门窗的详细构造,则需要看门窗的构造详图。

(9) 在底层平面图上务必有剖切符号,了解剖切部位及编号,以便与有关剖面图对照阅读。

(10) 查看平面图中的索引符号,当某些构造细部或构件需另画比例较大的详图或引用有关标准图时,须标注出索引符号,以便与有关详图符号对照查阅。

三、建筑平面图的实例及识读要点

1. 底层平面图

底层平面图又称一层平面图或首层平面图。它是所有建筑平面图中最重要、信息量最多的平面图。绘制此图时,应将剖切平面选择在房屋的一层地面与从一楼通向二楼的楼梯的休息平台之间,且要尽量通过该层上所有的门窗洞。底层平面图主要反映房屋的平面形状和空间布局、固定设备布置情况,以及室外可见台阶、散水、花池等,还应标注剖切符号及指北针。

图 7-3 所示为某房屋底层平面图,识读要点如下:

(1) 图名、比例、朝向。

图名是底层平面图,说明这个平面图是在这幢房屋的底层窗台之上、底层通向二层的楼梯平台之下处水平剖切后,向俯视方向投影所得的水平剖面图,反映出这幢房屋底层的平面布置和房间大小。

比例采用 1∶100,这是根据房屋的大小及复杂程度选定的。

在底层平面图上应画出指北针,所指的北向应与总平面图中风玫瑰的北向一致,由指北针可以看出这幢房屋和各个房间的朝向。该底层平面图的房屋朝向为坐北朝南。

(2) 定位轴线及编号。

在建筑平面图中应画出定位轴线,用它们来确定房屋各承重构件的位置。定位轴线用细点画线绘制,其编号注写在轴线端部用细实线绘制的圆内,圆的直径为 8～10 mm,圆心在定位轴线的延长线上或延长线的折线上。平面图上的定位轴线编号宜标注在图样的下方与左侧,横向编号用阿拉伯数字,按从左至右的顺序编写,竖向编号用大写英文字母(除 I、O、Z 外)按从下至

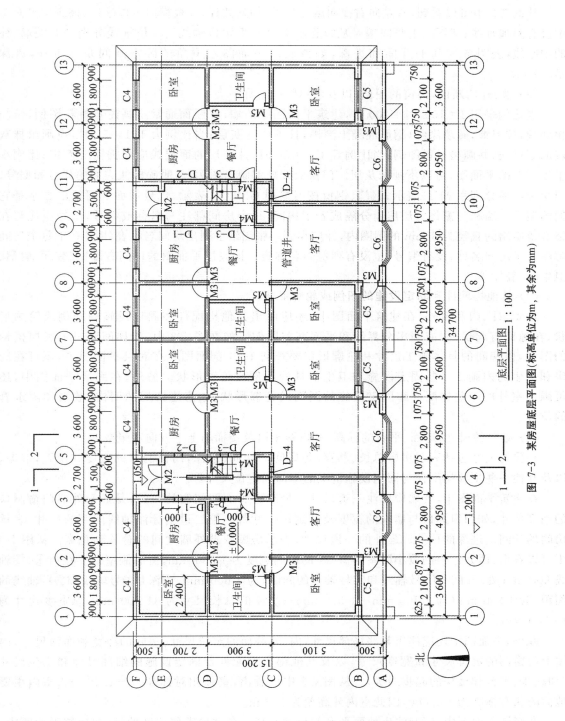

图 7-3 某房屋底层平面图（标高单位为m，其余为mm）

上的顺序编写。在标注非承重构件时,可用编号为分数形式的附加轴线。

从图 7-3 中可以看到,从左向右横向编号从①至⑬,共计 13 根横向定位轴线,该底层平面图中没有附加轴线;从下向上竖向编号从Ⓐ至Ⓕ,共计 6 根定位轴线。定位轴线分别是有关墙、柱的中心线,表明各房间的开间和进深,如该底层平面图左下角的卧室开间是 3.6 m,进深是5.1 m。

(3) 墙、柱的断面,门窗的图例,以及各房间的名称。

当比例采用 1∶100～1∶200 时,建筑平面图中的墙、柱断面通常不画建筑材料图例,做简化处理,按习惯,砖墙涂红,钢筋混凝土涂黑,且不画抹灰层;当比例大于 1∶50 时,应画出抹灰层的面层线,并画出材料图例;当比例等于 1∶50 时,抹灰层的面层线应根据需要而定;比例小于 1∶50 的平面图,可以不画抹灰层。门窗应按规定画出图例,并明确标注它们的代号和型号。门窗按习惯分别用 M、C 表示;钢门、钢窗按习惯用 GM、GC 表示,代号后面的阿拉伯数字是它们的型号。墙和门窗将每层房屋分隔成若干房间,每个房间都注写名称或编号,编号应注写在细实线绘制的直径为 6 mm 的圆圈内,并应在同一张图纸上列出房间名称表,图 7-3 中每个房间都注写了房间名称,没有编号,也没有列房间名称表。该底层平面图的房间有卧室、客厅、厨房、卫生间、餐厅等。

(4) 其他构配件和固定设施的图例或轮廓形状。

除墙、柱、门和窗外,在建筑平面图中,还应画出其他构配件和固定设施的图例或轮廓形状;在地面有起伏处,应画出分界线和平面高差图例。如在图 7-3 中,楼梯间画出了底层楼梯的图例,楼梯间的具体施工尺寸和轮廓形状要查阅 1—1 剖面图。在底层平面图中,还可在厨房和卫生间内画出一些固定设施和卫生器具的图例或轮廓形状。另外,在底层平面图中,还可画出室外的一些构配件和固定设施的图例或轮廓形状,如房屋四周的明沟、散水和雨水管的位置。

(5) 必要的尺寸,地面、平台的标高,室内踏步以及楼梯的上下方向和级数。

必要的尺寸包括表明房屋总长、总宽,各房间的开间、进深,门窗洞口的宽度和位置,墙厚,以及其他一些主要构配件与固定设施情况的细部和定位尺寸等。

在建筑平面图中,外墙应标注三道尺寸。最靠近平面图门窗的一道,是表示外墙门窗洞口的细部尺寸,如门窗洞口与墙垛的宽度及其定位尺寸等。第二道是标注轴线间距的尺寸,表示房间的开间或进深的尺寸。最外的一道尺寸,表示房屋两端外墙之间的总长和总宽。从图 7-3 中可以看出:西面一户的较小卧室的窗 C4 的窗洞宽度为 1 800 mm,窗洞侧壁位置在离①、②轴线 900 mm 处,开间是①号轴线和②号轴线的间距,为 3 600 mm,进深是Ⓓ号轴线和Ⓕ号轴线的间距,为 4 200 mm(即 2 700 mm+1 500 mm);房屋的总长尺寸为 34 700 mm,总宽度尺寸为 15 200 mm。

此外,平面图中还应注出某些局部尺寸,内、外墙面的定位尺寸,房间的净宽和净深尺寸,内墙上门窗洞的定位尺寸和宽度尺寸,以及其他部分构配件及固定设施的细部尺寸和定位尺寸(如踏步、平台和楼梯的起步线等)。从图 7-3 中可看出,室外相对标高为-1.200 m,室内主要地面的相对标高为±0.000,因此室内外高差为 1.2 m。

在底层平面图中,应标注出地面平台的相对标高。在这里需要注意的是,在建筑平面图中,宜标注室内外地面、楼地面、阳台、平台等处的完成面标高,即包括面层(粉刷层厚度)在内的建筑标高。

(6) 有关符号(如指北针、剖切符号、索引符号、坡度符号等)。

在底层平面图中,除了应画指北针外,还必须在需要绘制剖面图的部位,画出剖切符号,以及在需要另画详图的局部或构件处,画出索引符号。从图 7-3 中可以看出,该底层平面图有两处剖切,在③号轴线与⑤号轴线之间的楼梯间有 1—1 剖切面,在⑤号轴线与⑥号轴线之间,沿着 C4、厨房、餐厅、客厅和 C6,从东向西有 2—2 剖切面。指北针在图纸的左下角,从中可以看出房屋的朝向为坐北朝南。

图中没有索引符号。如果图中需要另画详图表达局部构造和配件,则应在图中的相应部位画索引符号进行索引。索引符号用来索引详图,而索引出的详图,应画出详图符号来表示详图的位置和编号。利用索引符号和详图符号相互之间的对应关系,可建立详图和被索引的图样之间的联系,以便相互对照查阅。索引符号的分子表示详图编号,分母表示详图所在图纸的页码。

2. 标准层平面图

前面详细地介绍了底层平面图的识读要点,接下来简单补充标准层平面图的识读要点。某房屋标准层平面图如图 7-4 所示。

标准层平面图的表达内容和要求,基本上与底层平面图相同。在标准层平面图中,不必画底层平面图中已显示的指北针、剖切符号,以及室外地面上的构配件和设施;但各层平面图除了应画出本层室内的各项内容外,还应分别画出位于绘画这层平面图时所采用的假想水平剖切面以下的、在下一层平面图中未表达的室外构配件和设施,如在二、三、四层平面图中应画出本层的室外阳台、下一层窗顶的可见遮阳板、本层窗外的花台等。此外,标准层平面图除开间、进深等主要尺寸以及定位轴线间的尺寸外,与底层相同的次要尺寸可以省略。阅读标准层平面图时,应特别注意楼梯间中各层楼梯图例的画法不一样。对于住宅中相同的建筑构造和配件,详图索引可仅在一处画出,其余各处都可省略不画。

3. 局部平面图

在比例为 1∶100 的建筑平面图中,由于施工图太小而只能画出固定设施和卫生器具的外形轮廓或图例,不能标注它们的定形尺寸和定位尺寸。图 7-5 所示为厨房和卫生间的局部平面图,采用 1∶50 的比例画出。对部分设施或卫生设备未能标注出的尺寸都将标注在与之相对应的详图中。局部平面图的图示方法与底层平面图相同。为了清楚表明局部平面图所示的位置,必须标注与平面图一致的轴线及其编号。常见的需用局部平面图表示的位置有卫生间、楼梯间等。洗脸盆、浴盆、坐式大便器等卫生器具,通常是按一定规格或型号订购成品后,再按有关的规定或说明安装的,因而不必标注全尺寸。

4. 屋顶平面图

屋顶平面图是表明屋面排水情况和突出屋面构造的位置的施工图。上人平屋面的屋顶平面图主要表明梯间平面、女儿墙、烟囱、水箱、透气管道、凉棚、花架,雨水系统的排水方向及坡度,天沟、雨水口、伸缩缝、泛水等及必要的大样。坡屋面的平面图上主要画出老虎窗、檐沟、烟囱、透气管道、屋脊、分水线、汇水线等内容。由于屋顶平面图比较简单,可用小一些的比例绘制。图 7-6 所示为某住宅的屋顶平面图,从图中可以看出纵向和横向定位轴线、屋顶的形状、女儿墙、分水线、屋面上人孔的大小与位置、屋面的排水方向及坡度、天沟及雨水口的位置等。屋

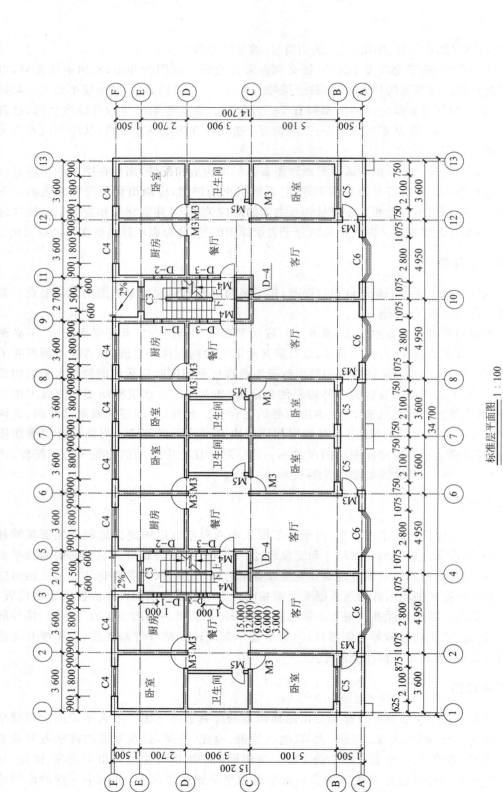

图 7-4 某房屋标准层平面图(标高单位为m，其余为mm)

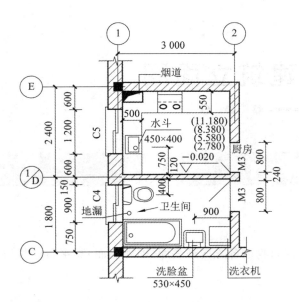

图 7-5 厨房和卫生间的局部平面图（单位：mm）

面的坡度，不仅可以用图中的百分数来表示，也常用"泛水"和坡面的高差值来表示，例如，用"泛水 110"表示两端高差为 110 mm 的坡面所形成的坡度。

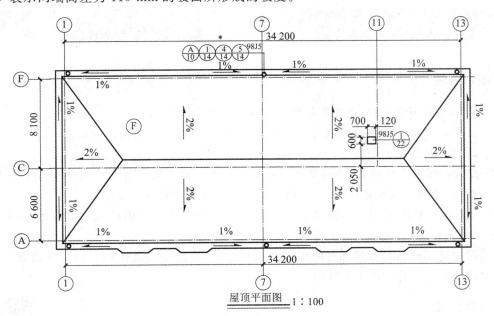

图 7-6 某住宅的屋顶平面图（单位：mm）

任务 4 建筑立面图

一、建筑立面图的形成与作用

1. 形成

建筑立面图是在与建筑物的各方向外表面(即外墙面)相平行的投影面上所作的正投影图,简称立面图。

2. 作用

建筑立面图主要用来表示房屋的外形和外貌、外墙装修、门窗的位置与形式,以及遮阳板、阳台、窗台、屋顶水箱、檐口、雨篷、雨水管、雨水斗、勒脚、台阶、花坛等构造和配件各部位的标高和必要的尺寸。在设计阶段,立面图主要用来研究造型是否优美。在施工过程中,它主要反映建筑物外貌和立面装修做法。

二、建筑立面图的图示方法及图示内容

1. 图示方法

一栋建筑物有多个立面,立面图的命名通常有以下三种方式:

(1)用朝向命名:建筑物的某个立面朝向哪个方向,就称为该方向的立面图,如南立面图、北立面图、东立面图、西立面图。

(2)按立面图的主次命名:将建筑物反映主要出入口或比较显著地反映外貌特征的那一面称为正立面图,其余立面图依次称为背立面图、左侧立面图和右侧立面图。

(3)用建筑平面图中的首尾轴线命名:按照观察者面向建筑物时的从左到右的轴线顺序命名,如①~⑩立面图、⑩~①立面图等。

施工图中这三种命名方式都可使用,但每套施工图只能采用其中的一种方式命名,建筑立面图的投影方向与名称如图 7-7 所示。

2. 图示内容

建筑立面图的图示内容如下:
(1)图名和比例。
(2)立面图两端的定位轴线及其编号。

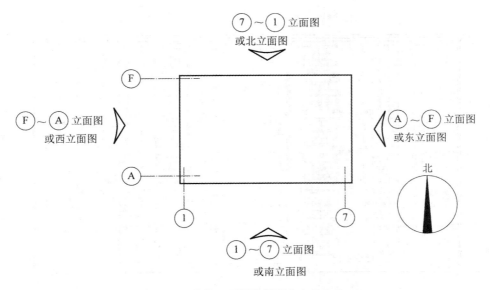

图 7-7　建筑立面图的投影方向与名称

（3）门窗的形状、位置及开启方式。

（4）屋顶外形及可能有水箱的位置。

（5）房屋外墙面上可见的全部内容，如散水、台阶、雨水管、花池、勒脚、门窗、阳台、檐口等的形状和位置，注明各部分的材料和外部装饰材料的做法。

（6）标高及必须标注的局部尺寸，表明建筑物总高度、分层高度和细部高度等，便于查找高度上的位置。

（7）外墙详图索引及必要的文字说明。

（8）施工说明，表达外墙面上各种构配件、装饰物的形状、用料和具体做法。

三、建筑立面图的实例及识读要点

以图 7-8 所示的某宿舍楼的正立面图和图 7-9 所示的背立面图为例，阐述建筑立面图的图示内容和识读要点，同时也说明识读建筑立面图的方法和步骤。

1. 图名和比例

该宿舍楼的立面图名称为正立面图和背立面图，建筑立面图选用的比例通常和建筑平面图相同。此处立面图的比例为 1∶100。

2. 立面图两端的定位轴线及其编号

从图 7-8 和图 7-9 中可以看出，立面图两端的定位轴线为①号轴线和⑬号轴线，把立面图中的轴线和建筑平面图中的轴线对应起来看，可建立平面和立面之间的一一对应关系。

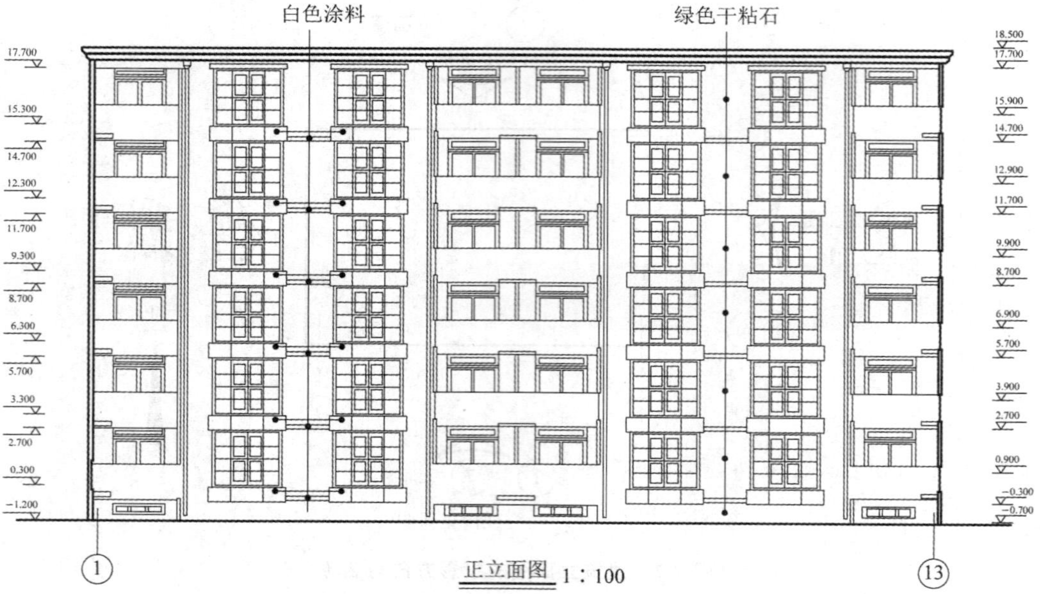

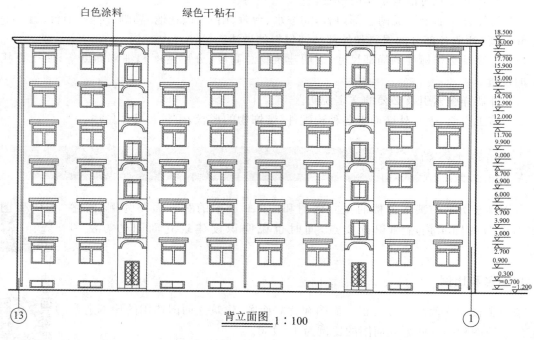

图 7-8 某宿舍楼正立面图（单位:m）

图 7-9 某宿舍楼背立面图（单位:m）

3. 房屋在室外地坪以上的全貌，门窗和其他构配件的形状、位置，以及门窗的开启方向

外轮廓线所包围的范围显示出这栋宿舍楼的总长和总高。从立面图中可知屋顶不上人，宿舍楼共六层，各层左右两半的布局相同，彼此对称；按实际情况画出了门窗洞口的可见轮廓和门窗形式；窗顶上有遮阳板；墙面上还反映出雨水管、雨水斗和雨水口的位置。

4. 外墙面、阳台、勒脚等的面层用料、色彩和装修做法

外墙面以及一些构配件与设施等的装修做法,在建筑立面图中常用指引线做出文字说明,从图 7-8 中的文字说明可以看出,窗台和窗间墙采用的是白色涂料和绿色干粘石,各层的阳台都有雨篷,从标高可以得知,在外墙面的墙脚处有 400 mm 高的勒脚,在宿舍楼的左右两侧各有两根落水管,在六层屋顶出水管处各有一只雨水斗。

5. 标高尺寸

建筑立面图中宜标注室内外地面、楼面、阳台、平台、檐口、门、窗等处的标高,也可标注相应的高度尺寸;如有需要,还可以标注一些局部尺寸,如补充建筑构造、设施或构配件的定位尺寸和定形尺寸。在立面图中标注标高时,除门窗洞口不包括粉刷层外,通常在标注构件的上顶面(如女儿墙顶面和阳台栏杆顶面等)时,用建筑标高及完成面的标高;在标注构件下底面(如阳台底面、雨篷底面)时,则用结构标高,也就是注写不包括粉刷层的毛面标高。

为了标注得清晰、整齐和便于看图,常将各层相同构造的标高注写在一起,排列在同一铅垂线上。如图 7-8 所示,左侧注写了室外地面、室内地面、各层窗洞的底面和顶面的标高;右侧注写了室外地面、室内地面、各层窗洞的底面和顶面、女儿墙顶面的标高。在建筑立面图中,还可以补充标注立面图的某些局部的长、宽尺寸和高度尺寸。该宿舍楼的建筑高度为 19.200 m(0.700 m+18.500 m)。

6. 索引符号

在建筑立面图中,有时会因为比例问题而无法表达清楚立面图中的某一局部(如外墙面、雨水斗和雨水管、台阶等),为方便施工需另画详图或剖面详图。一般用索引符号注明画出详图的位置、详图的编号以及详图所在的图纸编号。索引符号和详图符号内的详图编号与图纸编号对应一致。

任务 5 建筑剖面图

一、建筑剖面图的形成与作用

1. 形成

建筑剖面图是垂直剖面图,是用一个假想的平行于正面投影面或侧面投影面的竖直剖切面剖开房屋,移去剖切平面和观察者之间的部分,将留下的部分按剖视方向进行正投影所得到的施工图。画建筑剖面图时,常用一个剖切平面剖切,需要时也可转折一次,用两个平行的剖切平

面剖切,剖切符号绘注在底层平面图中,剖切部位应选在能反映房屋全貌、构造特征以及有代表性的地方,例如在层高不同、层数不同、内外空间分隔或构造比较复杂处,经常通过门窗洞口和楼梯间进行剖切。一栋房屋要画哪几个剖面图,按房屋的复杂程度和施工中的实际需要而定,两层以上的楼房一般至少要有一个楼梯间的剖面图。建筑剖面图以剖切符号的编号进行命名,如剖切符号编号为1,则所得到的剖面图称为1—1剖面图或1—1剖面。

2. 作用

建筑剖面图用来表达建筑物内部垂直方向的结构形式、分层情况、内部构造、材料、做法、各部位间的联系及其高度等。在施工过程中,建筑剖面图是进行分层,砌筑内墙,铺设楼板、屋面板和楼梯,内部装修等工作的依据。建筑剖面图与建筑平面图、建筑立面图互相配合,表示房屋的全局,它们都是建筑施工图中不可缺少的重要图纸。

二、建筑剖面图的图示方法及图示内容

1. 图示方法

用剖面图表示房屋,通常是将房屋横向剖开,必要时也可以将房屋纵向剖开。剖切面选择在能显露出房屋内部结构或构造较复杂、有变化、有代表性的部位,并应通过门窗洞口的位置,若为多层房屋应选择在楼梯间和主要出入口处剖切。

通常在建筑剖面图上是不画房屋基础的,建筑剖面图中断面上的材料图例的画法和图中线型均与平面图的要求相同。

2. 图示内容

建筑剖面图的图示内容如下:
(1)图名、比例与定位轴线。
与底层平面图对照,确定剖切平面的位置及投影方向,了解所画出的是房屋的哪一部分的投影。
(2)房屋内部构造与结构形式。
在房屋剖面图中,可识读各层梁板、楼梯、屋面的结构形式、位置及其与墙(柱)的相互关系等。
(3)标高、坡度及必须标注的局部尺寸。
了解房屋的总高,室外地坪、门窗顶、窗台、檐口等处的标高,以及室内底层地面、各层楼面及楼梯平台面标高等。屋面、散水、排水沟与坡道等处需要做成斜面时,都应标注坡度,如$i=3\%$等。坡道的坡度大于1∶8时,应设置防滑措施。
(4)楼地面、屋面的构造。
在剖面图中表示楼地面、屋面的构造时,通常用一引出线指出需要说明的部位,并按照其构造层次的顺序列出材料说明,当然,有时也将这部分内容放在墙身剖面详图中进行表示。

(5)详图索引符号及施工说明。

剖面图尚不能表示清楚的地方,还应注有详图索引,具体图纸还需要查看相应的建筑详图及施工说明。

三、建筑剖面图的实例及识读要点

以图 7-10 所示的 1—1 剖面图为例,阐述建筑剖面图的图示内容和识读要点,同时也说明识读建筑剖面图的方法和步骤。

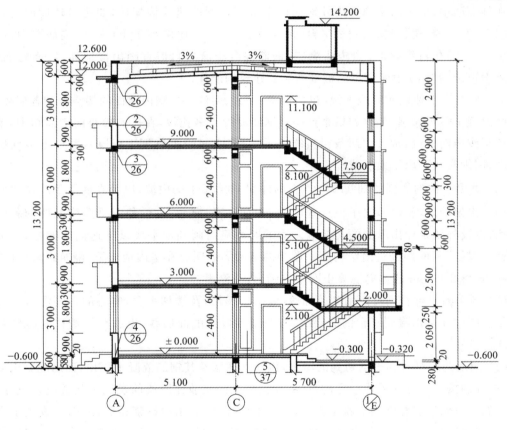

1—1剖面图 1∶100

图 7-10 1—1 剖面图(标高单位为 m,其余为 mm)

1. 图名、比例和定位轴线

(1)该建筑剖面图的图名是"1—1 剖面图",由图名就可在这栋建筑物的底层平面图中查找编号为 1 的剖切符号,由剖切位置线(或剖面图中定位轴线编号)可知,1—1 剖面图是用侧平面进行剖切所得到的,用相应的定位轴线对照平面图识读相关的门窗洞口的尺寸等。

(2) 在图名右侧注写的是剖面图的比例。建筑剖面图一般选用与建筑平面图相同或大一些的比例。

(3) 在建筑剖面图中,通常宜绘制出被剖切到的墙或柱的定位轴线,并标注其间距尺寸,如图 7-10 所示。在绘图和读图时应注意,建筑剖面图中定位轴线的相对位置,应与按平面图中剖视方向投影后所得的投影相一致。建筑剖面图中的定位轴线应与建筑平面图中的定位轴线一一对照识读。

2. 剖切到的建筑构配件

在剖面图中,应画出房屋室内外地面以上被剖切到的建筑构配件,如室内外地面、楼面、屋顶、内外墙及门窗、梁、楼梯与楼梯平台、雨篷、阳台等。在比例小于 1∶50 的剖面图中,可不画抹灰层,且可简化材料图例(如砖墙涂红、钢筋混凝土涂黑),但宜画出楼地面、屋面的面层线。下面顺次识读图 7-10 中所画出的被剖切到的建筑构配件。

(1) 画出了室外地面的地平线(包括台阶、平台、明沟等)、室内地面的架空板和各层楼板,现浇钢筋混凝土板用涂黑表示(如果是预应力钢筋混凝土多孔板,在比例较小的剖面图中,不论按纵向还是按横向铺设,常可用两条粗实线表示,它们之间的距离等于板厚),并根据板面层的装修厚度,用细实线画出了面层线。

(2) 画出了被剖切到的轴线Ⓐ和①/Ⓔ上的外墙、轴线Ⓒ上的内墙,以及在底层到二层之间的楼梯平台凸出处的外墙;也画出了在这些墙面上的门、窗、窗套、过梁和圈梁等构配件的断面形状或图例,以及外墙延伸出屋面的女儿墙。墙的断面只需画到地平线以下适当的地方,画折断线断开就可以了,下面部分将由结构施工图中的基础图表明。在室内地面下、浇筑在墙中的、断面为 240 mm×240 mm 的钢筋混凝土圈梁应画出,并涂黑。

(3) 剖面图中可看到被剖切到的梯段(包括楼梯梁)及楼梯平台,实心的钢筋混凝土构件断面涂黑。图中还可以看到平台的面层线,省略了梯段上的面层线,也省略了楼梯间砖砌踏步的面层线。

(4) 剖面图中可看到被剖切到的屋顶,包括女儿墙及其钢筋混凝土压顶,钢筋混凝土屋面板(屋面板分别按下坡方向铺成一定的坡度,屋面板和四层兼作圈梁的过梁一起整浇,由于屋面板在檐口处不设保温层和钢筋混凝土面层,只用 20 mm 厚的水泥砂浆粉面,因而形成用于排水的天沟)和底层到二层的楼梯平台凸出处的屋面板,用细实线画出面层线;在屋面之上则用单粗实线简化画出 35 mm 厚的架空隔热板(一小部分未被剖切到但可见的板,也用单粗线画出);此外,还画出了剖切到的带有检修孔的水箱和孔盖,由于它们是钢筋混凝土构件,所以断面用涂黑表示,但应在这两个构件的交接处留有空隙。

平屋顶的屋面排水找坡有两种做法。一种是结构找坡,将支承屋面板的结构构件筑成需要的坡度,然后在其上铺设屋面板。平屋顶采用结构找坡时坡度不应小于 3%。图 7-10 所示的建筑物的屋面排水就是采用这种做法。另一种是材料找坡,将屋面板平铺,然后在结构层上用建筑材料铺填成需要的坡度。该平屋顶的屋面排水采用结构找坡,屋面排水的分水线应设在纵墙上,因此,为了便于施工,分水线按下坡方向铺成 3% 的坡度,实际的坡度是由施工得到的,比

3%稍大一点。

3. 按剖视方向画出的未剖切到的可见构配件

（1）剖切到的外墙外侧的可见构配件。

在被剖切的Ⓐ号轴线左侧，可以看到室外台阶和平台，二至四层的阳台及其上的小花台，四层阳台顶上的雨篷等可见投影；在被剖切的1/Ⓔ定位轴线右侧，可以看到台阶和平台的栏板，以及凸出的外墙及其上的勒脚和窗套等可见投影。

（2）室内的可见构配件。

剖面图中可以看到室内踢脚板，大门重叠可见投影，在楼梯间内未被剖切到的可见楼梯段、栏杆及扶手，以及在剖面图的底层和二层之间的楼梯平台凸出处墙面上窗的可见投影。

（3）屋顶上的可见构配件。

剖面图中可看到Ⓐ号轴线的墙和压顶，未被剖切到的架空隔热板和支承架空隔热板的砖墩，屋面检修孔，水箱下的支承墙和水箱内的折角线等；剖面图中还可看到底层和二层之间的楼梯平台凸出处顶部的可见轮廓线。

4. 竖直方向的尺寸、标高及必要的尺寸标注

在建筑剖面图中，应标注房屋外部、内部的一些必要的尺寸和标高。外部尺寸通常标注三道，如在图7-10中Ⓐ号轴线左侧所标注的尺寸，即门窗洞及洞间墙的高度尺寸、层高尺寸和总高尺寸。在图中的楼梯间外墙处所标注的尺寸，则省略了楼梯平台面之间的尺寸。内部尺寸则包括内墙上的门窗洞口、窗台和墙裙的高度，预留洞、槽、隔断、地坑深度等，如图7-10中标注的定位轴线Ⓒ上的墙上的门洞高度尺寸。在建筑剖面图中，宜标注室外地坪、楼地面、地下层地面、阳台、平台、檐口、女儿墙顶、高出屋面的水箱、楼梯间顶部等处的标高。其他尺寸则视需要进行标注，如图7-10中标注的定位轴线间的尺寸等。

对楼地面、地下层地面、楼梯、平台等处的高度尺寸及标高，应注写完成面的标高及高度方向的尺寸(即建筑标高或包括粉刷层的高度尺寸)，其余部位注写毛面的高度尺寸和标高(不包括粉刷层的高度尺寸或结构标高)，所注的尺寸与标高应与建筑平面图和建筑立面图中所标注的相吻合，不能自相矛盾。标注建筑剖面图中各部位的定位尺寸时，宜标注其所在层次内的尺寸。

5. 详图索引符号及某些构造的用料说明和做法

在需要绘制详图的部位，应画出详图的索引符号。在该剖面图中可看到地圈梁、过梁、窗台及女儿墙底部圈梁外墙上这四个节点处绘制了详图索引符号。

楼面、地面、屋顶的构造、材料、做法，可在建筑剖面图中用引出线从所指的部位引出，按其多层构造的层次顺序，逐层用文字说明，也可用文字说明内墙的材料和做法。如另有详图或在施工总说明中已阐述清楚，则在建筑剖面图中不必注出。

任务 6 建筑详图

一、建筑详图的形成、特点和作用

1. 形成

由于建筑平面图、立面图、剖面图采用的比例较小,建筑中的许多细部构造无法清楚表示出来,为了满足施工的需要,必须分别将这些建筑细部构造部位的形状、尺寸、材料、做法等用较大的比例详细画出图样,这种图样称为建筑详图。建筑详图是建筑细部的施工图,是建筑平面图、立面图、剖面图的补充。

2. 特点

建筑详图的特点:①比例大;②图示内容详尽、清楚;③尺寸标注齐全,文字说明详尽。

3. 作用

建筑详图是建筑细部的施工图,是对建筑平面图、立面图、剖面图等基本图样的深化和补充,是建筑工程的细部施工、建筑构配件的制作及编制预算的依据。

二、建筑详图的图示方法及图示内容

1. 图示方法

建筑详图可分为节点构造详图和构配件详图两类。凡表达房屋某一局部构造(如檐口、窗台、勒脚、明沟等)做法和材料组成的详图称为节点构造详图。凡表明构配件(如门、窗、楼梯、花格、雨水管等)本身构造的详图,称为构件详图或配件详图。详图的数量和图示内容与建筑物的复杂程度及建筑平面图、立面图、剖面图的内容和比例有关。

(1)对于套用标准图或通用图的建筑构配件和节点,只需注明所套用图集的名称、型号或页次,可不必另画详图。

(2)对于节点构造详图,应在详图上注出详图符号或名称,以便对照查阅;而对于构配件详图,可不注索引符号,只在详图上写明该构配件的名称或型号。

2. 图示内容

一栋房屋的施工图通常需包括以下几种详图,即外墙身剖面详图、楼梯详图、门窗详图及室

内外一些构配件的详图。各详图的主要内容有:
(1) 图名(或详图符号)、比例。
(2) 构配件各部分的构造连接方法及相对位置关系。
(3) 各部位、各细部的详细尺寸。
(4) 构配件或节点构造所用的各种材料及其规格。
(5) 有关施工要求、构造层次及制作方法说明等。

三、外墙身剖面详图实例及识读要点

外墙身剖面示意如图 7-11 所示;外墙身剖面详图如图 7-12 所示,实质上是建筑剖面图中外墙部分的局部放大。外墙身剖面详图上标注的尺寸和标高,要求与建筑剖面图基本相同,线型也与剖面图一样,剖到的轮廓线用粗实线,粉刷线则为细实线,断面轮廓线内应画上材料图例。外墙身剖面详图一般采用1:20的较大比例绘制,为节省图幅,通常采用折断画法,往往在窗洞中间处断开,成为几个节点详图的组合。

下面以图 7-12 为例,阐述外墙身剖面详图的图示内容和识读要点,同时也说明识读外墙身剖面详图的方法和步骤。

1. 檐口节点剖面详图

檐口节点剖面详图主要表达顶层窗过梁、遮阳棚或雨篷、屋顶(根据实际情况画出它的构配件,如屋架或屋面梁、屋面板、室内顶棚、天沟、雨水口、雨水管和雨水斗、架空隔热层、女儿墙及其压顶)等构造和做法。

从图 7-12 中可以看出,屋面的承重层是 120 mm 厚的预应力多孔板,屋面铺放成一定

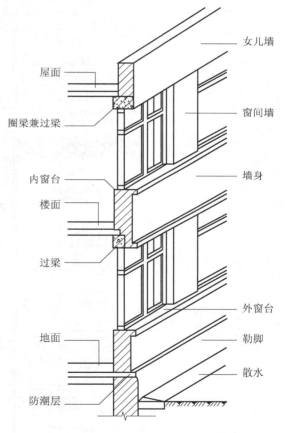

图 7-11 外墙身剖面示意

的排水坡度,板上铺 40 mm 厚的 C20 细石混凝土,再在其上铺 60 mm 厚的 1∶6 水泥煤渣隔热层,然后,用 20 mm 厚的水泥砂浆找平,刷冷底子油一道,并在其上做二毡三油,上面撒一层绿豆砂(即颗粒很小的石子)。

砖砌女儿墙上端是钢筋混凝土压顶,粉刷时,除顶面保持向内的斜面外,内侧底面粉刷出滴水斜口,以免雨水沿墙体垂直下流。屋面板的底面用纸筋灰浆粉平后,再刷白二度。

图 7-12 中还反映了窗过梁和窗顶处的做法。窗过梁与屋面板合浇在一起,粉刷后用浅绿色水刷石贴面,在折断线上还画出了窗顶部的图例(包括窗户的钢框、窗扇的断面简图和窗洞的可

见侧墙面等),以及窗洞顶部和内墙面的粉刷情况。

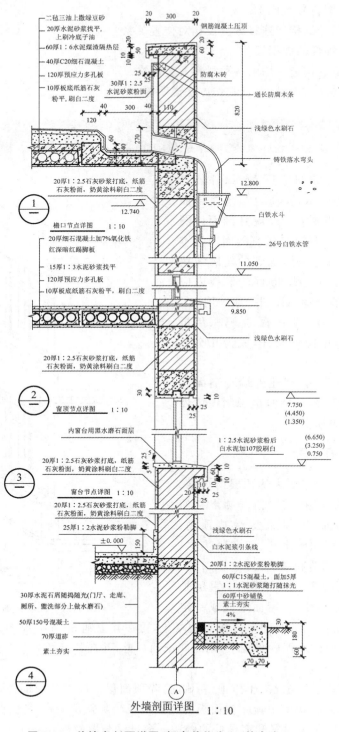

图 7-12 外墙身剖面详图(标高单位为 m,其余为 mm)

2. 屋面雨水口节点剖面详图

屋面雨水口节点剖面详图主要表达屋面上流入天沟的雨水穿过女儿墙流到墙外雨水管的构造和做法。

从图 7-12 中可以看出,屋面雨水口节点剖面详图是用通过天沟尽处的雨水出水弯头中心线的正平面剖开后,由前向后投影所得的。屋面上的雨水按坡度符号所示的下坡方向都流入天沟,雨水口端部安装了雨水弯头,穿过女儿墙,雨水由雨水弯头流经白铁水斗和 26 号白铁水管排到室外明沟。在图 7-12 中只画出了雨水弯头穿出女儿墙后在四层窗顶上沿的一段可见投影。

3. 窗台节点剖面详图

窗台节点剖面详图主要表达窗台的细部构造及内、外墙面的做法。从图 7-12 中可以看出,外墙的窗台节点剖面详图画在两条折断线之间。

图中的首层、二层或三层砖砌窗台的做法是:外窗台面向外粉成一定的排水坡度,表面贴浅绿色水刷石,用 1∶2.5 水泥砂浆粉刷后,再用白水泥加 107 胶刷白,底面做出滴水槽,以便排除从窗台流下的雨水;内窗台为了可以放置物品,又便于擦洗,所以用黑水磨石面层。在窗台之上和折断线以下,也画出了窗的底部图例(包括窗的窗框、窗扇的断面简图和窗洞内的可见侧墙面)等,同时还画出并注明了内墙面的粉刷情况,即采用 20 mm 厚的 1∶2.5 石灰砂浆打底,并用纸筋石灰粉面,涂抹奶黄涂料,刷白二度。

4. 窗顶节点剖面详图

窗顶节点剖面详图主要表达窗顶过梁处的构造,内、外墙面的做法,以及楼面层的构造情况。外墙的窗顶节点剖面详图画在两条折断线之间。

图 7-12 中画出了窗的顶部图例,窗顶有与圈梁连通的窗过梁,画出和注明了内、外墙面和窗顶的粉刷与贴面情况,即外墙采用浅绿色水刷石贴面,内墙采用 20 mm 厚的 1∶2.5 石灰砂浆打底,并用纸筋石灰粉面,涂抹奶黄涂料,刷白二度,也画出和注明了楼面的楼板(预应力多孔板)的横断面及其面层和板底粉刷情况。同时,还画出和注明了保护室内墙脚的踢脚板,即采用 20 mm 厚细石混凝土加 7% 氧化铁红的深暗红踢脚板。

5. 勒脚和散水节点剖面详图

勒脚和散水节点剖面详图主要表达外墙墙脚处的勒脚和散水的做法,以及室内底层地面的构造情况。外墙的勒脚和散水节点剖面详图画在两条折断线之间。

从图 7-12 中可以看出,在外墙面的墙脚处,用比较坚硬的防水材料做成从室外地面开始的 20 mm 厚 1∶2 水泥砂浆勒脚,以较好地保护外墙墙脚;为了防止地面以下土壤中的水分进入砖墙而设置了材料层(本墙身详图的室内地面垫层为不透水的混凝土,通常在 -0.06 m 标高处设置,而且至少高于室外地坪 150 mm),以防雨水溅湿墙身。为了避免墙脚处的室外地面积水,在勒脚处宜做明沟或散水,以利排水。图中已详细地画出和注明了散水的具体尺寸和做法。该详图中的散水做法:先对素土进行夯实,铺垫 60 mm 厚的中砂,再用强度等级为 C15 的混凝土浇捣(厚 60 mm),面层加厚 5 mm 的 1∶1 水泥砂浆,表面随打随抹光,散水做成坡度为 4% 的向外的下坡,并在散水与外墙面的接缝处用沥青砂浆嵌缝,散水的外侧边缘高出地面 30 mm。

四、楼梯详图实例及识读要点

楼梯是上下交通的主要设施,应满足行走方便、安全,人流疏散畅通,坚固耐久的要求。楼梯由楼梯段(简称梯段,包括踏步和斜梁)、平台(包括平台板和梁)和栏板(或栏杆)等组成,目前多采用预制或现浇钢筋混凝土楼梯。楼梯的构造比较复杂,一般需另画详图,以表示楼梯的类型、结构形式、各部位尺寸及装修做法,楼梯详图是楼梯施工放样的主要依据。楼梯详图一般包括楼梯平面图、楼梯剖面图及楼梯节点详图(踏步、栏杆或栏板、扶手详图)。

1. 楼梯平面图

楼梯平面图是用一个假想的水平剖切面在该层往上走的第一个梯段中部剖开,向下投影而形成的投影图,主要反映楼梯的外观、结构形式、楼梯中的平面尺寸及楼层和休息平台的标高等。一般每一层楼梯都应画楼梯平面图,三层以上的房屋,若中间各层的楼梯位置及其梯段数、踏步数和大小都相同,通常只画出底层、中间层和顶层三个平面图;除顶层外,楼梯平面图的剖切位置,通常为从该层上行第一梯段(休息平台下)的任一位置;被折断的梯段用30°的折断线折断,并用长箭头加注"上××"或"下××",级数为两层间的总踏步级数。

从图7-13至图7-15所示的楼梯平面图中所注的尺寸,可以了解到楼梯间的开间尺寸、楼梯平台的进深尺寸和标高,还可以知道各楼梯和踏步的水平长度和宽度(如底层平面图中的"11×260=2 860",表示该梯段有11个踏面,每一踏面宽为260 mm,梯段长为2 860 mm),以及各梯段栏杆与扶手、楼梯间进门处的门洞、平台上方的窗的尺寸及位置等。在底层平面图中,绘注了楼梯的剖切符号及编号。楼梯平面图的识读过程中,应特别注意的是:①楼梯级数与踏面数相差1,即踏面数=级数-1,也即楼梯起止线的距离=(级数-1)×踏步宽度,这是因为梯段端部的踏面和平台面或楼面重合,所以在平面图中的每一梯段画出的踏面数总是比级数少1;②识读过程中,不能孤立识读,应把楼梯平面图、剖面图和节点详图结合起来识读。

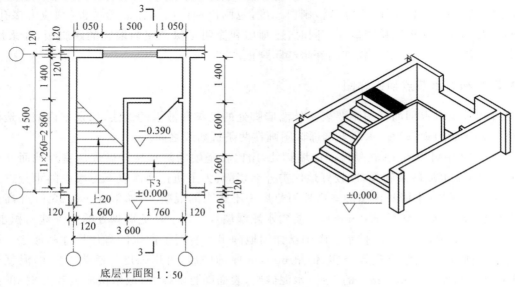

图 7-13 楼梯底层平面图(标高单位为 m,其余为 mm)

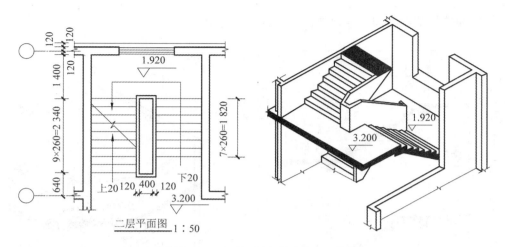

图 7-14　楼梯二层平面图（标高单位为 m，其余为 mm）

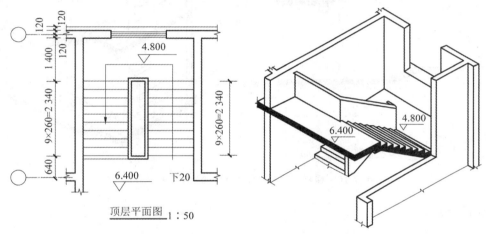

图 7-15　楼梯顶层平面图（标高单位为 m，其余为 mm）

2. 楼梯剖面图

楼梯剖面图是楼梯垂直剖面图的简称，其剖切位置应通过各层的一个梯段和门窗洞口，向另一未剖到的梯段方向投影，主要表达楼梯的梯段数、踏步数、类型及结构形式，表示各梯段、平台、栏杆等的构造及它们的相互关系，是楼梯垂直方向结构设计、施工放线、支模的重要依据。

图 7-16 是按图 7-13 所示的剖切位置及剖视方向画出的楼梯剖面图，每层的下行梯段是被剖切到的，而上行梯段则未剖到，是不可见的。这个楼梯剖面图画到楼梯间中的楼层平台处断开，画到三层楼面的栏板与扶手以上断开。图 7-16 中画出了定位轴线，楼梯间各层楼地面的构造，剖切到的楼梯梁、梯段、平台板，可见的梯段、栏板与扶手，楼梯间外墙的构造（包括剖切到的墙身和各种梁、门洞以及窗洞和窗的图例），以及进门处的室外地面等。图中标注出了各层楼（地）面、楼梯休息平台、楼梯间窗洞顶和窗洞底等的标高，踏步高度和级数，各梯段的高度，以及进门处和楼梯平台外墙上的窗的定位尺寸和定形尺寸。室内主要地面标高为±0.000，室外地面标高为 −0.450 m。根据图 7-16 中的索引符号，踏步、扶手、栏板的详细构造、尺寸和做法需要查阅第 16 页施工图的①、②、③号详图。应特别注意，踏步数×踢面高＝梯段高度，且应结合

楼梯平面图和楼梯节点详图一起识读。

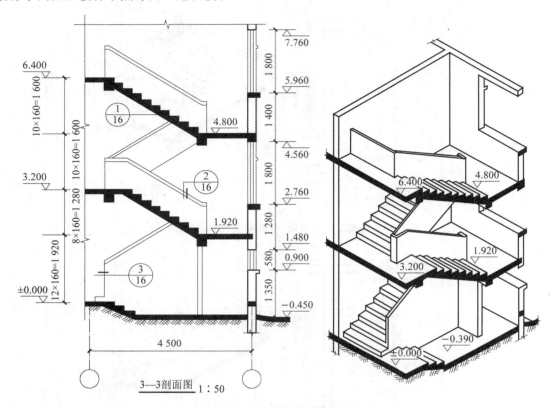

图 7-16 楼梯剖面图(标高单位为 m,其余为 mm)

3. 楼梯节点详图

楼梯节点详图一般包括踏步、扶手、栏杆详图和梯段与平台处等节点的构造详图;依据所画内容的不同,详图可采用不同的比例,以反映它们的断面形式、细部尺寸、所用材料、构件连接及面层装修做法等。

图 7-17 所示的楼梯节点详图表明了踏步的踏面上的马赛克防滑条的细部尺寸和定位尺寸,以及扶手的定位尺寸。

从图 7-17 中可以看出:楼板用的是钢筋混凝土多孔板,细石混凝土面层;梯段是由楼梯梁和踏步段组成的,为现浇钢筋混凝土板式楼梯,板底用 10 mm 厚纸筋灰浆粉平后刷白,踏步用 20 mm 厚 1∶2 水泥砂浆粉面;为了防止行人行走时滑跌,在每级踏步口贴一条 25 mm 宽的马赛克防滑条,该防滑条高于踏面;为了保障行人安全,在梯段和平台临空的一侧,加设栏杆和扶手,栏杆用方钢和扁钢焊接而成,它们的材料、尺寸和油漆颜色都已标明在详图中,栏杆的下端焊接在预埋于踏步中的带有钢筋弯脚的钢板上;栏杆的上端装有扶手,图中注明了扶手的油漆颜色为淡咖啡色,也注明了栏杆的上端与镶嵌在扶手底部的钢铁件相焊接。

在详图的扶手处,画出了索引符号,索引到本张图纸上编号为 3 的扶手详图。从这个断面详图中可看出扶手整个断面的形状和尺寸,了解到扶手采用的材料是木材,通长扁钢镶嵌在扶手的底部,并用螺钉连接,栏杆则焊接在扁钢上。

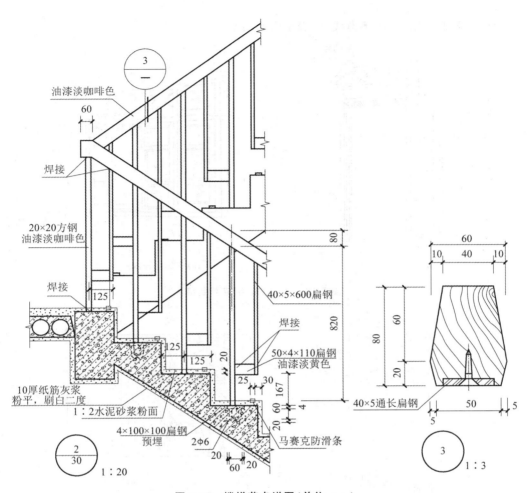

图 7-17　楼梯节点详图(单位:mm)

五、门窗详图实例及识读要点

门窗详图由门窗立面图、门窗节点剖面详图、门窗断面图、门窗五金材料表及技术说明等组成。在绘制门窗节点剖面详图时,要将同一方向的节点剖面详图尽可能地排列在一起,节点在玻璃或门芯板中间要用折断线分开,旁边注上详图编号,与立面图上的编号相呼应。

门窗的种类繁多,木门窗的组成与名称如图 7-18 所示。门窗详图一般用立面图表示门、窗的外形尺寸与开启方向,并标出节点剖面详图或断面图的索引符号,详图常采用 1∶5 或 1∶2 的比例绘制,表示门、窗的断面、用料、安装位置、门窗扇与门窗框的连接关系等,也常常列出门窗五金材料表和有关文字说明,表明门、窗上所采用的小五金件(如铰链、拉手、风钩、门锁等)的规格、数量和对门窗加工提出的具体要求。

门窗详图示例如图 7-19 所示。从窗的立面图中可了解窗的组合形式及开启方式。从窗的节点剖面详图中还可了解到各节点窗框、窗扇的组合情况及各木料的用料、断面尺寸和形状。图 7-19 表明该窗有亮子,下有三扇窗扇,亮子与下方窗扇开启方向相同,窗扇上画有细的实线表示其为向外平开的窗扇(若画细虚线,即表示内开窗)。

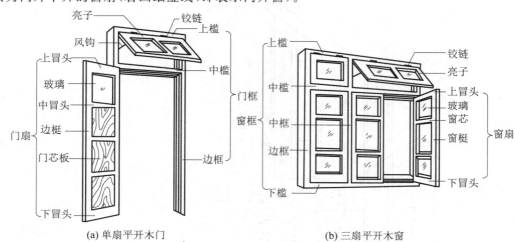

图 7-18 木门窗的组成与名称

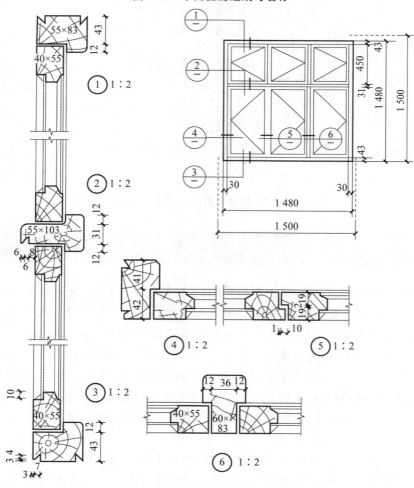

图 7-19 门窗详图示例(单位:mm)

木门窗的节点剖面详图通常将竖向剖切的剖面图竖直连在一起,画在立面图的左侧或右侧,将横向剖切的剖面图横向连在一起,画在立面图的下面,用比立面图大的比例画出,中间用折断线断开,并分别注写详图编号,以便与立面图对照。节点剖面详图常用来表示木门窗材料、断面形状、安装位置和窗扇与窗框的连接关系等。

为了清楚地表示窗框、冒头、窗梃以及窗芯等用料断面形状并能详细标注尺寸,便于下料加工,需用较大比例(1∶2、1∶5)将上述窗料的断面分别画出,从而得到窗的断面图。在通用图集中,往往将断面图与节点剖面详图结合在一起。

对于木门窗和钢门窗,每个地区都有自己的标准图集,一般的门窗通常都是由门窗加工厂制作,然后运往建筑施工现场进行安装的,因而常常按标准图集或通用图集进行设计或选型,注明所选用的标准图集或通用图集的名称以及门窗的型号即可,不必再画出门窗详图,或者仅画出表示门窗的外形尺寸和开启方式的立面图,如需进一步了解它们的构造,则可查阅这些标准图集或通用图集。

任务 7 工业厂房施工图识读

工业厂房施工图的图示原理、内容和方法与民用建筑施工图基本相同。单层工业厂房主要由基础、柱子、吊车梁、屋盖结构(屋面板、屋架或屋面梁、天窗架及托架等)、外墙围护系统(厂房四周的外墙、抗风柱、墙梁和基础梁等)、支撑系统(柱间支撑、屋盖支撑)等组成。单层工业厂房的特点有:①必须满足生产工艺及使用要求,不同的生产车间有不同的生产工艺,所以对厂房就有其特殊的要求;②要求有较大的空间以满足大型生产设备安装、起重及运输机械运行的需要;③要有良好的通风采光条件以保证有较好的自然光及有利于烟尘、废气等的排出。

以某地单层工业厂房施工图的平面、立面、剖面图和详图为例,识读厂房的建筑施工图,通常先识读厂房的平面图,了解厂房的平面布局,接着识读厂房的剖面图,用剖面图中的定位轴线对应平面图中的定位轴线识读,然后对照识读立面图,看厂房的外貌,看懂高度方向的内部结构,最后由索引符号对照识读厂房的详图,看清所索引的细部构造和做法。

一、识读工业厂房平面图

以图 7-20 所示的厂房平面图为例,说明单层工业厂房平面图的识读内容。

(1) 纵、横向定位轴线。

图 7-20 中①~⑩轴为横向定位轴线,Ⓐ~Ⓒ轴为纵向定位轴线,它们构成柱网,可以用来确

定柱子的位置。横向定位轴线确定厂房的柱距,纵向定位轴线确定厂房的跨度。厂房的柱距决定屋架的间距和屋面板、吊车梁等构件的长度,厂房车间跨度则决定屋架的跨度和吊车的轨距。本厂房的柱距为 6 m,跨度为 18 m。由于平面为 L 形布置,⑥轴与⑦轴之间的距离应为"墙厚+变形缝尺寸+600 mm"。厂房的柱距和跨度还应满足模数制的要求。

纵、横向定位轴线也是施工放线的重要依据。

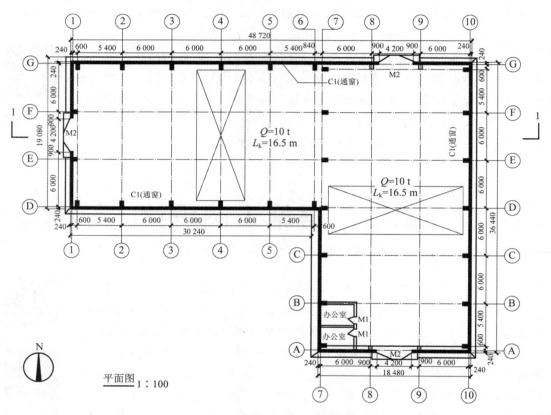

图 7-20　厂房平面图(单位:mm)

(2) 墙体、门窗布置。

在平面图中需表明墙体、门窗的位置、型号和数量。工业厂房门窗的表示方法和民用建筑相同,在表示门窗的图例旁边注写代号,门的代号是 M,窗的代号是 C,在代号后注写数字表示门窗的不同型号。单层工业厂房的墙体一般为自承重墙,主要起围护作用,一般沿四周布置。该厂房在南、北、西向分别设有大门,外墙上设计通窗。

(3) 吊车设置。

单层工业厂房平面图应表明吊车的起重量及吊车轨距,这是它与民用建筑平面图的重要区别。如图 7-20 所示,本厂房吊车起重量为 10 t,吊车轨距为 16.5 m。

(4) 辅助用房的布置。

辅助用房,如图 7-20 中的两个办公室,是为了实现工业厂房的功能而布置的,布置较简单。

(5) 尺寸标注。

通常沿厂房长、宽两个方向分别标注三道尺寸:第一道是门窗宽度及墙段尺寸、联系尺寸、变形缝尺寸等;第二道是定位轴线间尺寸;第三道是厂房的总长和总宽。

(6) 指北针、剖切符号、索引符号等。

指北针、剖切符号、索引符号等的画法、用途与民用建筑平面图中的基本相同。

二、识读工业厂房立面图

以图 7-21 所示的厂房立面图为例,说明单层工业厂房立面图的识读内容。

(1) 立面图两端的轴线编号及图名、比例。

该工业厂房立面图两端的定位轴线是①和⑩,因此厂房图名定为"①～⑩立面图",比例为 1∶100。

(2) 室内外地面、窗台、门窗顶、雨篷底面及屋顶等处的标高。

室内外高差为 0.3 m(室外标高为－0.300 m,室内主要地面标高为±0.000);屋顶标高有两处,分别是 11.800 m 和 11.200 m;下段窗台标高为 1.200 m,窗顶标高为 4.500 m;上段窗台标高为 5.700 m,窗顶标高为 8.400 m;门顶标高为 3.300 m,雨篷底面的标高为 3.300 m。

(3) 立面外貌及形状。

该工业厂房立面图可显示外立面外貌和形状,颜色为蓝色。

(4) 室外装修及材料做法等。

从立面图中可以清晰看出,立面窗户采用的是通窗,窗下部外墙、窗间墙及窗顶部的外墙体装修粉刷蓝色仿瓷涂料。

(5) 屋顶、门、窗、雨篷、台阶、雨水管等细部的形状和位置。

为了取得良好的采光通风效果,外墙设计通窗;在本立面上设有一大门,上方有一雨篷,屋顶为两坡排水,设有外天沟,为有组织排水。

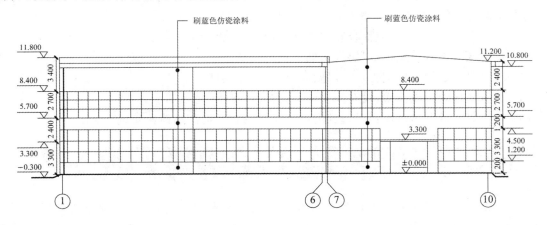

图 7-21 厂房立面图(标高单位为 m,其余为 mm)

三、识读工业厂房剖面图

以图 7-22 所示的厂房剖面图为例,说明单层工业厂房剖面图的识读内容。

从厂房平面图中的剖切符号,可以看出剖切位置与剖视方向。厂房剖面图表明厂房内部的柱、吊车梁断面及屋架、天窗架、屋面板、墙、门、窗等构配件的相互关系,各部位竖向尺寸和主要部位标高尺寸,屋架下弦底面标高及吊车轨顶标高等,它们是单层工业厂房图纸识读的重要内容。

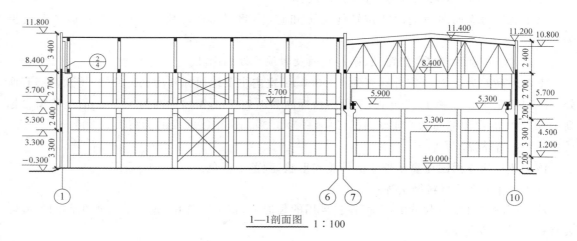

图 7-22 厂房剖面图(标高单位为 m,其余为 mm)

在 1—1 剖面图中,可识读出以下内容:

(1) 本厂房采用钢筋混凝土排架结构,排架柱在 5.300 m 标高处设有牛腿,牛腿上设有 T 形吊车梁,吊车梁梁顶标高为 5.700 m,排架柱柱顶标高为 8.400 m。

(2) 屋面采用屋架承重,屋面板直接支承在屋架上,为无檩体系。

(3) 厂房端部设有抗风柱,以协助山墙抵抗风荷载。

(4) 在厂房中部设有柱间支撑,以增加厂房的整体刚度。

(5) 厂房屋顶为两坡排水,设有外天沟,为有组织排水。

(6) 在外墙上设有两道连系梁,以减少墙体计算高度,提高墙体的稳定性。

四、识读工业厂房详图

为了清楚地反映厂房细部及构配件的形状、尺寸、材料、做法等,需要绘制详图,工业厂房详图一般包括墙身剖面详图、屋面节点详图、柱节点详图等。作为示例,图 7-23 所示的抗风柱与屋架连接详图中用 1:30 的比例画出了抗风柱与屋架连接的做法与有关尺寸。工业厂房详图的识读方法与民用建筑详图的识读方法一致。

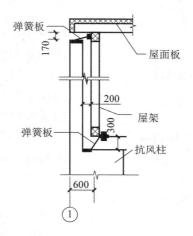

图 7-23 抗风柱与屋架连接详图（单位：mm）

小　结

建筑施工图主要用来表示房屋的规划位置、外部造型、内部布置、内外装修、细部构造、固定设施及施工要求等。它包括首页图、建筑总平面图、建筑平面图、建筑立面图、建筑剖面图和建筑详图等。建筑总平面图、建筑平面图、建筑立面图、建筑剖面图和建筑详图的图示内容和识读要点要弄清楚，这会对查阅图纸带来极大方便。

建筑施工图设计阶段通常分为初步设计阶段、技术设计阶段和施工图设计阶段。首页图一般由图纸目录、设计总说明、构造做法表、门窗表、装修表及有关经济技术指标等组成。建筑总平面图主要用于新建工程定位及布置施工现场。建筑平面图可作为施工放线、砌筑墙体、安装门窗、预留孔洞、预埋构件、室内装修、编制预算、施工备料等工作的依据。建筑立面图在设计阶段主要用来研究造型与装修是否优美，在施工过程中，它主要反映建筑物外貌和立面装修做法。建筑立面图的命名通常有三种方式：①用朝向命名；②按立面图的主次命名；③用建筑平面图中的首尾轴线命名。建筑剖面图主要表示房屋内部空间的高度、结构的形式及屋顶的类型（是平屋顶还是坡屋顶）。建筑详图是建筑细部的施工图，是对建筑平面图、立面图、剖面图等基本图样的深化和补充，是建筑工程细部施工、建筑构配件制作及编制预算的依据。工业厂房施工图的图示原理、内容和方法与民用建筑施工图基本相同。

一、选择题

1. 建筑总平面图中，高层建筑宜在图形内右上角以（　　　）表示建筑物层数。
A. 点数　　　　　　B. 数字　　　　　　C. 点数或数字　　　　　　D. 文字说明

2.建施首页图没有(　　)。
A.图纸目录　　　　　　　　　　　　B.设计总说明
C.总平面图　　　　　　　　　　　　D.构造做法表
3.房屋工程图中相对标高的零点±0.000是指(　　)的标高。
A.室外设计地面　　　　　　　　　　B.屋顶平面
C.底层室内主要地面　　　　　　　　D.青岛附近黄海的平均海平面
4.(　　)必定属于建筑总平面图表达的内容。
A.相邻建筑的位置　　　　　　　　　B.墙体轴线
C.柱子轴线　　　　　　　　　　　　D.建筑物总高度
5.建筑剖面图一般不需要标注(　　)等内容。
A.门窗洞口高度　　　　　　　　　　B.层间高度
C.楼板与梁的断面高度　　　　　　　D.建筑总高度
6.(　　)不属于建筑立面图的图示内容。
A.外墙各主要部位标高　　　　　　　B.详图索引符号
C.散水构造做法　　　　　　　　　　D.建筑物两端定位轴线
7.建筑立面图不能用(　　)进行命名。
A.建筑位置　　　　　　　　　　　　B.建筑朝向
C.建筑外貌特征　　　　　　　　　　D.建筑首尾定位轴线
8.在建筑施工图中的建筑平面图上,C一般代表的是(　　)。
A.窗　　　　　　　　　　　　　　　B.门
C.柱　　　　　　　　　　　　　　　D.预埋件
9.外墙装饰材料和做法一般在(　　)上表示。
A.首页图　　　　　　　　　　　　　B.建筑平面图
C.建筑立面图　　　　　　　　　　　D.建筑剖面图
10.在建筑剖面图中,标注在装修后的构件表面的标高是(　　)。
A.结构标高　　　　　　　　　　　　B.相对标高
C.建筑标高　　　　　　　　　　　　D.绝对标高
11.关于建筑平面图的图示内容,以下说法错误的是(　　)。
A.表示内、外门窗位置及编号　　　　B.表示楼板与梁、柱的位置及尺寸
C.注出室内楼地面的标高　　　　　　D.画出室内设备和形状
12.有一栋房屋在图上量得长度为50 cm,用的是1∶100的比例,其实际长度是(　　)。
A.5 m　　　　　　　　　　　　　　B.50 m
C.500 m　　　　　　　　　　　　　D.5 000 m
13.室外散水应在(　　)中画出。
A.底层平面图　　　　　　　　　　　B.标准层平面图
C.顶层平面图　　　　　　　　　　　D.屋顶平面图
14.以下建筑图纸中需要标注指北针的是(　　)。
A.底层平面图　　　　　　　　　　　B.标准层平面图
C.顶层平面图　　　　　　　　　　　D.屋顶平面图

15. 建筑剖面图中看到的部分应画为（　　）。
    A. 粗实线　　　　　　　B. 中粗实线　　　　　　C. 细实线　　　　　　D. 虚线
16. 以下关于标高的表述正确的是（　　）。
    A. 标高就是建筑物的高度
    B. 一般以建筑物底层室内地面作为相对标高的零点
    C. 我国把青岛附近的黄海海平面作为相对标高的零点
    D. 一般以建筑物底层室内地面作为绝对标高的零点
17. 屋面防水找平层的排水坡度应符合设计要求，平屋顶采用结构找坡时坡度不应小于（　　）。
    A. 1％　　　　　　　　B. 2％　　　　　　　　C. 2.5％　　　　　　D. 3％
18. 单层工业厂房中，用来承托围护墙的重量并将其传至柱基础顶面的构件是（　　）。
    A. 圈梁　　　　　　　　B. 连系梁　　　　　　　C. 基础梁　　　　　　D. 过梁
19. 表示房屋内部的结构形式、屋面形状、分层情况、各部分的竖向联系、材料及高度等的图样，称为（　　）。
    A. 建筑剖面图　　　　　　　　　　　　B. 外墙身剖面详图
    C. 楼梯结构设计图　　　　　　　　　　D. 楼梯剖面图
20. 当坡道的坡度（　　）时，应设置防滑措施。
    A. 为 1∶8～1∶12　　　　　　　　　　B. <1∶10
    C. <1∶8　　　　　　　　　　　　　　D. >1∶8

二、填空题

1. 建筑施工图包括首页图、建筑总平面图、_____、_____、_____和建筑详图等。
2. 建筑施工图的设计阶段通常分为_____、_____和施工图设计阶段。
3. 首页图一般由图纸目录、_____、构造做法表、_____、_____及有关经济技术指标等组成。
4. 建筑总平面图中标注的尺寸是以_____为单位的，一般标注到小数点后_____位；其他建筑图样（平、立、剖面图）中所标注的尺寸则以_____为单位，图纸上只注写数字，不注写单位。
5. 建筑容积率是指_____；绿地率是指_____；建设项目综合指标是指_____。
6. 一栋建筑物有多个立面，建筑立面图的命名通常有三种方式，即_____、_____和_____。
7. 平面图中外墙尺寸一般标注三道：里边一道标注墙段及门窗洞口尺寸，称为_____；中间一道标注定位轴线之间的距离，称为_____；外边一道标注建筑的总长、总宽，称为_____。
8. 建筑总平面图上，新建建筑用_____线表示，原有建筑用_____线表示，计划扩建的建筑用_____线表示，拆除建筑用_____线表示。
9. 建筑剖面图是建筑物的垂直剖面图，它是表示建筑物内部垂直方向的结构形式、沿高度方向各层构造做法等情况的图样。剖面图的剖切位置一般选择在较复杂的部位，如通过_____、_____、_____等部位。表示剖面图剖切位置的剖切符号应画在_____层平面图中。

10. 楼梯详图包括_____、_____和_____等,主要表示楼梯的类型、结构形式、构造和装修等。

11. 建筑总平面图中新建房屋的层数标注在_____,一般低层、多层用_____表示,高层用_____表示。

12. 门窗详图由门窗立面图、_____、_____、_____及技术说明等组成。在绘制门窗节点剖面详图时,要将同一方向的节点剖面详图尽可能地排列在一起,节点在玻璃或门芯板中间要用_____线分开,旁边注上详图编号,与立面图上的编号相呼应。

三、判断题

1. 粗实线一般用途为可见轮廓线。(   )
2. 建筑剖面图表现的房屋结构主要包括屋顶、屋面、楼面、墙体、门窗、地坪等,剖到的画成粗线,其他看到的画成细线。(   )
3. 供人通行的门,高度一般不低于2 m,再高也不宜超过2.4 m。(   )
4. 墙或立柱是建筑物垂直方向的承重构件,楼板是建筑物水平方向的承重构件。(   )
5. 建筑总平面图中,表示原有建筑物要用粗实线。(   )
6. 标高可分为绝对标高和相对标高,在建筑施工图上通常注明的是绝对标高。(   )
7. 建筑施工图通常由首页图、建筑总平面图、建筑平面图、建筑立面图、建筑剖面图所组成。(   )
8. 楼梯详图一般包括楼梯平面图、楼梯剖面图及楼梯节点详图。(   )
9. 识读建筑施工图,按照"先整体后局部,先文字说明后图样,先基本图样后详图,先图形后尺寸"的顺序,并应注意各专业图样之间的关系。(   )
10. 钢筋混凝土排架结构单层厂房,除基础之外,所有构件都是预制的。(   )
11. 剖面图的数量及其剖切位置应根据建筑物自身的复杂情况而定,一般剖切位置选择房屋的主要部位或构造较为典型的部位,如楼梯间等,并应尽量使剖切平面通过门窗洞口。(   )
12. 楼梯的踏步级数与踏面数相等。(   )
13. 剖切符号的数字编号可写在剖切位置线的任意一边。(   )

四、简答题

1. 建筑施工图首页图中的经济技术指标有哪些?
2. 建筑总平面图包含哪些内容与识读要点?
3. 简述建筑平面图的形成、作用及图示内容。
4. 标注尺寸时,从里到外几道尺寸分别表示什么内容?
5. 简述建筑立面图的形成、作用及图示内容。
6. 简述建筑剖面图的形成、作用及图示内容。
7. 建筑剖面图的剖切位置如何选择?
8. 什么是建筑详图?建筑详图包括哪几种常用图样?
9. 楼梯剖面图的识读要点有哪些?

五、工程制图与识图

1. 识读题图7-1所示的建筑总平面图(单位为m),并完成填空。

(1) 本图的名称为_____,比例为_____。图中两栋宿舍用粗实线画表达的是

_____,用细实线画出的宿舍是_____,用虚线画出的是_____。

(2)综合楼有_____层,新建宿舍为_____层,长_____,宽_____,首层地面标高为_____。新建宿舍的西墙与原有道路平行,且距道路中心线_____。两栋新建宿舍的距离为_____。

(3)由等高线可以看出所绘区域的地形是_____,新建宿舍外的标高为_____,室内标高为_____,室内外的高差为_____。

(4)新建宿舍的大门在_____方向。

(5)该总平面图中等高线的等高距是_____。

(6)该学校所在地区的主导风向是_____。

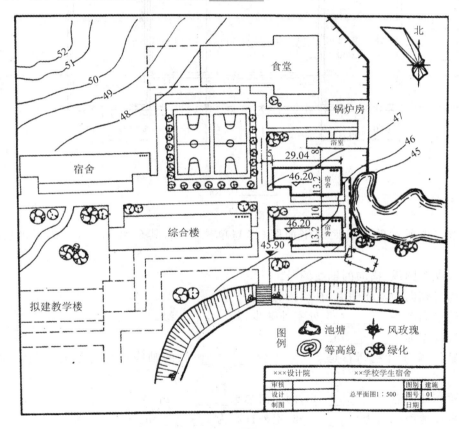

题图 7-1

2. 题图 7-2 所示为某门卫处的建筑平面图(标高单位为 m,其余为 mm),朝向为南偏东 30°。设门卫室、接待室、休息室的室内地面标高为±0.000,卫生间和走廊的地面比它们低 20 mm,台阶的每级踏步高为 150 mm。

要求:

(1)完成填空:本建筑物总长_____,总宽_____,墙体厚度为_____。

(2)绘出该平面图的指北针。

(3)补全定位轴线的编号。

(4)注写必要的标高。

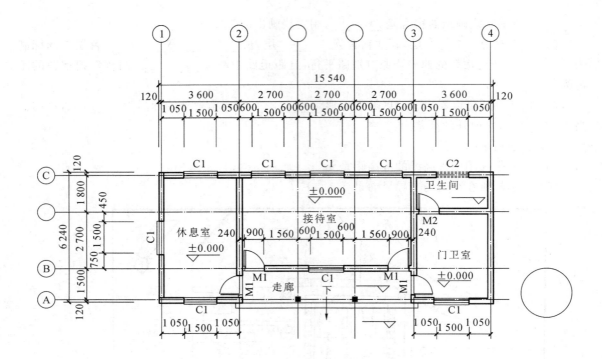

平面图 1:100

题图 7-2

3. 识读题图 7-3 所示的建筑底层平面图(标高单位为 m,其余为 mm),完成下列要求并填空。

(1) 补全该施工图纵、横向的轴线编号。

(2) 主出入口朝向为坐北朝南,补绘指北针。

(3) 该建筑平面图中有_____处室外踏步,共_____级。

(4) 室内外高差为_____m。

(5) 横向轴线编号自左到右是_____到_____;纵向轴线编号自下而上是_____到_____。

(6) 该工程东西向总长_____m,南北向总长_____m。

(7) 底层餐厅地面标高为_____m,室外标高为_____m。

(8) 该工程的 1#卫生间内卫生器具有_____和_____。

(9) 该平面图有一处外部尺寸标注错误,位置在_____轴间,即_____的宽度应标注为 1 200 mm。

(10) 车库入口大门外的坡道长度为_____m,坡度是_____。

(11) 该工程的室内楼梯每级的踏面宽_____mm,踢面高度为_____mm。

(12) 该工程的佣人房的开间为_____mm,进深为_____mm。

4. 根据题图 7-4 所示的某办公楼一层平面图(标高单位为 m,其余为 mm),完成下列填空。

(1) 该办公楼采用_____结构,总长_____,总宽_____。外墙的厚度为_____,定位轴线距外墙的外缘_____mm。

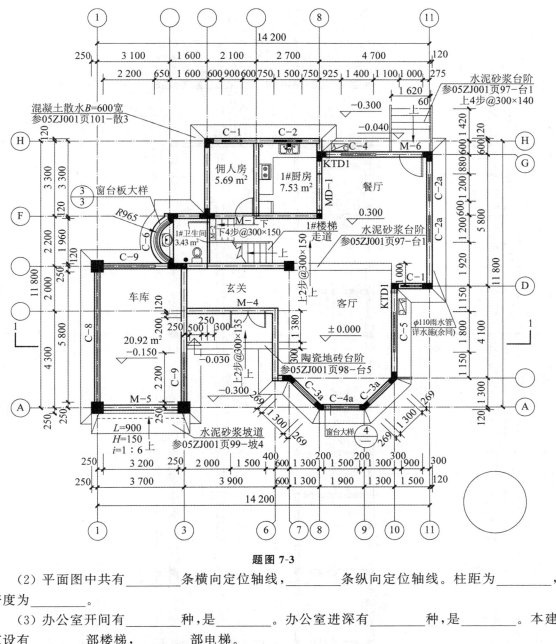

题图 7-3

(2) 平面图中共有_____条横向定位轴线，_____条纵向定位轴线。柱距为_____，跨度为_____。

(3) 办公室开间有_____种，是_____。办公室进深有_____种，是_____。本建筑设有_____部楼梯，_____部电梯。

(4) 营业大厅的地面标高为_____，建筑物主要出入口设于建筑物的_____向，还设有_____个次要出入口。主要出入口处台阶的踏步宽度为_____mm，平台左右方向宽度为_____mm，平台深度为_____mm。

(5) 图中散水的宽度为_____mm，设有_____的部位可不设散水。

(6) C-2 的洞口_____度为_____mm。M-3 的洞口_____度为_____mm。M-6 为_____扇_____门（开启方式）。

(7) 从平面图中可知该套图纸共有_____个剖面图，其图名分别是_____。

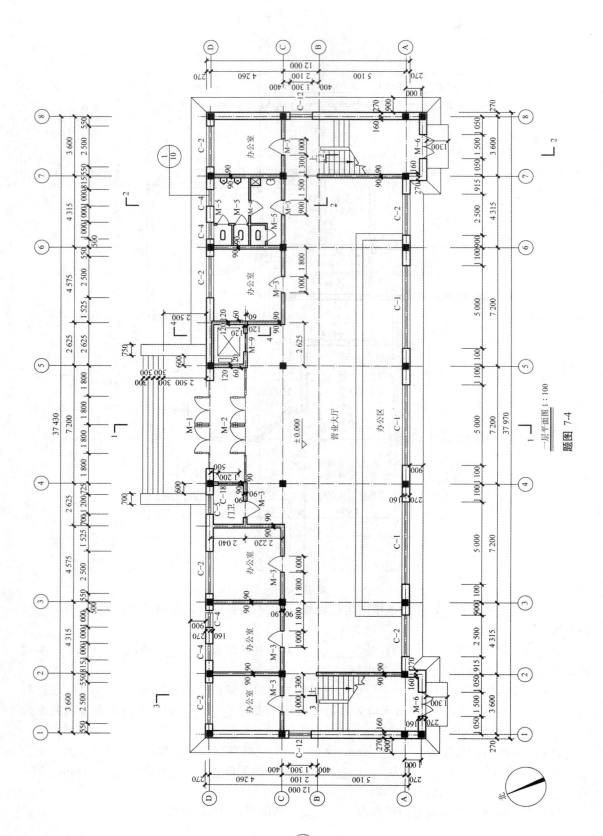

一层平面图 1:100

题图 7-4

5.识读题图 7-5 所示的某住宅楼底层平面图和题图 7-6 所示的 1—1 剖面图(标高单位为 m,其余为 mm),完成下列填空。

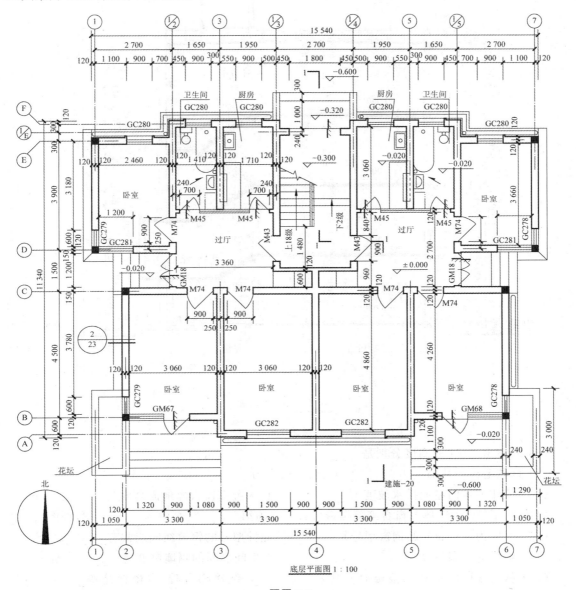

题图 7-5

(1) 本住宅楼总长_____mm,总宽_____mm。
(2) 本住宅楼中最小的卧室进深为_____mm,开间为_____mm。
(3) 本住宅楼中最大的卧室面积为_____m²。
(4) 最大卧室中钢窗的宽度为_____mm,高度为_____mm(写洞口尺寸)。
(5) 卧室的地面标高为_____,卫生间的地面标高为_____。
(6) 进入楼梯间和卧室的台阶级数分别是_____和_____。
(7) 最小卧室的门和厨房的窗型号分别是_____和_____。

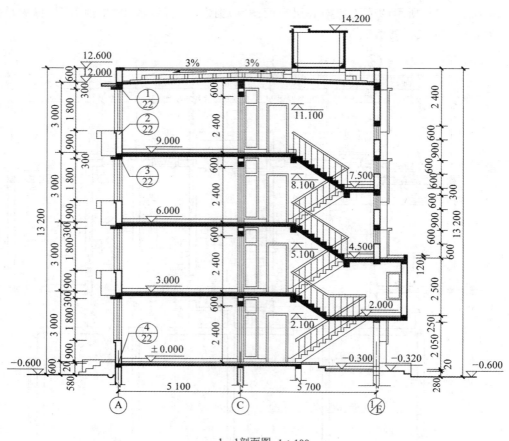

1—1剖面图 1:100

题图 7-6

(8) M43 和 M74 的高度分别是_____ m 和_____ m。

(9) 该住宅楼的总高度为_____ m,楼层层高为_____ m。

(10) 该住宅楼的屋面排水坡度为_____%,最大卧室窗台离地面高度为_____ mm。

(11) 为了解Ⓐ轴墙体的窗台细部构造应查阅建施第_____页中的_____号详图。

(12) 宽度为 900 mm 的钢窗型号是_____,此种型号的钢窗在底层共有_____个。

(13) 本住宅外墙厚度为_____ mm,过厅与卫生间之间的隔墙厚度为_____ mm。

(14) 从一楼地面走到二楼楼面一共要走_____级楼梯台阶,本楼梯是按_____(填"顺"或"逆")时针方向上楼的。

(15) 本住宅楼的厨房和卫生间的窗户布置在朝_____的方向(填方向),楼梯间入口处的空门洞宽度为_____ mm,高度为_____ mm。

6. 识读题图 7-7 所示的建筑立面图,并完成下列要求。

已知某建筑立面图(标高单位为 m),室内地面标高为±0.000,室内外高差为 300 mm,建筑总高 3 800 mm,窗台高 900 mm,窗洞高 1 800 mm,门洞高 2 700 mm,门为内开平开门,门的亮子的开启方式为外开上悬。

要求：
(1) 注写图名；
(2) 绘出门窗开启方向线；
(3) 注写必要的标高。

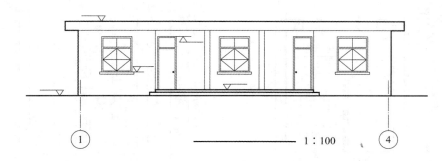

题图 7-7

7. 识读题图 7-8 所示的某建筑的楼梯平面图（包括底层平面图、二层平面图、三层平面图和四层平面图，标高单位为 m，其余为 mm），并完成填空。

(1) 该楼梯平面图采用的比例为_____，该楼梯间的墙体厚度是_____，三层的梯段长是_____，楼梯间的开间和进深是_____和_____。

(2) 该建筑的首层楼地面到二层楼地面之间有_____级踏步，首层楼地面到首层与二层之间的休息平台共有_____级踏步。该建筑的层高是_____m。

(3) 楼梯踏步的宽为_____，楼梯踢面的高度为_____，楼梯井的宽度为_____。

(4) 若想知道楼梯栏杆和扶手的详细构造做法，需查阅施工图第_____页中的_____号详图。

(5) 该楼梯间窗户采用的材质是_____，窗户编号为_____。

8. 识读题图 7-9 所示的墙身剖面详图（标高单位为 m，其余为 mm），并完成填空。

(1) 该建筑的层高为_____，室内外高差为_____，墙体厚度为_____。

(2) 檐口女儿墙压顶面的标高、宽度和排水坡度分别为_____、_____和_____，女儿墙的排水孔尺寸是_____，布置间距为_____。

(3) 屋面板采用_____，厚度为_____；找平层采用的是_____，厚度为_____；隔热板采用的是_____，厚度为_____。

(4) 屋顶的天沟宽和高是_____和_____，天沟滴水宽度为_____。

(5) 屋顶面层的标高是_____，泛水的高度是_____。

(6) 窗户的总高为_____，外窗台向外的坡度为_____；踢脚板采用_____，高度为_____；一层窗台外表面构造做法为_____。

(7) 二层楼地面的构造做法是_____。

(8) 该墙身剖面详图的防潮层采用的是_____，防潮层设置在标高为_____处。

(9) 底层楼地面的构造做法是_____。

(10) 室外散水的构造做法是_____。该散水的宽度和排水坡度分别是_____和_____。

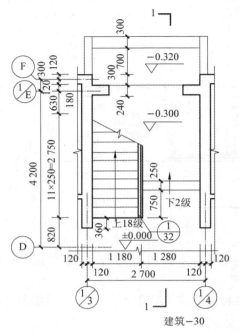

底层平面图 1:50

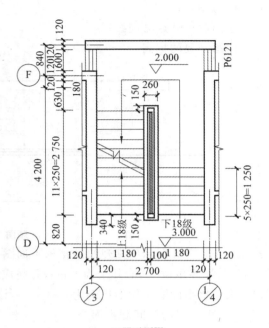

二层平面图 1:50

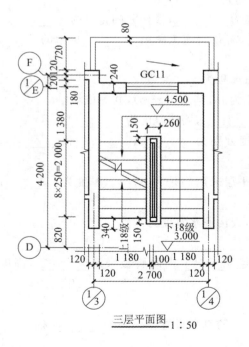

三层平面图 1:50

四层平面图 1:50

题图 7-8

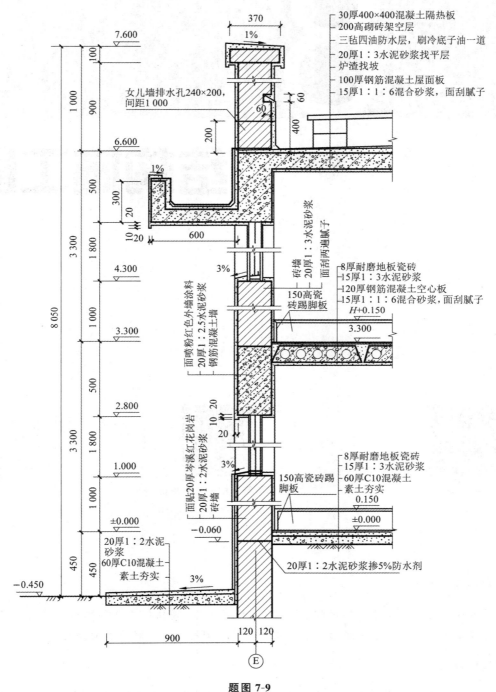

题图 7-9

工作手册 8 结构施工图

滕王阁

天下第一桥——赵州桥

知识目标

掌握钢筋混凝土结构基本知识和基础图、结构平面图、楼梯结构详图的图示内容及识读方法。熟悉混凝土结构平面整体表示方法和钢结构施工图的图示内容及识读方法。

能力目标

具备识读结构施工图的基本知识和技能,能熟练识读结构施工图,收集与图纸相关的技术资料,将所学结构施工图知识更好地运用到工程实践中,具备参与图纸会审的工作能力。

工作手册 8
结构施工图

工程案例

图 8-1 所示是某办公楼结构平面布置图,楼板的混凝土保护层厚度为 20 mm,梁宽均为 20 mm,识读该结构平面布置图,回答下列问题。

(1) B16 的板底和板面钢筋直径及间距分别是多少?

(2) B2 的横向板底钢筋的单根长度是多少?该钢筋有几根?

(3) 在 B17 中有几种不同类型的钢筋?B10 的板面结构标高是多少?

(4) 从图中能否得知 B16 与 B17 之间的板面负筋的直线长度和总长度?若能,是多少?

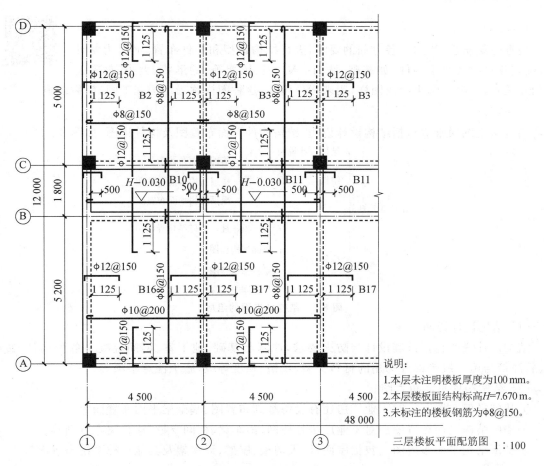

图 8-1 某办公楼结构平面布置图(标高单位为 m,其余为 mm)

任务 1 结构施工图基本知识

一、结构施工图定义、组成及用途

1. 定义及组成

1）定义

根据建筑防震、排水等各方面的要求，进行结构造型和构件布置，通过力学计算，确定建筑物各承重构件（如基础、墙、柱、梁、板、屋架等）的形状、大小、材料及其相互关系，并将其结果绘成图样，用来指导施工，这种图样称为结构施工图，简称结施。

2）组成

结构施工图通常应包括结构设计说明、结构构件平面布置图及构件详图，如图 8-2 所示。

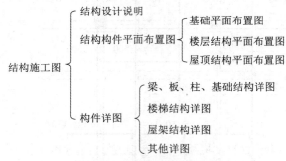

图 8-2 结构施工图的组成

（1）结构设计说明。

结构设计说明包括抗震设计与防火要求，地基与基础、地下室、钢筋混凝土各种构件、砖砌体、后浇带与施工缝等部分选用的材料类型、规格、强度等级，施工注意事项等。

（2）结构构件平面布置图。

①基础平面布置图。对工业厂房还有设备基础布置图、基础梁平面布置图等。

②楼层结构平面布置图。对工业厂房是柱网、吊车梁、柱间支撑、连系梁布置图等。

③屋顶结构平面布置图。包括屋面板、天沟板、屋架、天窗架及其他支撑系统布置图等。

（3）构件详图。

①梁、板、柱、基础（包括预制构件、现浇结构构件等）结构详图。

②楼梯结构详图。

③屋架（包括钢屋架、木屋架、钢筋混凝土屋架）结构详图。

④其他详图（如支撑详图等）。

2. 用途

结构施工图主要用来指导施工,如放线、开挖基槽、模板放样、钢筋骨架绑扎、浇灌混凝土等,以实现其他专业(建筑、给排水、暖通、电气等)设计的功能需求,是编制预算及施工组织进度计划等的主要依据。

二、结构施工图图线和比例

1. 图线

结构施工图的图线宽度及线型应按《建筑结构制图标准》(GB/T 50105—2010)相关图线规定选用,如表 8-1 所示。根据图样复杂程度与比例大小,先选用适当基本线宽 b,再选用相应的线宽组。在同一张图纸中,相同比例的各图样应选用相同的线宽组。

表 8-1　结构施工图图线的选用

名　称		线　型	线宽	一般用途
实线	粗	——————	b	螺栓、钢筋线,结构平面图中的单线结构构件线,钢、木支撑及系杆线,图名下横线、剖切线
	中粗	——————	$0.7b$	结构平面图及详图中剖到的或可见的墙身轮廓线,基础轮廓线,钢、木结构轮廓线,钢筋线
	中	——————	$0.5b$	结构平面图及详图中剖到的或可见的墙身轮廓线,基础轮廓线,可见的钢筋混凝土构件轮廓线,钢筋线
	细	——————	$0.25b$	尺寸线、标注引出线、标高符号、索引符号
虚线	粗	- - - - - -	b	不可见的钢筋线、螺栓线,结构平面图中不可见的单线结构构件线及钢、木支撑线
	中粗	- - - - - -	$0.7b$	结构平面图中的不可见构件、墙身轮廓线及不可见钢、木结构构件线,不可见的钢筋线
	中	- - - - - -	$0.5b$	结构平面图中的不可见构件、墙身轮廓线及不可见钢、木结构构件线,不可见的钢筋线
	细	- - - - - -	$0.25b$	基础平面图中的管沟轮廓线、不可见的钢筋混凝土构件轮廓线
单点长画线	粗	—·—·—	b	柱间支撑、垂直支撑、设备基础轴线图中的中心线
	细	—·—·—	$0.25b$	定位轴线、对称线、中心线、重心线
双点长画线	粗	—··—··—	b	预应力钢筋线
	细	—··—··—	$0.25b$	原有结构轮廓线
折断线		—∿—	$0.25b$	断开界线
波浪线		～～～	$0.25b$	断开界线

2. 比例

根据结构施工图的图样用途、被绘物体复杂程度,结构施工图比例的选用如表 8-2 所示,通常情况下一张图样应选用同一种比例。

表 8-2　结构施工图比例的选用

图　名	常 用 比 例	可 用 比 例
结构平面图、基础平面图	1∶50、1∶100、1∶150	1∶60、1∶200
圈梁平面图、总图中管沟、地下设施等	1∶200、1∶500	1∶300
详图	1∶10、1∶20、1∶50	1∶5、1∶30、1∶25

三、钢筋混凝土基本知识

混凝土,常被称作"砼",由水泥、沙子、石子和水按一定的比例配合搅拌而成,把它灌入定形模板,经振捣密实和养护凝固后就可形成坚硬如石的混凝土构件。混凝土抗压能力强,抗拉能力差,受拉易断裂;而钢筋则相反,其抗压能力差,抗拉能力强。二者结合正好互补,因此,常在混凝土构件的受拉区内配置一定数量的钢筋,使两种材料黏结成一个整体,共同承受外力。这种配有钢筋的混凝土叫钢筋混凝土。

在工地现场浇制的钢筋混凝土构件称为现浇钢筋混凝土构件。在工厂或工地预先制作好,然后运到工地安装的构件,称为预制钢筋混凝土构件。有的构件在制作时通过张拉钢筋对混凝土预加一定的压力,以提高构件的抗拉和抗裂性能,这种构件叫作预应力钢筋混凝土构件。全部用钢筋混凝土构件承重的结构(如单跨工业厂房),称为钢筋混凝土结构。钢筋混凝土结构示意图如图 8-3 所示。建筑物用砖墙承重,屋面、楼面、楼梯用钢筋混凝土板和梁构成,这种结构称为混合结构。

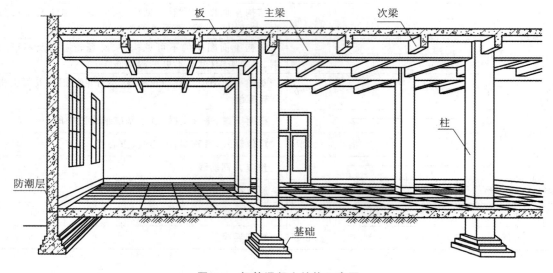

图 8-3　钢筋混凝土结构示意图

为了图示简便,结构施工图中的构件名称一般用代号来表示,代号后用阿拉伯数字标注该构件的型号或编号,也可标注构件的顺序号。构件的顺序号采用不带角标的阿拉伯数字连续编排。常用构件代号是用各构件名称汉语拼音的第一个字母组成的。《建筑结构制图标准》(GB/T 50105—2010)规定的常用构件代号如表8-3所示。

表8-3 常用构件代号

序号	名称	代号	序号	名称	代号	序号	名称	代号
1	板	B	19	圈梁	QL	37	承台	CT
2	屋面板	WB	20	过梁	GL	38	设备基础	SJ
3	空心板	KB	21	连系梁	LL	39	桩	ZH
4	槽形板	CB	22	基础梁	JL	40	挡土墙	DQ
5	折板	ZB	23	楼梯梁	TL	41	地沟	DG
6	密肋板	MB	24	框架梁	KL	42	柱间支撑	ZC
7	楼梯板	TB	25	框支梁	KZL	43	垂直支撑	CC
8	盖板或沟盖板	GB	26	屋面框架梁	WKL	44	水平支撑	SC
9	挡雨板或檐口板	YB	27	檩条	LT	45	梯	T
10	吊车安全走道板	DB	28	屋架	WJ	46	雨篷	YP
11	墙板	QB	29	托架	TJ	47	阳台	YT
12	天沟板	TGB	30	天窗架	CJ	48	梁垫	LD
13	梁	L	31	框架	KJ	49	预埋件	M—
14	屋面梁	WL	32	钢架	GJ	50	天窗端壁	TD
15	吊车梁	DL	33	支架	ZJ	51	钢筋网	W
16	单轨吊车梁	DDL	34	柱	Z	52	钢筋骨架	G
17	轨道连接	DGL	35	框架柱	KZ	53	基础	J
18	车挡	CD	36	构造柱	GZ	54	暗柱	AZ

注:1. 预制混凝土构件、现浇混凝土构件、钢构件和木构件,一般可直接采用本表中的构件代号。在绘图时,除混凝土构件可以不注明材料代号,其他材料的构件可在构件代号前加注材料代号,并在图纸中加以说明。
2. 预应力混凝土构件的代号,应在构件代号前加注"Y",如Y-DL表示预应力混凝土吊车梁。

1. 混凝土的强度等级

混凝土的强度等级是以"C"及其立方体抗压强度标准值(以 N/mm² 或 MPa 计)表示的,分为C15、C20、C25、C30、C35、C40、C45、C50、C55、C60、C65、C70、C75、C80 这14个强度等级,数字越大,表明混凝土的抗压强度越高。影响混凝土强度等级的因素主要是水泥等级和水灰比、骨料、龄期、养护温度和湿度等。影响混凝土抗压强度的主要因素是水泥强度和水灰比。要控制混凝土质量,最重要的是控制水泥质量和混凝土的水灰比。

2. 常用钢筋的种类

钢筋种类很多,通常按轧制外形、直径大小、力学性能、生产工艺及在结构中的作用等进行分类。

1)按轧制外形分

①光面钢筋:Ⅰ级钢筋(Q235钢制成的钢筋)均轧制为光面圆形截面,供应形式常为圆盘,直径不大于 10 mm,长度为 6～12 m。

②带肋钢筋:有螺旋形、人字形和月牙形三种。一般Ⅱ、Ⅲ级钢筋轧制成人字形,Ⅳ级钢筋轧制成螺旋形及月牙形。

③钢线(分低碳钢丝和碳素钢丝两种)及钢绞线。

④冷轧扭钢筋:经冷轧并冷扭成型。

2)按直径大小分

钢筋按直径大小分为钢丝(直径为 3~5 mm)、细钢筋(直径为 6~10 mm)和粗钢筋(直径大于 22 mm)。

3)按力学性能分

钢筋按力学性能不同分为Ⅰ级钢筋(HPB235、HPB300 级)、Ⅱ级钢筋(HRB335 级)、Ⅲ级钢筋(HRB400 级)和Ⅳ级钢筋(HRB500 级)。

4)按生产工艺分

钢筋按生产工艺不同分为热轧、冷轧、冷拉钢筋,还有以Ⅳ级钢筋经热处理而成的热处理钢筋,强度较高。

5)按在结构中的作用分

配置在钢筋混凝土结构构件中的钢筋如图 8-4 所示,按其所起作用的不同分为以下几类:

①受力筋。

受力筋是承受拉力或压力的钢筋,用于梁、板、柱等各种钢筋混凝土构件。钢的直径和数量根据构件受力大小计算。承受构件中拉力的钢筋叫作受拉筋。在梁、柱构件中有时还要配置承受压力的钢筋,这种钢筋叫作受压筋。受力筋按形状分为直筋和弯筋。

②箍筋。

箍筋常用于梁和柱内,用来承受剪力或扭力,同时用来固定受力筋的位置。箍筋一般沿构件横向或纵向等距离布置。

③架立筋。

架立筋布置在梁内,与受力筋、箍筋一起构成钢筋骨架。

④分布筋。

分布筋常用于屋面板、楼板内,与板的受力筋垂直布置,用于固定受力筋的位置,与受力筋构成钢筋网,将承受的重量均匀地传给受力筋,并抵抗热胀冷缩引起的变形。

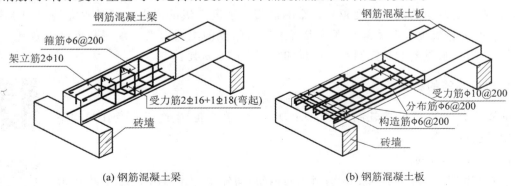

图 8-4 配置在钢筋混凝土结构构件中的钢筋

⑤构造筋。

构造筋是因构件的构造要求或施工安装需要而配置的钢筋,如预埋锚固筋、吊环等。

3. 钢筋的等级与代号

在钢筋混凝土结构设计相关规范中,建筑用钢筋,按其产品种类等级不同,分别使用不同代号,以便标注及识别。常用钢筋代号及性能参数如表8-4所示。

表8-4 常用钢筋代号及性能参数

钢筋牌号	代 号	公称直径/mm	屈服强度标准值/MPa	极限强度标准值/MPa
HPB300	Φ	6~14	300	420
HRB335	Φ	6~14	335	455
HRB400	Φ	6~50	400	540
HRBF400	Φ^F	6~50	400	540
RRB400	Φ^R	6~50	400	540
HRB500	Φ	6~50	500	630
HRBF500	Φ^F	6~50	500	630

4. 弯钩与保护层

为了使钢筋和混凝土具有良好的黏结力,应将光圆钢筋两端做成半圆弯钩或直弯钩;带肋钢筋与混凝土的黏结力强,两端可不做弯钩。钢箍常采用光圆钢筋,两端在交接处也要做出弯钩。弯钩的常见形式和画法如图8-5所示,一般分别在两端各伸长50 mm左右,将弯钩常做成135°或90°。

为了保护钢筋(防锈、防火、防腐蚀)、加强钢筋与混凝土的黏结力,在钢筋的外边缘与构件表面之间应留有一定厚度的混凝土,这层混凝土称为保护层。结构图上一般不标注保护层的厚度,《混凝土结构设计规范》中规定,纵向受力的普通钢筋及预应力钢筋,其混凝土保护层厚度不应小于钢筋的公称直径,且应符合依据构件所处的环境类别和混凝土强度等级所做的规定,如表8-5所示。一般设计中是采用最小值的。

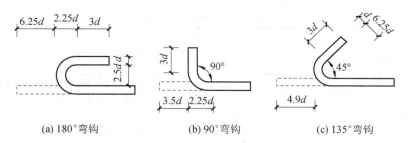

图8-5 钢筋弯钩的常见形式和画法

表 8-5　纵向受力钢筋混凝土保护层最小厚度（mm）

环境类别	板、墙、壳			梁			柱		
	≤C20	C25～C45	≥C50	≤C20	C25～C45	≥C50	≤C20	C25～C45	≥C50
一	20	15	15	30	25	25	30	30	30
二 a	—	20	20	—	30	30	—	30	30
二 b	—	25	20	—	35	30	—	35	30
三	—	30	25	—	40	35	—	40	35

注：1. 基础中的纵向受力钢筋的混凝土保护层厚度不应小于 40 mm；无垫层时不应小于 70 mm。
　　2. 室内正常环境为一类环境，室内潮湿环境为二 a 类环境，严寒和寒冷地区的露天环境为二 b 类环境，海滨室外环境为三类环境。

5. 钢筋的尺寸标注

钢筋的直径、根数或相邻钢筋中心距一般采用引出线方式标注，其标注形式及含义如图 8-6 所示。

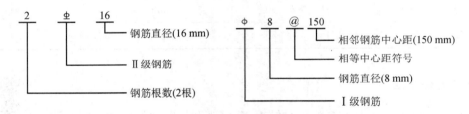

图 8-6　钢筋尺寸标注形式及含义

6. 钢筋混凝土构件的图示方法

从钢筋混凝土结构的外观只能看到混凝土的表面及其外形，看不到内部的钢筋及其布置。为了突出表达钢筋在构件内部的配置情况，通常假定混凝土为透明的，并对构件进行投影，绘制构件的配筋图。配筋图由立面图和断面图组成。在立面图中，构件的轮廓线用中粗实线画出，钢筋则用粗实线表示。在断面图中，剖到的钢筋圆截面画成黑色圆点，其余未剖到的钢筋用粗实线表示，并规定不画材料图例。施工图中应标注出钢筋的类别、形状、数量、直径及间距等。《建筑结构制图标准》（GB/T 50105—2010）规定了钢筋的表示方法，如表 8-6 所示。

表 8-6　钢筋的表示方法

序号	名　称	图　例	说　明
1	钢筋横断面	·	
2	无弯钩的钢筋端部	━━━	下图表示长、短钢筋投影重叠，短钢筋的端部用 45°斜线表示
3	带半圆形弯钩的钢筋端部	⌐━━	
4	带直钩的钢筋端部	┐━━	

续表

序号	名　称	图　例	说　明
5	带丝扣的钢筋端部		
6	无弯钩的钢筋搭接		
7	带半圆弯钩的钢筋搭接		
8	带直钩的钢筋搭接		
9	机械连接的钢筋接头		用文字说明机械连接的方式

对于外形比较复杂的或设有预埋件的构件，还需另画出模板图。模板图是表示构件外形和预埋件位置的图样，图中标注出构件的外形尺寸（也称模板尺寸）和预埋件型号及其定位尺寸，它是制作构件模板和安放预埋件的依据。对于外形比较简单又无预埋件的构件，因在配筋图中已标注出构件的外形尺寸，则不需画出模板图。《建筑结构制图标准》(GB/T 50103—2010)要求钢筋的画法应符合表 8-7 的规定。

表 8-7　钢筋的画法

序　号	说　明	图　例
1	在结构楼板中配置双层钢筋时，底层钢筋的弯钩应向上或向左，顶层钢筋的弯钩应向下或向右	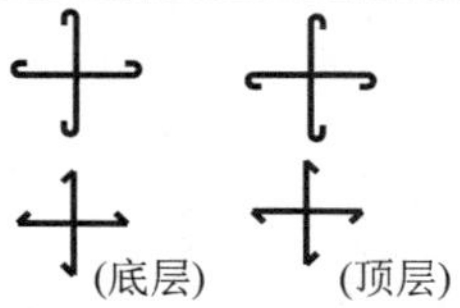 （底层）（顶层）
2	钢筋混凝土墙体配置双层钢筋时，在配筋立面图中，远面钢筋的弯钩应向上或向左，而近面钢筋的弯钩应向下或向右（近面代号为 JM；远面代号为 YM）	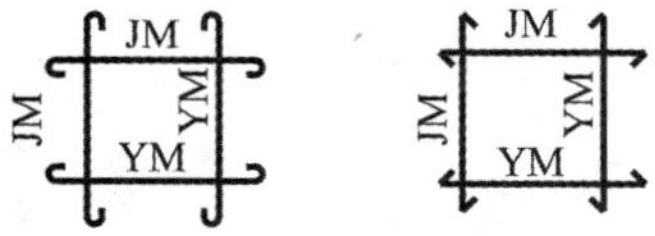
3	在断面图中不能表达清楚的钢筋布置，应在断面图外增加钢筋大样图（如钢筋混凝土墙、楼梯等）	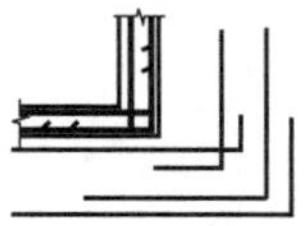
4	图中所表示的箍筋、环筋等若布置复杂，可加画钢筋大样图并补充说明	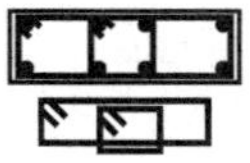
5	每组相同的钢筋、箍筋或环筋，可用一根粗实线表示，同时用一两端带斜短画线的细线横穿，表示钢筋起止范围	

四、结构施工图的识读方法与步骤

结构施工图的识读步骤如图 8-7 所示，一般是从基础、墙、柱、楼面到屋面依次识读，这也是结构施工图编排的先后顺序。看图时要注意从粗到细、从大到小。先粗看一遍，了解工程的概况、结构方案等。然后看结构总说明及每一张图纸,熟悉结构平面布置,检查构件布置是否合理、有无遗漏,柱网尺寸、构件定位尺寸、楼面标高等是否正确。最后根据结构平面布置图,详细看每一个构件的编号、数量、截面尺寸、配筋、标高及其节点详图。文字说明也是结构施工图的重要组成部分,应认真仔细逐条阅读,并与图样对照看,便于完整理解图纸。结构施工图应与建筑施工图结合起来看。一般先看建筑施工图,通过看设计说明、总平面图、建筑平面图、立面图和剖面图,了解建筑外形特征、使用功能,内部房间的布置、层数与层高,柱、墙布置,门窗尺寸、楼梯位置、内外装修、材料构造及施工要求等基本情况,然后再看结构施工图。在识读结构施工图时应同时对照相应的建筑施工图,只有把两者结合起来看,才能全面理解结构施工图。

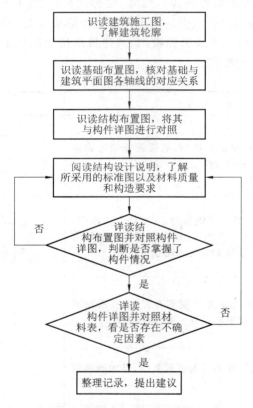

图 8-7 结构施工图的识读步骤

结构施工图的具体识读步骤如下:

(1) 阅读结构设计说明。准备好结施所套用的标准图集及地质勘察资料。

(2) 识读基础平面图、详图与地质勘察资料。基础平面图应与建筑底层平面图结合起来看。

(3) 识读柱平面布置图。根据对应的建筑平面图核对柱的平面布置是否合理,柱网尺寸、柱断面尺寸与轴线的关系尺寸有无错误。

(4) 识读楼层及屋面结构平面布置图。对照建施平面布置图中的房间分隔、墙体的布置等,检查各构件的平面定位尺寸是否正确,布置是否合理,有无遗漏,楼板的形式、布置、板面标高是否正确等。

（5）详细看各平面图中的每一个构件的编号、断面尺寸、标高、配筋及其构造详图，并与建施结合，检查有无错误与矛盾。看图中发现的问题要一一记下，最后按先后顺序将存在的问题全部整理出来，以便在图纸会审时加以解决。

（6）在识读结构施工图时，设计采用标准图集时，应详细阅读相应的标准图集。

任务 2 基础施工图

基础是位于建筑物室内地面以下的承重部分。它承受上部墙、柱等传来的全部荷载，并传给基础下面的地基。基础的形式一般取决于上部承重结构的形式和地基等情况。以条形基础为例，基础的组成如图 8-8 所示，基础下面承受基础传递的荷载的地层称为地基。垫层是指把基础传来的荷载均匀地传递给地基的中间层。大放脚是把上部结构传来的荷载分散传递给垫层的基础扩大部分，目的是使地基上单位面积的压力减小，满足结构安全要求。建筑±0.000 以下的墙（除地下室外）称为基础墙。坑底就是基础的底面，基坑边线就是放线时确定的灰线。基坑（基槽）是为基础施工而在地面上开挖形成的土坑。为了防止地下水对墙体造成侵蚀，在约 −0.060 m 处（除地下室外）设置一层能防水的建筑材料来隔潮，这一构造层次称为防潮层。

基础施工图是进行施工放线、基槽开挖和砌筑的主要依据，也是进行施工组织和预算的主要依据，主要图纸有基础平面图和基础详图。基础形式有很多，而且所用材料和构件也各不相同，比较常见的是条形基础和独立基础，如图 8-9 所示。

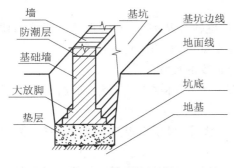

图 8-8 基础的组成

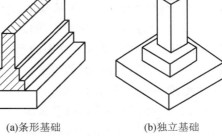

(a)条形基础　　(b)独立基础

图 8-9 常见的基础形式

一、基础平面图

基础平面图是假想用一个水平剖切面在建筑物的室内底层地面与基础之间把整幢建筑物剖开，移去剖切面以上的建筑物及基础回填土后，向下进行正投影所作的基础水平剖面图。

基础平面图主要表示基础的平面布置以及墙、柱与轴线的关系，为施工放线、开挖地基和砌筑基坑提供依据。

1. 基础平面图的图示特点及尺寸标注

1）图示特点

在基础平面图中，只画出基础墙（或柱）及基础底面的轮廓线，基础的细部轮廓线可省略不画。这些细部的形状，将在基础的详图中具体反映。定位轴线与建筑平面图一样，尺寸布置应与建筑施工图的底层平面图一致。基础墙（或柱）的外形线，即剖到的轮廓线，应画成粗实线。条形基础一般设计大放脚或台阶，在基础平面图上只用细实线画出外轮廓线即可。对于一段墙体的条形基础而言，基础平面图只画四条线，即两条粗实线（墙宽）和两条细实线（基础底部宽）。一般基础上设有基础梁，可见的梁用粗实线（单线）表示，不可见的梁用粗虚线表示（单线）。如果剖到钢筋混凝土柱，则用涂黑表示。穿过基础的管道洞口可用细虚线表示。地沟用细虚线表示。由于基础平面图常采用1∶100的比例绘制，故材料图例的表示方法与建筑平面图相同，即剖到的基础墙可不画材料图例，钢筋混凝土柱涂成黑色。因为房屋各部分的基础受力情况、构造方法、埋深、断面形状等不同，要分别绘制基础详图，所以要在基础平面图上不同断面处绘断面位置符号，并且用不同的编号表示（1—1，2—2、3—3等）。相同的断面用同一断面编号表示，且注意投影方向。

2）尺寸标注

基础平面图中须注明基础的定形尺寸和定位尺寸。基础的定形尺寸即基础墙的宽度、柱外形尺寸以及它们的基础底面尺寸，这些尺寸可直接标注在基础平面图上，也可以用文字加以说明，或用基础代号等形式标注。基础代号注写在基础剖切线的一侧，以便在相应的基础详图中查到基础底面的宽度。基础的定位尺寸也就是基础墙（或柱）的轴线尺寸。这里的定位轴线及其编号，必须与建筑平面图中的完全一致。

2. 基础平面图的识读内容及方法

（1）识读基础平面图的图名、比例。

（2）结合建筑平面图，了解基础平面图的纵、横向定位轴线及编号、轴线尺寸。明确墙体轴线的位置，是对称轴线还是偏轴线，如果是偏轴线，要注意宽边、窄边的位置以及尺寸。

（3）看基础墙、柱以及基础底面的形状、大小及其与轴线的尺寸关系。

（4）识读基础梁（地圈梁）的位置以及代号。从图纸中可知哪些部位有梁，根据代号可以统计梁的种类、数量，查看梁的详图。

（5）看基础平面图中剖切线及其编号（或注写的基础代号）可了解基础断面的种类、数量及其分布位置，以便与基础断面图（即基础详图）对照阅读。

（6）了解基础类型、平面尺寸以及基础编号，了解基础断面图对应的剖切位置及其编号。

（7）通过施工说明，了解基础所用材料的强度等级、防潮层做法、设计依据、基础的埋置深度、室外地面的绝对标高以及施工注意事项等情况。

3. 基础平面图识读举例

图8-10所示为某楼房基础平面图，根据图纸可识读出以下内容：

（1）基础平面图的比例、轴线及轴线尺寸与建筑平面图相同，本图采用1∶100的比例。

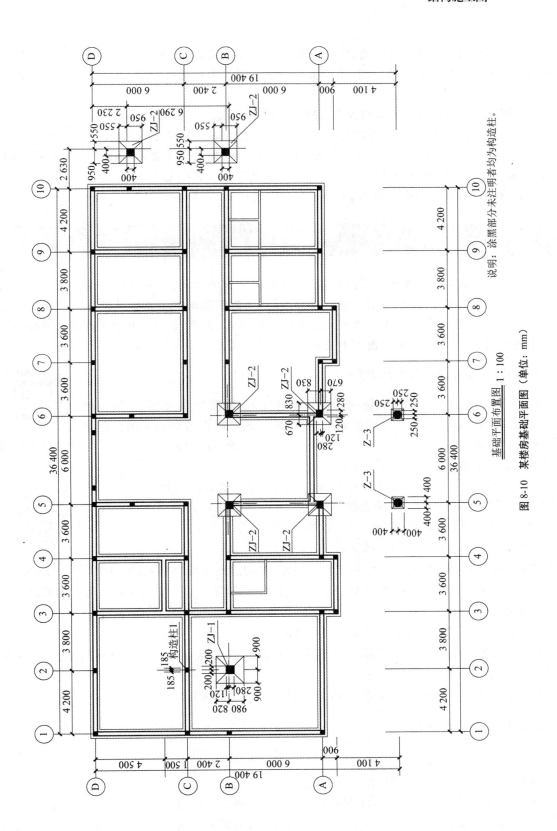

图 8-10 某楼房基础平面图(单位:mm)

(2) 基础平面图中只画基础墙、柱的截面及基础底面轮廓线(表示基坑开挖的最小宽度)。用粗实线表示剖切到的基础墙身线,用中实线表示基础底面轮廓线,剖到的钢筋混凝土柱断面要涂黑表示。

(3) 该楼房以砖墙下条形基础为主,局部有独立柱基础。

(4) 结合建筑平面图可知,外墙及大部分内墙为 240 mm 厚,局部有 120 mm 厚的墙。

(5) 图纸中,由于地基承载力条件较好,所有 240 mm 厚墙体下部的基础形式均相同,不需再进行其他标注。图中基础墙中涂黑的部位为构造柱。其中ⓒ轴线墙上有一 370 mm×240 mm 的构造柱,其余构造柱均为 240 mm×240 mm。

二、基础详图

基础平面图仅表明了基础的平面布置,而基础各部分的形状、大小、材料、构造以及基础的埋置深度等均未表示出来,所以需另画基础详图,作为砌筑基础的依据。基础详图的实质就是垂直剖切的断面图,主要表明基础各组成部分的具体形状、大小、材料及基础埋深等。基础详图通常用断面图表示,并与基础平面图中被剖切的相应代号及剖切符号一致。

1. 基础详图的识读内容及方法

(1) 了解基础详图的图名和比例。图名常用"1—1 断面""2—2 断面"等或用基础代号表示,根据图名可与基础平面图对照,确定该基础详图对应基础平面图上的断面。基础详图常用 1∶20 或 1∶50 的比例(比基础平面图比例大)绘制,可以详细地表示出基础断面的形状、尺寸以及与轴线的关系。

(2) 识读基础详图的轴线及其编号,确定轴线与基础各部位的相对位置,了解基础墙、大放脚、基础圈梁等与轴线的位置。

(3) 明确基础断面形状、大小、材料以及配筋情况等。

(4) 在基础详图中要表明防潮层的位置和做法。

(5) 识读基础断面的详细尺寸和室内外地面、基础底面的标高。基础详图的尺寸用来表示基础墙厚、大放脚的尺寸、基础底宽以及它们与轴线的相对位置,从基础底面标高可识读出基础的埋置深度。

(6) 识读基础梁和基础圈梁的截面尺寸及配筋情况。

(7) 看防潮层的标高尺寸及做法,了解防潮层距室内主要地面(±0.000 标高处)的相对位置及其采用的施工材料。

(8) 阅读基础详图的施工说明,了解对基础施工的具体要求。

2. 基础详图识读举例

1) 条形基础详图的识读

条形基础详图如图 8-11 所示。

从"240 墙基础"详图中可知,比例采用 1∶25。地圈梁顶标高为 −0.050 m,基础底面标高为 −3.000 m,基础下面有 100 mm 厚 C15 混凝土垫层,地圈梁截面尺寸为 370 mm×240 mm,内

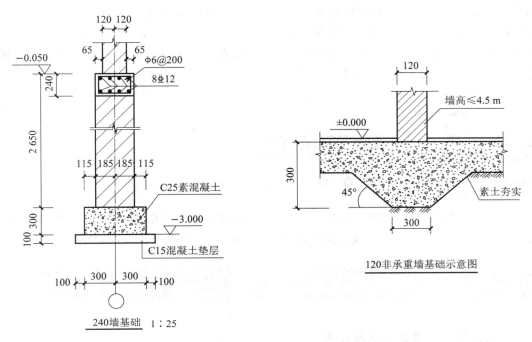

图 8-11 条形基础详图(标高单位为 m,其余为 mm)

配 8 根直径为 12 mm 的Ⅲ级纵向钢筋,箍筋为直径 6 mm 的Ⅰ级钢筋,绑扎间距为 200 mm。地圈梁下的基础墙厚 370 mm,基础墙下部是 300 mm 厚的 C25 素混凝土放脚,两边超出基础墙 115 mm。基础下边的垫层,每边比素混凝土放脚宽 100 mm。为了与其上的混凝土基础相区分,此处混凝土垫层只进行文字说明,没有用混凝土图例表示。

从"120 非承重墙基础示意图"中可知,此非承重墙采用的材料是普通砖,基础厚 300 mm,底部宽 300 mm,按 45°方向渐变到室内地面高度范围,基础材料为混凝土。基础底面进行了素土夯实。

2) 独立基础详图的识读

独立基础详图如图 8-12 所示,为基础平面图中独立柱基础 ZJ-2 的详图,比例采用 1∶25,此

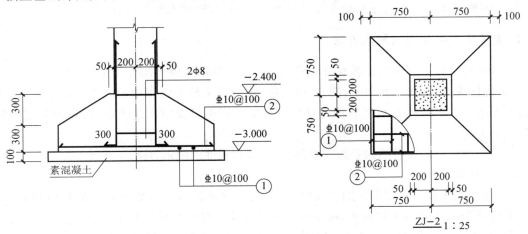

图 8-12 独立基础详图(标高单位为 m,其余为 mm)

基础为现浇基础。ZJ-2 基础底面尺寸为 1 500 mm×1 500 mm，柱子尺寸为 400 mm×400 mm，下面垫层为厚 100 mm 的素混凝土，基础底面标高为 −3.000 mm。在这个柱基础中，柱子的上部钢筋通到基础底部并有 90°弯钩，弯钩部分（即俗称的插筋）长 300 mm，基础底部双向钢筋网均为直径为 10 mm 的Ⅲ级钢筋，间距为 100 mm。

任务 3　结构平面图

结构平面图是表示建筑物室外地面以上各层楼面及屋顶承重构件（如梁、板、柱、墙、门窗过梁、圈梁等）平面布置的图样，一般包括楼面结构平面图、屋顶结构平面图、圈梁结构图等。

一、楼层结构平面图

1. 楼层结构平面图的形成与作用

楼层结构平面图也称为楼层结构平面布置图，是假想用一个剖切平面沿着楼板水平剖开，移走上部建筑物后作水平投影所得到的图样，表示楼面板及其下面的墙、梁、柱等承重构件的平面布置。如果各层楼面结构布置情况相同，则可只画出一个楼层结构平面图，但应注明合用各层的层数。楼层结构平面图的常用比例是 1∶50、1∶100、1∶150，可用比例是 1∶60、1∶200。可见的钢筋混凝土梁、板的轮廓线、可见墙身轮廓线用中粗或中实线表示，剖切到的不可见墙身轮廓线用中粗或中虚线表示，剖切到的钢筋混凝土柱涂黑表示，楼板块用细实线画出。楼层上各种梁、板构件，在图上都用构件代号及其构件的数量、规格加以标记。在结构平面布置图上，构件也可用单线表示。查看这些构件代号及其数量、规格和定位轴线，可了解各种构件的位置和数量。楼梯间在图上用打了对角交叉线的方格表示，其结构布置另画详图。

2. 楼层结构平面图的图示方法

（1）轴线：结构平面图上的轴线应和建筑平面图上的轴线编号和尺寸完全一致。

（2）构件线：在结构平面图中，剖到的梁、板、墙身可见轮廓线用中粗或中实线表示；楼板可见轮廓线用粗实线表示；楼板下的不可见墙身轮廓线用中粗或中虚线表示；可见的钢筋混凝土楼板块用细实线表示。

以图 8-13 所示的楼层结构平面图为例，说明结构构件的图示方法。

①预制楼板。

预制楼板按实际布置情况用细实线绘制，布置方案不同时要分别绘制，相同时用同一名称表示，并将该房间楼板画上对角线，标注板的数量和构件代号。构件编号一般应包含数量、标志长度、板宽、板厚、荷载等级等内容。如图 8-13 所示，Ⓐ～Ⓑ轴线间的房间标注"8Y-KB36-2A"，含义是：预制楼板数量为 8；为预应力空心板；标志长度为 3 600 mm；为活荷载，荷载等级为 2

级。构件编号内容含义如图 8-14 所示。

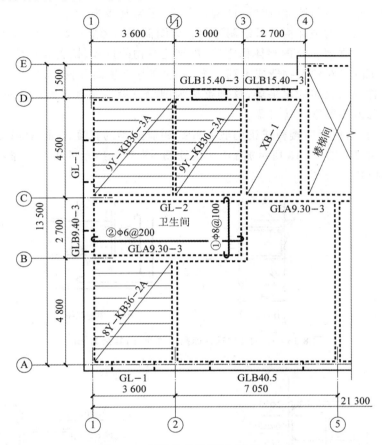

图 8-13 楼层结构平面图（单位：mm）

图 8-14 构件编号内容含义

②预制钢筋混凝土梁。

在结构平面图中，因为圈梁、过梁等均在板下配置，规定圈梁和其他过梁用粗虚线（单线）表示位置，并在旁侧标注梁的构件代号和编号。图 8-13 中代号 GL-1 指的是窗上的过梁。

③现浇钢筋混凝土板。

有些楼板因使用要求需现场浇筑。现浇板可另绘详图，并在结构平面布置图上只画一对角线，注明板的代号和编号，如图 8-13 中的 XB-1，在详图上注明钢筋编号、规格、直径、间距或数量等；也可在板上直接绘出配筋图，并注明钢筋编号、直径、等级、数量等，如图 8-13 中的 Ⓑ～Ⓒ轴线处的卫生间。

④详图。

为了清楚地表达楼板与墙体（或梁）的构造关系，通常还要画出节点剖面放大详图，以便于施工。楼层结构平面上的现浇构件可绘制详图。详图需注明形状、尺寸、配筋、梁底标高等以满足施工要求。为了增强建筑物的整体稳定性，提高建筑物的抗风、抗震和抵抗温度变化的能力，防止地基不均匀沉降等对建筑物造成不利影响，常常在基础顶面、门窗洞口顶部、楼板和檐口等部位的墙内设置连续而封闭的水平梁，这种梁称为圈梁。设在基础顶面的圈梁称为基础圈梁，设在门窗洞口顶部的圈梁常代替过梁。

在节点放大图中，应说明楼板或梁的底面标高和墙或梁的宽度尺寸；有时用详图表明构件之间的构造组合关系，如图8-15所示的QL-1配筋图、图8-16所示的板与圈梁搭接的装配关系和图8-17所示的GL-1详图。

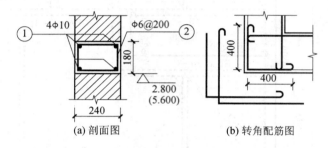

图 8-15　QL-1 配筋图（标高单位为 m，其余为 mm）

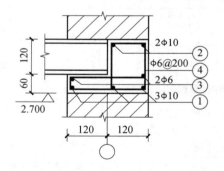

图 8-16　板与圈梁搭接（标高单位为 m，其余为 mm）

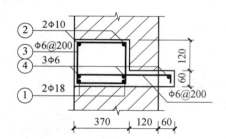

图 8-17　GL-1 详图（单位：mm）

3. 楼层结构平面图的内容

楼层结构平面图一般包括楼层结构平面布置图、局部剖面详图、构件统计表和施工技术说明四部分。

（1）楼层结构平面布置图。主要表示楼层中各种构件的平面关系，如轴线间尺寸与构件长度的关系、墙与构件的关系、构件搭在墙体上的长度、各种构件的名称编号、布置及定位尺寸等。

（2）局部剖面详图。表示梁、板、墙、圈梁之间的连接关系和构造处理，如板搭在墙体上或梁上的长度、施工方法、板缝加筋要求等。

（3）构件统计表。用于列出所有构件序号、构件编号、构造尺寸、数量及所采用的通用图集代号等。

(4) 施工技术说明。用于对施工材料、方法等提出要求。

4. 楼层结构平面图识读举例

以图 8-18 所示的楼层结构布置图(三层顶)为例,说明楼层结构平面图的识读要点及方法。从图 8-18 中可以看出,该建筑物为砖墙与钢筋混凝土梁、板组成的砌体结构,其中有现浇板和预制预应力空心楼板(Y-KB)两种板的形式。楼梯间、卫生间、走廊及阳台均采用现浇板,图中标注了现浇板中的钢筋布置情况。由于有较大空间的房间,故在②、③、⑤、⑥、⑦、⑧轴线上设有梁。⑤、⑥轴线间除了有梯梁与普通直线梁外,还设有曲线梁 L-12。在①轴线上、楼梯间处,设有过梁 GL-2。这些梁的具体配筋情况另作结构详图表示。图中涂黑的部分除了标注的柱 Z-1、Z-2 以外,其余均为构造柱。

图中还绘制了各个房间的预制板的配置。预制板一般按地方标准图集规定的表示方式标注,各地方的表示方式并不完全一致,实际作图时应根据相关要求进行标注。如①～②轴线与Ⓐ～Ⓑ轴线处的房间,选用 8 块预应力钢筋混凝土空心板,设计荷载等级为 3 级,板长 4 200 mm(实际板长 L=4 180 mm),板宽 600 mm,有垫层。

板长代号用板的标志长度(mm)的前面两位数表示,如标志长度为 4 200 mm 的板的板长代号为 42。板的实际长度"L=4 180"注写在代号的下方。荷载等级共分 8 级,分别表示 1.0、2.0、3.0、4.0、5.0、6.0、7.0、8.0(单位:kN/m^2 或 kPa)的活荷载。当板厚为 120 mm 时,板型代号用 1、2、3、4 表示,其标志宽度分别为 500、600、900、1 200(单位:mm);当板厚为 180 mm 时,板型代号用 5、6、7 表示,其标志宽度分别为 600、900、1 200(单位:mm)。

"d"表示在预应力空心板上做垫层,以增加楼面的整体性和防水性。

二、屋顶结构平面图

屋顶结构平面图是表示屋顶承重构件平面布置的图样,其内容和图示要求基本同楼层结构平面图,但屋面有排水要求,或设天沟板,或将屋面板按一定坡度设置,还有楼梯间屋面的铺设,另外,有些屋面上还设有人孔及水箱等结构,因此需单独绘制。

屋顶结构平面图与楼层结构平面图的不同之处仅在于:
(1) 平屋顶的楼梯间,满铺屋面板。
(2) 带挑檐的平屋顶有檐板。
(3) 平屋顶有检查孔和水箱间。
(4) 楼层中的厕所小间用现浇钢筋混凝土板,而屋顶可用通长的空心板。
(5) 平屋顶上有烟囱、通风道的留孔。

图 8-19 所示为某楼房屋顶结构平面图,比例为 1∶100。④号轴线处采用一块人孔板。阳台采用现浇板,具体做法和二至五层平面图相同。

图 8-20 所示的是屋面结构构件中另一悬臂梁和阳台梁的截面配筋图。从图中可知,阳台梁宽为 250 mm,高 370 mm,梁的上部、下部均配置了Ⅱ级钢筋,箍筋为直径是 6 mm 的Ⅰ级钢筋,间距为 100 mm。

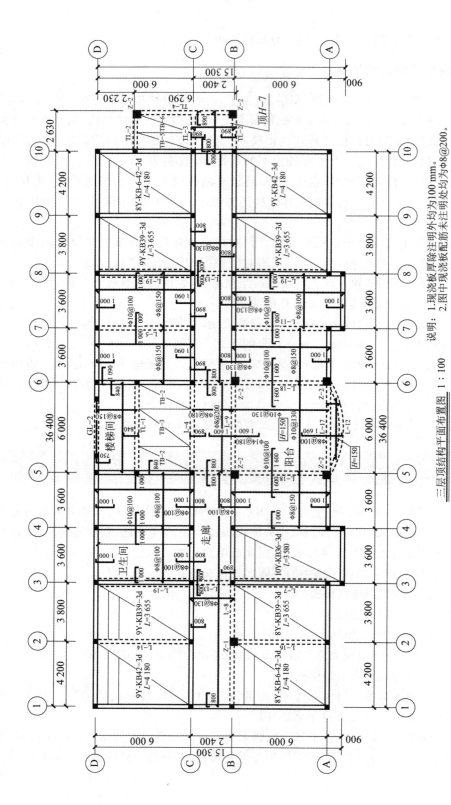

图 8-18 楼层结构布置图（三层顶）（单位：mm）

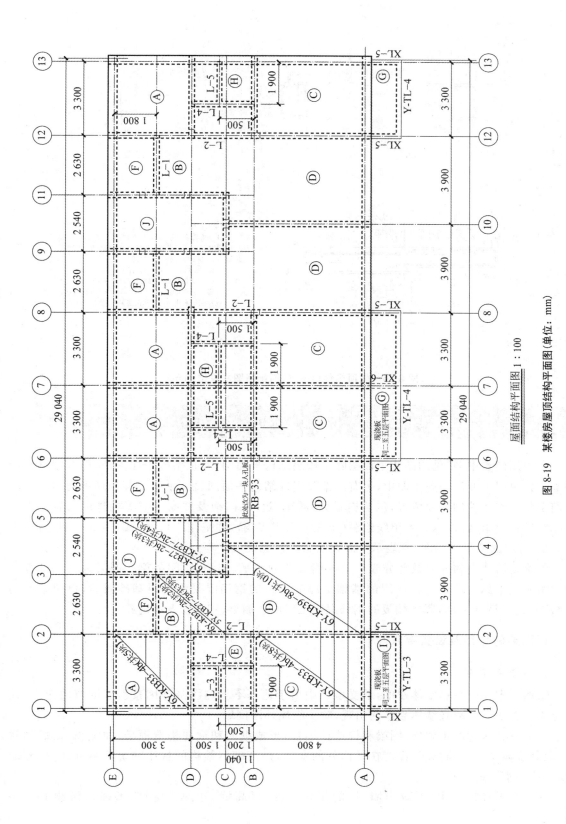

图 8-19 某楼房屋顶结构平面图(单位:mm)

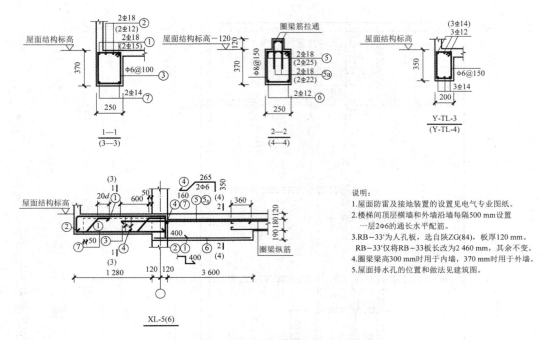

图 8-20 屋顶构件详图（截面配筋图）（单位：mm）

三、其他结构平面图

在民用建筑中，常见的结构平面图除了楼层结构平面图、屋顶结构平面图外，还有圈梁平面图等。在单层工业厂房施工图中，另有屋架及支撑结构平面图，柱、吊车梁等构件平面图，等等，它们反映这些构件的平面位置，包括连系梁、圈梁、过梁、门板及柱间支撑等构件的布置。由于这些图样较简单，常以示意的单线绘制（单线应为粗实线），并采用 1∶200 或 1∶500 的比例，如图 8-21 所示的圈梁结构图，它表示了圈梁的布置情况及尺寸等。

圈梁是沿建筑物外墙及部分或全部内墙设置的水平、连续、封闭的梁。圈梁因为是连续围合的梁所以也称为环梁。在房屋的基础上部的连续的钢筋混凝土梁叫基础圈梁，也叫地圈梁（DQL）；而在墙体上部，紧挨楼板的钢筋混凝土梁叫上圈梁（用 QL 表示）。

1. 圈梁的作用及设置要求

1）圈梁的作用

①增强砌体（房屋）整体刚度，承受墙体中由于地基不均匀沉降等因素引起的弯曲应力，在一定程度上防止和减轻墙体裂缝的出现，防止纵墙外围倒塌。

②提高建筑物的整体性，圈梁和构造柱连接，形成纵向和横向构造框架，加强纵、横墙的联系，限制墙体尤其是外纵墙、山墙在平面外的变形，提高砌体结构的抗压和抗剪强度，抵抗震动荷载，传递水平荷载。

③起水平箍的作用，可减小墙、柱的压屈长度，提高墙、柱的稳定性，增强建筑物的水平刚度。

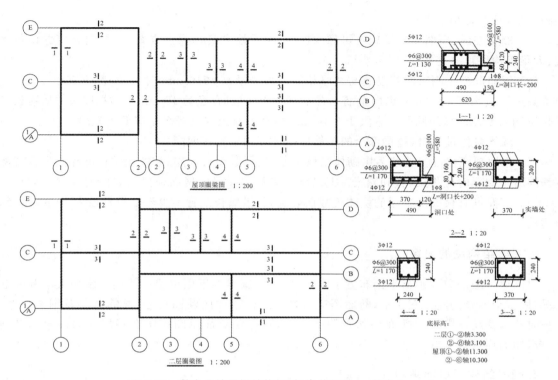

图 8-21 某办公楼圈梁结构图（标高单位为 m，其余为 mm）

④通过与构造柱配合，提高墙、柱的抗震能力和承载力。

⑤在温差较大地区防止墙体开裂。

2）圈梁的设置要求

①外墙上的设置：屋盖处及每层楼盖处均设置。

②内纵墙上的设置：抗震设防烈度为 6 度和 7 度的地区，屋盖及楼盖处均设置，屋盖处间距不应大于 7 m，楼盖处间距不应大于 15 m，设置在构造柱对应部位；抗震设防烈度为 8 度的地区，屋盖及楼盖处均设置，屋盖处沿所有横墙，且间距不应大于 7 m，楼盖处间距不应大于 7 m，设置在构造柱对应部位；抗震设防烈度为 9 度的地区，屋盖及每层楼盖处均设置，设置在各层所有横墙上。

③空旷的单层房屋内的设置：砖砌体房屋，檐口标高为 5～8 m 时，应在檐口标高处设置圈梁一道，檐口标高大于 8 m 时应增加圈梁数量；砌块及料石砌体房屋，檐口标高为 4～5 m 时，应在檐口标高处设置圈梁一道，檐口标高大于 5 m 时，应增加圈梁数量；对有吊车或较大震动的设备的单层工业房屋，除在檐口和窗顶标高处设置现浇钢筋混凝土圈梁外，尚应增加设置数量。

④对建造在软弱地基或不均匀地基上的多层房屋，应在基础和顶层各设置一道圈梁，其他各层可隔层或每层设置。

⑤多层房屋基础处设置圈梁一道。

2. 圈梁的构造要求

（1）圈梁宜连续地设在同一水平面上，沿纵、横墙方向应形成封闭状。当圈梁被门窗洞口截断时，应在洞口上部增设相同截面的附加圈梁。附加圈梁与圈梁的搭接长度不应小于其垂直间距的 2 倍,且不得小于 1 m。

（2）圈梁在纵、横墙交接处应有可靠的连接,刚弹性方案和弹性方案房屋,圈梁应保证与屋架、大梁等构件可靠连接。

（3）钢筋混凝土圈梁的宽度宜与墙厚相同。当墙厚 $h \geqslant 240$ mm 时,其宽度不宜小于 $2h/3$。圈梁高度不应小于 120 mm,纵向钢筋布置不宜少于 4 根(直径为 10 mm),绑扎接头的搭接长度按受拉钢筋考虑。箍筋间距不宜大于 300 mm,现浇混凝土强度等级不应低于 C20。

（4）圈梁兼作过梁时,过梁部分的钢筋应按计算用量另行增配。

（5）采用现浇楼(屋)盖的多层砌体结构房屋,当层数超过 5 层,在按相关标准隔层设置现浇钢筋混凝土圈梁时应将梁、板和圈梁一起现浇。未设置圈梁的楼面板嵌入墙内的长度不应小于 120 mm,其厚度宜根据所采用的块体模数而确定,并沿墙长配置不少于 2 根直径为 10 mm 的纵向钢筋。

3. 圈梁结构图的内容

对圈梁一般用单线画出平面布置示意图,以表示圈梁的平面位置。圈梁的断面大小和配筋情况,用多个圈梁的断面图表示,断面图应清楚表示出圈梁的断面尺寸、配筋情况及钢筋位置。看图时不仅要注意圈梁的断面形状与钢筋布置情况,还要注意圈梁所在楼层标高以及与其他梁、板、墙的连接关系等。

4. 圈梁结构图识读举例

以图 8-21 所示的某办公楼圈梁结构图为例,说明圈梁结构图的识读内容及方法。

该办公楼的圈梁结构图比例为 1∶200。图中可见该办公楼在二层和屋顶设有圈梁,两层圈梁的平面布置基本相同,即圈梁布置在①、②、⑤、⑥和Ⓐ、Ⓑ、Ⓒ、Ⓓ、Ⓔ各轴线上,此外在楼梯间的③、④轴线上也有圈梁。从圈梁的断面与配筋图中,可见四个断面剖切符号表示出的五种形状。看图中说明可知圈梁底面标高,二层①～②轴线的为 3.300 m,②～⑥轴线的为 3.100 m；屋顶①～②轴线的为 11.300 m,②～⑥轴线的为 10.300 m。通过标高可知两道圈梁分别设在一层和顶层窗洞口上部。

任务 4 楼梯结构图

现浇楼梯是指按设计图纸要求采用现场绑扎钢筋及浇灌混凝土的形式形成的楼梯。双跑楼梯是指从下一层楼(地)面到上层楼(地)面需要经过两个梯段,两梯段之间设一个休息平台。板式楼梯是指,每一个梯段板是一块斜板,梯段板不设斜梁,梯段斜板直接支承在基础或楼梯平台梁上,梯段板承受该梯段的全部荷载,并将荷载传递至两端的平台梁的现浇式钢筋混凝土楼梯。梁式楼梯是带有斜梁的钢筋混凝土楼梯,是一种常见的楼梯结构形式。它由踏步板、斜梁、平台梁和平台板组成;梁式楼梯传力路线为踏步板—斜梁—平台梁—墙或柱,梁式楼梯一般适用于大中型楼梯。

楼梯结构图包括楼梯结构平面图、楼梯结构剖面图和楼梯配筋图。

一、楼梯结构平面图

如图 8-22 所示,楼梯结构平面图和楼层结构平面图一样,是可表示楼梯板和楼梯梁的平面布置、代号、尺寸、结构标高及楼梯平台板配筋的图样。楼梯结构平面图应分层绘出,当中间几层的结构布置、构件类型、平台板配筋相同时,可仅绘出一个标准层楼梯结构平面图来表示。楼梯结构平面图应画出楼梯结构底层平面图、楼梯结构标准层平面图和楼梯结构顶层平面图。楼梯结构平面图中的轴线编号应和建筑施工图相一致,才能保证楼梯施工时建筑施工图做法与结构施工图做法相统一。楼梯结构平面图的剖切位置通常放在层间休息平台上方。如图 8-22 中楼梯结构底层平面图的剖切位置是在一至二层间休息平台的上方;楼梯结构标准层平面图的剖切位置是在二至三层(三至四层、四至五层)间休息平台的上方;顶层还有上屋顶的楼梯,所以楼梯结构顶层平面图的剖切位置是在该楼梯的第二梯段之间。剖切后分别移去上面部分,向下投影即得楼梯结构平面图。楼梯结构剖面图剖切符号一般只在楼梯结构底层平面图中表示,钢筋混凝土楼梯的不可见轮廓线用细虚线表示,可见轮廓线画细实线,为避免与楼梯平台钢筋线相混淆,剖到的砖墙轮廓线用中实线表示。因为主要表示楼梯和平台的结构布置,所以没有画出各层楼面上在楼梯口两边的住户的分户门及楼梯间窗户。该楼梯为等跑楼梯,即楼梯各梯段踏步数量相同;钢筋混凝土楼梯梁、踏步板、楼板和平台板的重合断面,直接画在平面图上。楼梯结构平面图常用 1∶50 比例画出,也可用 1∶60、1∶40、1∶30 比例画出。

从图 8-22 所示的楼梯结构底层平面图可以看出:该住宅楼梯开间为 2 400 mm,进深为 4 800 mm,梯板净宽为 1 170 mm−120 mm=1 050 mm,梯井宽为 60 mm,楼梯入口在Ⓒ轴线一侧,底层第一跑楼梯位置在入口的左边,楼梯起步位置距Ⓒ轴线 1 360 mm,第一跑楼梯为 9 级,水平投影为 8 等分,楼梯踏步宽为 270 mm,梯段长为 8×270 mm=2 160 mm;第二跑楼梯起步位置距Ⓑ轴线 1 280 mm,第二跑楼梯也为 9 级,水平投影为 8 等分,楼梯踏步宽为 270 mm,梯段长为 8×270 mm=2 160 mm。由于底层楼梯入口处必须保证净高大于 2.0 m,为此底层双跑楼梯均做成折板式楼梯,即无楼梯休息平台梁。二至五层楼梯采用标准层平面及顶层平面来表示,表示内容及表示方式同底层,不同的是二至五层有楼梯休息平台梁 TL-3,为普通板式楼梯。楼梯板、楼梯梁及平台均采用现浇方式。

二、楼梯结构剖面图

楼梯结构剖面图表示楼梯的各种构件的竖向布置、构造、梯梁位置和连接情况。图 8-23 所示的 1—1 剖面图(对照图 8-22 的楼梯结构底层平面图中的剖切符号)表示了剖切到的踏步板、平台板、楼梯梁、墙和未剖切到的可见的踏步板的形状和连系情况,剖到的梁、板采用粗实线表示,剖到的墙线用中实线表示,可见的板采用细实线表示。

在楼梯结构剖面图中,应标注出楼层高度和楼梯平台的高度、各梯段板踏步数量和高度、各

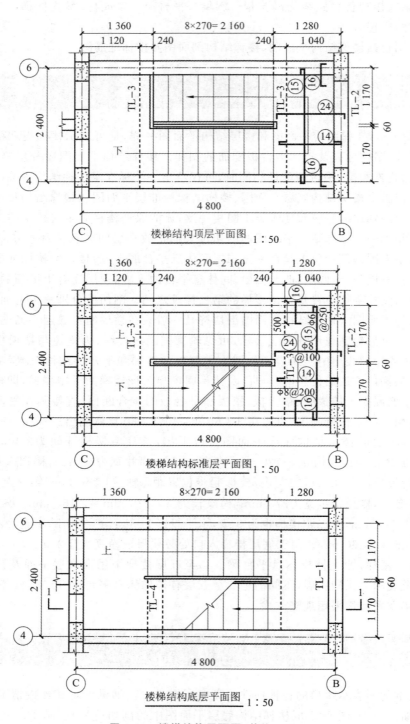

图 8-22 楼梯结构平面图（单位：mm）

构件编号、楼梯梁位置、起始踏步位置等。如图 8-23 所示，一层楼梯为两跑，第一跑楼梯（起跑楼梯）起始标高为 ±0.000，终止标高为 1.500 m，梯段高 1 500 mm，竖向踏步数为 9，踏步约高

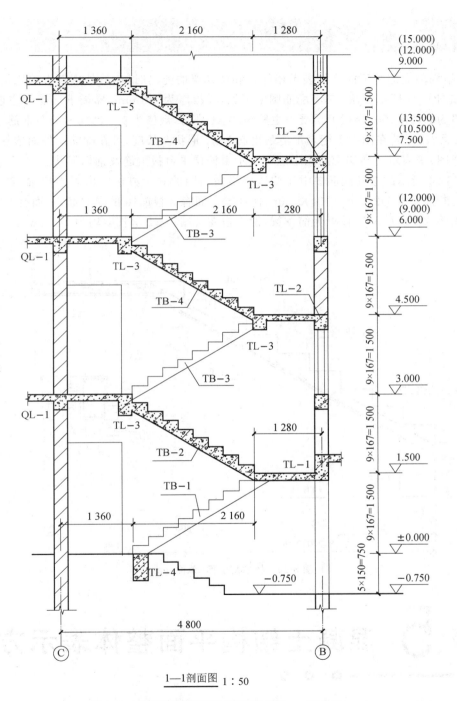

1—1剖面图 1:50

图 8-23 楼梯结构剖面图（标高单位为 m，其余为 mm）

167 mm，梯板编号为 TB-1，梯板下梯梁编号为 TL-4，梯板上折板处梯梁编号为 TL-1，其余表示方法同楼梯剖面图。楼梯结构剖面图通常采用 1:50 的比例绘制，也可以采用 1:60、1:40、1:30、1:25、1:20 等比例画出。

三、楼梯配筋图

楼梯结构剖面图中不能详细表示楼梯板和楼梯梁的配筋时,应另外用较大的比例画出楼梯配筋图,如图 8-24 所示。从 TB-1 配筋图中可见,梯板厚为 130 mm,梯板下层受力主筋为①、⑤号筋,规格为ϕ12@100,梯板上层受力主筋为③、④号筋,规格为ϕ12@100,分布钢筋为②号筋,规格为ϕ6@270。若在图中不能表示清楚钢筋布置、形状及长度,可在配筋图外面增加钢筋大样图(钢筋详图)来表示。楼梯配筋图中还可表示出楼梯平台板配筋及钢筋形状。

在图 8-24 所示的楼梯配筋图中还按楼梯梁断面图的表示方法画出了楼梯梁 TL-1 的钢筋图,该梁的断面尺寸为240 mm×400 mm,楼梯梁下面有 3 根ϕ16 的受力筋,上面有 2 根ϕ12 的架立筋,箍筋为ϕ8@150。该梁为简支梁,两端搭在砖墙上,支承长度均为 240 mm。

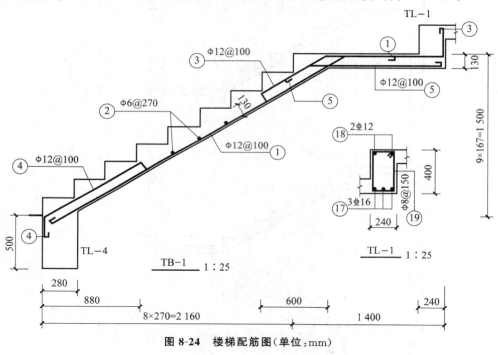

图 8-24 楼梯配筋图(单位:mm)

任务 5 混凝土结构平面整体表示方法

混凝土结构施工图平面整体表示方法(简称平法),是把结构构件的尺寸和配筋情况等,按照平面整体表示方法制图规则,直接整体表达在各构件(钢筋混凝土柱、梁和剪力墙)的结构平面布置图上,再配合标准构造详图,构成完整的结构施工图。平法具有作图简洁、表达清晰、省时省力等特点,适用于常用的现浇柱、梁、剪力墙的结构施工图。在平面上表示各构件尺寸和配筋,有平面注写方式(标注梁)、列表注写方式(标注柱和剪力墙)和截面注写方式(标注柱和梁等)三种。无论按哪种方式绘制结构施工图,都应将所有柱、墙、梁构件进行编号,并用表格或其他方式注明各结构层楼(地)面标高、结构层高及相应的结构层号。构件代号在标准图集中有明确的定义,如表8-8所示,必须按标准图集中的定义对构件进行编号,用以指明所选用的标准构造详图(因为在标准构造详图上已经按图集所定义的构件类型注明代号了)。另外,结构层楼(地)面标高和结构层高在单项工程中必须统一。

表8-8 构件代号

构件		代号	构件		代号
柱	框架柱	KZ	墙柱	约束边缘端柱	YDZ
	框支柱	KZZ		约束边缘暗柱	YAZ
	芯柱	XZ		约束边缘翼墙柱	YYZ
	梁上柱	LZ		约束边缘转角墙柱	YJZ
	剪力墙上柱	QZ		构造边缘端柱	GDZ
梁	楼层框架梁	KL		构造边缘暗柱	GAZ
	屋面框架梁	WKL		构造边缘翼墙柱	GYZ
	框支梁	KZL		构造边缘转角墙柱	GJZ
	非框架梁	L		非边缘端柱	AZ
	悬挑梁	XL		扶壁柱	FBZ
	井字梁	JZL	墙梁	连系梁(无交叉暗撑、钢筋)	LL
剪力墙	墙身 剪力墙墙身	Q		连系梁(有交叉暗撑)	LL(JA)
				连系梁(有交叉钢筋)	LL(JG)
	墙洞 矩形洞口	JD		暗梁	AL
	圆形洞口	YD		边框梁	BKL

注:梁编号后加"(××A)"表示一端有悬挑,加"(××B)"表示两端有悬挑。

为确保施工人员准确无误地按平法施工图进行施工,在具体工程的结构设计总说明中必须写明以下与平法施工图密切相关的内容:①注明所选用平法标准图集的图集号,以免图集升版后在施工中用错版本;②写明混凝土结构的使用年限;③注明抗震设防烈度及结构抗震等级,以明确选用相应抗震等级的标准构造详图;④写明各类构件(梁、柱、剪力墙)在其所在部位选用的混凝土强度等级和钢筋级别,以确定相应纵向受拉钢筋的最小锚固长度及最小搭接长度等;⑤写明柱(包括墙柱)纵筋、墙身分布筋、梁上部贯通筋等在具体工程中需接长时所采用的接头形式及有关要求;⑥当具体工程中有特殊要求时,应在施工图中另加说明。

一、柱的平面整体表示方法

柱的平面整体表示方法是在绘出柱的平面布置图的基础上,采用列表注写方式或截面注写方式来表示柱的截面尺寸和钢筋配置,形成的结构施工图称为柱平法施工图。

1. 柱的列表注写方式

柱的列表注写方式是指,以适当比例绘出柱的标准层平面布置图,包括框架柱、梁上柱等,标注出柱的轴线编号、轴线间尺寸,并将所有柱进行编号(构件代号、柱的序号),在同一编号的柱中选一根柱的截面,以轴线为界,标注出柱的截面尺寸,再列出柱表,在表中注写相应的柱编号、柱段起止标高、柱的截面尺寸、配筋等。若柱为非对称配筋,需在表中分别表示各边的中部筋,并配上柱的截面形状图及箍筋类型图。柱表如表8-9所示。

表 8-9 柱表

柱号	标高/m	$b \times h$/(mm×mm) (圆柱则为直径 D)	b_1	b_2	h_1	h_2	b 边一侧 中部筋	h 边一侧 中部筋	箍筋	箍筋 类型号
KZ1	−0.030～18.200	700×700	350	350	120	580	4⌀25	5⌀25	⌀10@100/200	1(5×4)
	18.320～37.200	600×600	300	300	120	480	4⌀25	5⌀25	⌀10@100/200	1(4×4)
	37.200～58.000	550×550	275	275	120	430	4⌀25	5⌀25	⌀8@100/200	1(4×4)

2. 柱的截面注写方式

柱的截面注写方式是指,在标准层平面布置图上,在同一编号的柱中选一个截面,适当放大比例,在图中原位直接注写其截面尺寸和配筋来表示柱的施工方式。在柱截面图上先标注出柱的编号,在编号后面注写其截面尺寸 $b \times h$、角筋或全部纵筋(当纵筋采用一种直径时)、箍筋(包括钢筋级别、直径与间距)并标注截面与轴线的相对位置。以图8-25所示的柱平法施工图截面注写方式为例,说明采用截面注写方式表达的内容。

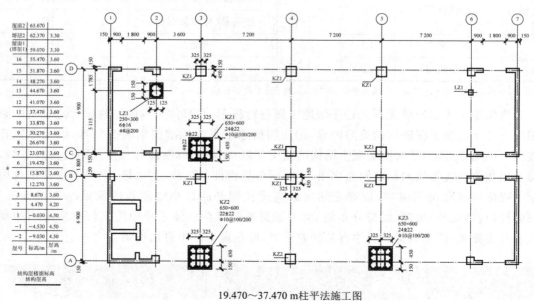

图 8-25 柱平法施工图截面注写方式

该柱平法施工图截面注写方式表示了框架柱、梁上柱的截面尺寸和配筋,还可清楚看到标高为 19.470～37.470 m 的区间对应的结构层高列表,图名表示该图表达的是第 6 层到第 11 层柱的配筋图。图中柱的编号有 KZ1、KZ2、LZ1 等。KZ1 共 9 个,只画其中一个的放大断面图;KZ2 共 2 个,只画其中一个的放大断面图;KZ3 只有 1 个,放大断面图;LZ1 共 2 个,只画其中一个的放大断面图。轴网横向定位轴线为①～⑦,纵向定位轴线为Ⓐ～Ⓓ。图中只画墙和柱的竖向构件。下面以⑤轴和Ⓐ轴交会处的 KZ3 放大截面(见图 8-26)为例,简要说明柱平法施工图的识读内容及要点。

柱平法施工图的截面注写方式:

第 1 行——"KZ3",表明该柱的编号是 KZ3,即 3 号框架柱。

第 2 行——"650×600",表明该柱的截面尺寸为 650 mm× 600 mm。

第 3 行——"24Φ22",表明采用 24 根直径为 22 mm 的 Ⅱ 级 (HRB335)钢筋。

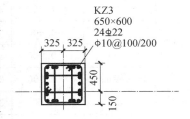

图 8-26　KZ3 截面

第 4 行——"Φ10@100/200":"Φ10"表示直径为 10 mm 的 Ⅰ级(HPB300)钢筋;斜线"/"为区分加密区和非加密区而设置,斜线前面的"100"表示加密区箍筋间距为 100 mm,斜线后面的"200"表示非加密区的箍筋间距为 200 mm。

柱截面上标注的"325""150""450",分别为柱截面与轴线⑤和轴线Ⓐ的间距,为定位尺寸。

二、剪力墙平面整体表示方法

剪力墙是指框架结构中在框架梁、柱之间的矩形空间设置的一道现浇钢筋混凝土墙,用以加强框架的空间刚度和抗剪能力。剪力墙主要作用是抵抗水平力,主要由墙身、墙柱和墙梁等构件组成。剪力墙结构包含"一墙、二柱、三梁",也就是说,包含一种墙身、两种墙柱、三种墙梁。剪力墙的墙身就是一道钢筋混凝土墙,常见厚度为 200 mm 以上,一般配置两排钢筋网。剪力墙柱分为两大类,即暗柱和端柱。暗柱的宽度等于墙的厚度,所以暗柱隐藏在墙内;端柱的宽度比墙厚度要大。三种墙梁是指连系梁(LL)、暗梁(AL)和边框梁(BKL)。剪力墙平法施工图指在剪力墙布置图上采用列表注写方式或截面注写方式表示剪力墙的施工方法而形成的施工图。

1. 剪力墙的列表注写方式

剪力墙的列表注写方式指分别在剪力墙柱表、剪力墙身表和剪力墙梁表中,对应于剪力墙平面布置图上的编号,用绘制截面配筋图并注写几何尺寸与配筋具体数值的方式,来表示剪力墙施工方法。以表 8-10 所示的剪力墙梁表为例,说明列表注写方式。

剪力墙梁表注写内容:

(1)注写梁编号。

(2)注写墙梁所在楼层号。

(3)注写墙梁顶面标高高差,即相对于墙梁所在结构层楼面标高的高差值。墙梁标高大于楼面标高为正值,反之为负值,无高差时不注。

(4)注写墙梁截面尺寸 $b×h$。

表 8-10 剪力墙梁表

编号	所在楼层号	梁顶相对标高高差/m	梁截面 b×h /(mm×mm)	上部纵筋	下部纵筋	侧面纵筋	箍筋
LL1	2~9	0.800	300×2 000	4Φ22	4Φ22	同 Q1 水平分布筋	Φ10@100(2)
	10~16	0.800	250×2 000	4Φ20	4Φ20		Φ10@100(2)
	屋面		250×1 200	4Φ20	4Φ20		Φ10@100(2)
LL2	3	−1.200	300×2 520	4Φ22	4Φ22	同 Q1 水平分布筋	Φ10@150(2)
	4	−0.900	300×2 070	4Φ22	4Φ22		Φ10@150(2)
	5~9	−0.900	300×1 770	4Φ22	4Φ22		Φ10@150(2)
	10~屋面 1	−0.900	250×1 770	3Φ22	3Φ22		Φ10@150(2)
LL3	2		300×2 070	4Φ22	4Φ22	同 Q1 水平分布筋	Φ10@100(2)
	3		300×1 770	4Φ22	4Φ22		Φ10@100(2)
	4~9		300×1 170	4Φ22	4Φ22		Φ10@100(2)
	10~屋面 1		250×1 170	3Φ22	3Φ22		Φ10@100(2)
LL4	2		250×2 070	3Φ20	3Φ20	同 Q2 水平分布筋	Φ10@120(2)
	3		250×1 770	3Φ20	3Φ20		Φ10@120(2)
	4~屋面 1		250×1 170	3Φ20	3Φ20		Φ10@120(2)
⋮	⋮	⋮	⋮	⋮	⋮	⋮	⋮
AL1	2~9		300×600	3Φ20	3Φ20		Φ8@150(2)
	10~16		250×500	3Φ18	3Φ18		Φ8@150(2)
BKL1	屋面 1		500×750	4Φ22	4Φ22		Φ10@150(2)

2. 剪力墙的截面注写方式

剪力墙的截面注写方式指在绘制的标准层剪力墙平面布置图上,以直接在墙柱、墙身、墙梁上注写截面尺寸和配筋具体数值的方式来表达剪力墙施工方法。

1) 剪力墙柱的注写

剪力墙柱的注写:①墙柱编号;②竖向钢筋;③箍筋。

2) 剪力墙身的注写

剪力墙身的注写:①墙身编号;②墙体厚度;③水平钢筋;④竖向钢筋;⑤拉筋。

3) 剪力墙梁的注写

剪力墙梁的注写:①墙梁编号;②楼层号和截面尺寸;③箍筋(肢数);④上部纵筋和下部纵筋。

构造边缘截面注写(剪力墙柱)如图 8-27 所示。剪力墙身注写如图 8-28 所示。剪力墙梁注写如图 8-29 所示。

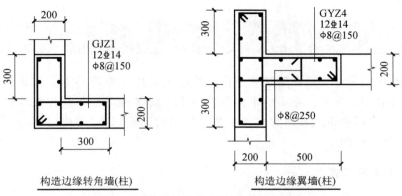

图 8-27 构造边缘截面注写（单位：mm）

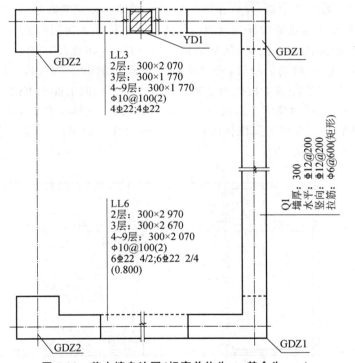

图 8-28 剪力墙身注写（标高单位为 m，其余为 mm）

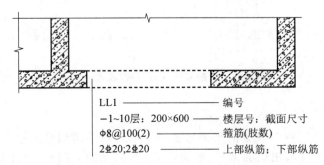

图 8-29 剪力墙梁注写（单位：mm）

三、梁的平面整体表示方法

梁的平面整体表示方法是在梁整体平面布置图上采用平面注写方式或截面注写方式来表示梁的截面尺寸和钢筋配置。在梁的平面布置图上需将各种梁和与其相关的柱、墙、板一同采用适当比例绘出，应用表格或其他方式注明各结构层的顶面标高、结构层高，并分别标注在柱、梁、墙的各类构件平面图中。

1. 梁的平面注写方式

梁的平面注写方式与柱相似，在梁的平面布置图上对所有梁进行编号（构件代号、序号、跨数等），从每种不同编号的梁中选一根，在其上注写截面尺寸和配筋数量、钢筋等级及直径等，如图 8-30 所示。注写方式包括集中标注与原位标注。集中标注表达梁的通用数值；原位标注表达梁的特殊数值。集中标注的方法是，从某根梁引出一线段，在线段一侧表示梁的编号、截面尺寸、主筋数量、等级、直径、箍筋间距等，梁的受力筋与架立筋用"＋"相连，且架立筋加"（ ）"，如"4Φ22＋(2Φ12)"表示梁配有 4 根受力筋和 2 根架立筋。梁的上部和下部的受力筋用"；"分隔标注，如"2Φ20；3Φ25"表示梁的上部配置了 2Φ20 的钢筋，下部配置了 3Φ25 的钢筋。原位标注是在梁的平面布置图上某梁的周围标注出其相应的尺寸与数量等。当钢筋多于一排时，用斜线"/"将各排纵筋自上而下分开。

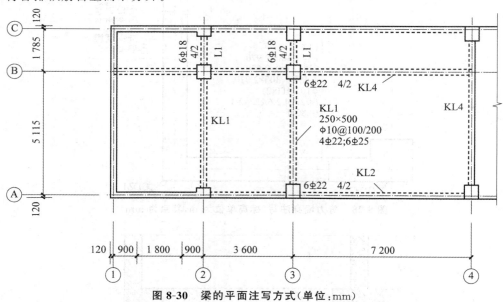

图 8-30　梁的平面注写方式（单位：mm）

2. 梁的截面注写方式

梁的截面注写方式同样是在梁的平面布置图上从每种不同编号的梁中选一根，用单个截面引出配筋图。配筋图上注写出梁的编号、截面尺寸 $b \times h$、梁的上部筋、下部筋和箍筋等。图 8-31 中从平面布置图上分别引出了 3 个不同梁的截面图，各截面图中表示了梁的截面尺寸和配筋情况。梁的截面注写方式可单独使用，也可与平面注写方式结合使用。

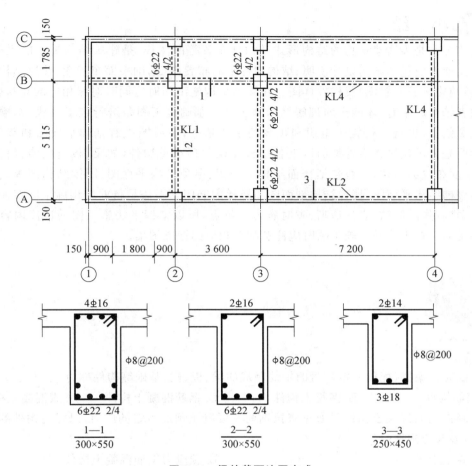

图 8-31　梁的截面注写方式

梁的平法注写示意图如图 8-32 所示。

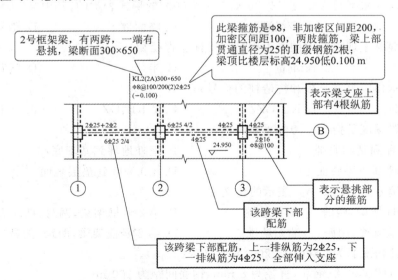

图 8-32　梁的平法注写示意图（标高单位为 m，其余为 mm）

小 结

结构施工图是表达建筑物的结构形式及构件布置等的图样,是建筑结构施工的主要依据。结构施工图通常应包括结构设计说明、结构构件平面布置图(基础平面布置图、楼层结构平面布置图、屋顶结构平面布置图)及构件详图。在阅读结构施工图时应同时对照相应的建筑施工图,只有把两者结合起来看,才能全面理解结构施工图。基础施工图是进行施工放线、基槽开挖和砌筑的主要依据,也是进行施工组织和预算的主要依据,主要图纸有基础平面图和基础详图。结构平面图是表示建筑物室外地面以上各层楼面及屋顶承重构件(如梁、板、柱、墙、门窗过梁、圈梁等)平面布置的图样,一般包括楼面结构平面图、屋顶结构平面图、圈梁结构图等。楼梯结构图包括楼梯结构平面图、楼梯结构剖面图和楼梯配筋图。平法是目前结构施工图普遍使用的表达方式,具有作图简洁、表达清晰、省时省力等特点,所以掌握平法施工图的识读内容及方法是非常必要的。在识读平法施工图时应注意配合相应的标准图集。

一、选择题

1. 用混凝土振捣、配以一定数量的钢筋制成的梁、板、柱、基础等构件称为( )。
   A. 钢筋构件 B. 混凝土构件 C. 钢筋混凝土构件 D. 素混凝土构件

2. 在制作钢筋混凝土构件时通过张拉钢筋对混凝土预加一定的压力,以提高构件的抗拉和抗裂性能,形成的构件叫( )。
   A. 混凝土构件   B. 预应力钢筋混凝土构件
   C. 钢构件   D. 素混凝土构件

3. 楼梯梯段的水平投影长度是以"8×250=2 000"的形式表示的,其中"8"表示的是( )。
   A. 踏步数 B. 步级数 C. 踏面数 D. 踏面宽

4. 对钢筋混凝土现浇板中的受力钢筋需要标注直径和( )。
   A. 根数 B. 重量 C. 半径 D. 间距

5. 下列表示预应力空心板和构造柱的代号是( )。
   A. YB、GZ B. KB、GZZ C. Y-KB、GZ B. YT、GZ

6. 基础埋置深度是指( )的垂直距离。
   A. 室内地坪到基础底部   B. 室外地坪到基础底部
   C. 室外地坪到垫层底面   D. ±0.000 到垫层表面

7. 某梁的编号为 KL2(2A),表示的含义为( )。
   A. 第 2 号框架梁,两跨,一端有悬挑   B. 第 2 号框架梁,两跨,两端有悬挑
   C. 第 2 号框支梁,两跨,一端无悬挑   D. 第 2 号框架梁,两跨,无悬挑

8. 某框架柱的配筋为 ϕ8@100/200,其含义为( )。
   A. 箍筋为 HPB300 级钢筋,直径为 8 mm,钢筋间距为 200 mm
   B. 箍筋为 HPB300 级钢筋,直径为 8 mm,钢筋间距为 100 mm

C. 箍筋为 HPB300 级钢筋,直径为 8 mm,加密区间距为 100 mm,非加密区间距为 200 mm
D. 箍筋为 HPB300 级钢筋,直径为 8 mm,加密区间距为 200 mm,非加密区间距为 100 mm

9. 某梁的配筋为 $\phi 8@100(4)/150(2)$,其表示的含义为(　　)。
A. HPB300 级钢筋,直径为 8 mm,加密区间距为 100 mm,非加密区间距为 150 mm
B. HRB335 级钢筋,直径为 8 mm,加密区间距为 100 mm,四肢箍;非加密区间距为 150 mm,双肢箍
C. HRB335 级钢筋,直径为 8 mm,加密区间距为 100 mm,非加密区间距为 150 mm
D. HPB300 级钢筋,直径为 8 mm,加密区间距为 100 mm,四肢箍;非加密区间距为 150 mm,双肢箍

10. 构件代号 DL、QL 分别表示(　　)。
A. 单轨吊车梁、圈梁　　B. 地圈梁、墙梁　　C. 轨道连接、墙梁　　D. 吊车梁、圈梁

11. 下列(　　)不属于建筑承重构件。
A. 条形基础　　B. 框架梁　　C. 隔墙　　D. 楼板

12. 在配筋图中钢筋带有弯钩,当弯钩(　　)时表示钢筋配在上部。
A. 向下和向左　　B. 向下和向后　　C. 向上和向左　　D. 向下和向右

13. 基础各部分的形状、大小、材料、构造、埋置深度及标号都能通过(　　)反映出来。
A. 基础平面图　　B. 基础剖面图　　C. 基础详图　　D. 总平面图

14. (　　)的作用是把门窗洞口上方的荷载传递给两侧的墙体。
A. 过梁　　B. 窗台　　C. 圈梁　　D. 勒脚

15. 钢筋的表达式为"$\phi 8@200$",没能表达出这种钢筋的(　　)。
A. 弯钩形状　　B. 级别　　C. 直径　　D. 间距

16. 墙体按其平面位置的不同可分为(　　)。
A. 外墙和内墙
B. 纵墙与横墙
C. 承重墙与非承重墙
D. 砖墙与钢筋混凝土墙

17. 关于配筋图中的"③ $2\phi 8@200$"所表达的内容不正确的是(　　)。
A. 直径为 8 mm　　B. 间隔 200 mm 配置　　C. 3 根钢筋　　D. 为 Ⅰ 级钢筋

18. 有一梁长 3 840 mm,保护层厚度为 20 mm,它的箍筋用 $\phi 6@200$ 表示,该梁的箍筋根数为(　　)。
A. 18　　B. 19　　C. 20　　D. 21

19. 在结构平面图中"6Y-KB336-2"中"33"表示的是(　　)。
A. 板宽　　B. 板高　　C. 板长　　D. 荷载等级

20. 钢筋混凝土构件中的保护层厚度是指(　　)的距离。
A. 钢筋的内皮至构件表面
B. 钢筋的外皮至构件表面
C. 钢筋的中心至构件表面
D. 钢筋的内皮至构件内皮

二、填空题
1. 混凝土是由_____按一定比例配合,经搅拌、捣实、养护而成的。
2. 为保护钢筋,并加强钢筋与混凝土的黏结力,在钢筋外边缘至构件表面间应有一定厚度的混凝土,这层混凝土称为_____。
3. 配置在钢筋混凝土结构中的钢筋,按其作用可分为_____,其中承受拉、压应力的

是_____。

4. 在构件配筋图中,当长、短钢筋投影重叠时,可在短钢筋的端部用_____表示。

5. 对箍筋Φ8@200 正确的说法是_____;而对箍筋Φ8@100/200(2)正确的说法是_____。

6. 结构平面图包括_____平面图、楼层结构平面布置图、_____结构平面布置图。

7. 在结构施工图中,框架梁的代号是_____;楼梯梁的代号是_____。

8. 楼梯结构图包括_____、_____和_____。

9. 板代号"10Y-KB365-2"的含义是_____。

10. 在工地现场浇制的钢筋混凝土构件称为_____。在工厂或工地预先把构件制作好,然后运到工地安装的,称为_____。有的构件在制作时通过张拉钢筋对混凝土预加一定的压力,以提高构件的抗拉和抗裂性能,这种构件叫作_____。全部用钢筋混凝土构件承重的结构(如单跨工业厂房)称为_____。建筑物用砖墙承重,屋面、楼面、楼梯用钢筋混凝土板和梁构成,这种结构称为_____。

三、判断题

1. 钢筋的保护层是指钢筋的中心至构件表面的距离。(   )
2. 基础埋置深度是从室内±0.000 到基础底面的高度。(   )
3. 圈梁、构造柱均为钢筋混凝土构件,故其对房屋的作用相同。(   )
4. 剪力墙主要作用是抵抗水平力。(   )
5. 结构平面布置图是采用镜像投影法绘制的。(   )
6. 绘制基础平面图采用的是水平剖面,其剖切位置是在室外地坪处。(   )
7. 基础详图一般采用基础的纵断面来表示,简称断面图。(   )
8. 混凝土抗压能力强,抗拉能力差,受拉易断裂。(   )
9. 在板的配筋平面图上要画出分布筋的布置。(   )
10. 圈梁兼作过梁时,过梁部分的钢筋应按计算用量另行增配。(   )

四、简答题

1. 简述结构施工图的定义及其组成。
2. 简述结构施工图识读的一般步骤。
3. 简述圈梁的作用及设置要求。
4. 简述钢筋混凝土构件中混凝土保护层的定义和作用。根据《混凝土结构设计规范》,一类环境中强度等级为 C25~C45 的混凝土配筋制成板、梁、柱时,混凝土保护层最小厚度分别为多少?

五、工程制图与识图

1. 识读题图 8-1 所示的二层结构平面布置图(单位:mm),试统计出所有预制板的规格、数量,填入题表 8-1。

题表 8-1

序号	构件编号	数量	序号	构件编号	数量
1			5		
2			6		
3			7		
4			8		

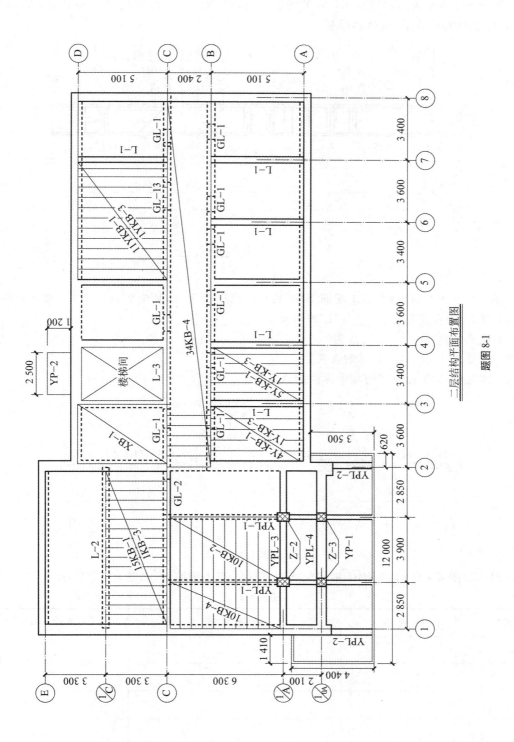

二层结构平面布置图

题图 8-1

2.题图 8-2 所示为某框架梁 KL10 的配筋立面图(单位:mm),请画出 1—1、2—2 断面的断面图,并标出钢筋的数量、规格和编号。

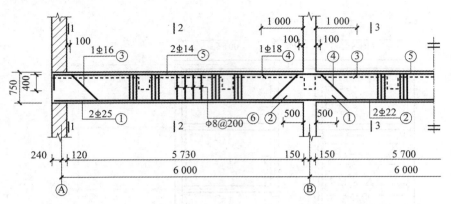

KL10配筋图 1:25

题图 8-2

3.识读题图 8-3 所示的 KL1 配筋图(平法)(标高单位为 m,其余为 mm),并完成下列填空。
(1)"KL"的含义是_____;"1"的含义是_____。
(2)该梁的宽为_____;高为_____。
(3)"2Φ25—4Φ22 4/2"的含义是_____。
(4)Ⓑ 轴线与Ⓒ 轴线间的集中标注的含义是_____。

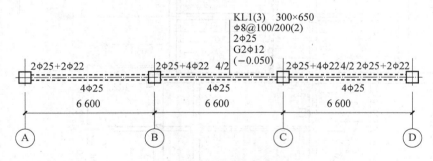

题图 8-3

4.识读题图 8-4 所示的 XB-1 结构配筋图,编制 XB-1 钢筋表,如题表 8-2 所示。

题表 8-2

钢筋编号	钢筋规格	钢筋简图	长度/mm
①			
②			
③			
④			

5.识读题图 8-5 所示的基础结构图(标高单位为 m,其余为 mm),并完成填空。

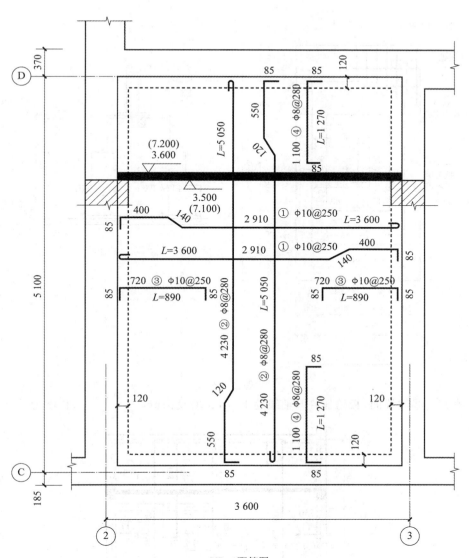

XB-1配筋图 1:40

题图 8-4

(1) "JC"的含义是_____；"JC-1"中数字"1"的含义是_____。
(2) 该基础形式为_____。
(3) 该基础的埋深为_____；细石混凝土的强度等级为_____。
(4) 该基础采用的钢筋等级为_____；钢筋直径为_____；钢筋竖向间距为_____。
(5) "Φ12@200"的含义是_____。

6.识读题图 8-6 所示的钢筋混凝土板结构详图(单位:mm)，并完成填空。
(1) 该钢筋混凝土板中的配筋类型有_____种,钢筋等级、直径、间距和长度是_____。
(2) 从板的重合断面形状可以看出板(B)与墙身上的圈梁一起现浇。板底纵向布筋是_____,横向布筋是_____。
(3) 板四周沿墙配置的构造筋是_____,长度为_____。

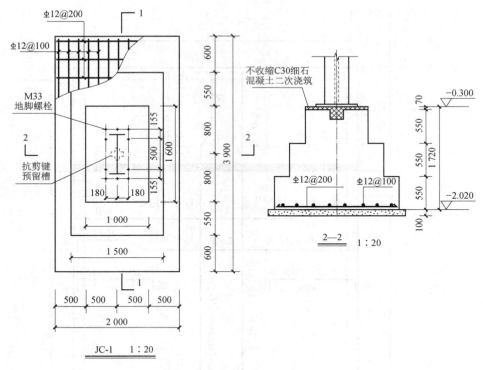

题图 8-5

（4）在Ⓑ～②轴线间，板跨压在①/Ⓐ轴线墙上，因此增设构造筋_____，长度为_____。

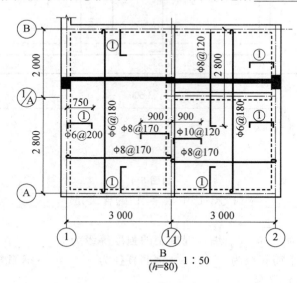

题图 8-6

工作手册 9

设备施工图

——代建筑宗师——梁思成

岳阳楼

知识目标

掌握设备施工图的图示内容及识读方法;熟悉设备施工图中常用的图例与符号;了解设备施工图的图示特点。

能力目标

具备识读设备施工图的基本知识和技能,能熟练识读设备施工图,收集与图纸相关的技术资料,将所学设备施工图知识更好地运用到工程实践中,具备识读设备施工图和参与图纸会审的工作能力。

工程案例

建筑设备指安装在建筑物内为人们生活、工作提供便利、保障安全等的设备,主要包括建筑给排水、建筑通风、建筑照明、采暖(空调)、电梯等设备。设备施工图是指建筑设备施工图(简称设施),主要表示各种设备、管道和线路的布置、走向以及安装(施工)要求等。图 9-1 所示是某楼房给水管网轴测图。识读给水管网轴测图时,从引入管开始,沿水流方向经过干管、立管、支管到用水设备。识读时应理清给排水管道系统的上、下层之间,前后、左右之间的空间关系。

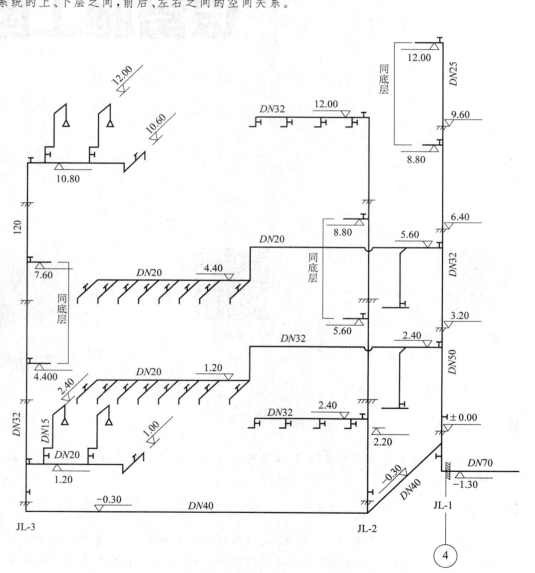

图 9-1 某楼房给水管网轴测图(标高单位为 m,其余为 mm)

任务 1 设备施工图基本知识

一、设备施工图定义及用途

1. 定义

表示各种设备、管道和线路的布置、走向以及安装（施工）要求等的工程图称为设备施工图，简称设施。设备施工图一般包括平面布置图、系统图和详图。

2. 用途

设备施工图是编制施工组织计划及预算的主要依据之一，是施工现场招投标的主要图纸，也是安排施工现场材料采购、设备安装和调节的主要图纸。

二、设备施工图的特点

设备施工图一般由基本图和详图两部分组成。基本图包括管线（管路）平面图、系统轴测图、原理图和设计说明；详图包括各局部或部分的加工和安装（施工）的详细尺寸及要求。基本图有室内和室外之分。建筑设备作为房屋的重要组成部分，其施工图主要有以下特点：

（1）各设备系统采用统一的图例符号表示。

这些图例符号一般并不完全反映实物的原形。因此，要了解这类图纸，首先应了解与图纸有关的各种图例符号及其所代表的内容。

（2）各设备系统都有自己的走向。

在识图时，应按一定顺序，使设备系统一目了然，更加易于掌握，并能尽快了解全局。例如，在识读给水系统、电气系统和采暖系统时，一般应按下面的顺序进行：

给水系统：引入管→水表井→干管→立管→支管→用水设备。

电气系统：进户线→配电盘→干线→分配电板→支线→用电设备。

采暖系统：供水总管→供水主管→供水干管→供水立管→供水支管→散热器→回水支管→回水立管→回水干管→回水总管。

（3）设备施工图通常用轴测投影图来表达各系统的空间关系。

各设备系统常常是纵横交错敷设的，在平面图上难以看懂，一般需配备轴测投影图来表达各系统的空间关系。这样，两种图形对照，就可以把各系统的空间位置完整地体现出来，更加有利于对各施工图的识读。

(4)各施工图之间相互配合识读。

各设备系统的施工安装、管线敷设需要与土建施工相互配合,在看图时,应注意不同设备系统的特点及其对土建施工的不同要求(如管沟、留洞、埋件等),注意查阅相关的土建图样,掌握各工种图样间的相互关系。

三、设备施工图的分类

设备施工图分为给水排水施工图(水施)、供暖施工图(暖施)、通风与空调施工图(通施)、电气施工图(电施)等。

1. 给水排水施工图

给水排水工程包括给水工程和排水工程。给水工程指水源取水、水质净化、净水输送、配水使用等;排水工程是将生活或生产使用后的污水、废水及雨水通过管道汇总,再经污水处理后排入江河。给水排水施工图分为室外给水排水施工图和室内给水排水施工图。室内给水排水施工图包括给水排水管网平面布置图、给水系统图和排水系统轴测图,以及有关设计说明和详图等。

2. 供暖施工图

供暖施工图表示的是采暖工程情况。采暖工程是由锅炉燃烧产生蒸汽或热水,通过输汽或输水管道把汽(或热水)送到散热器内,并把汽、水往复循环使用的一种工程。根据管道的走向与分配,送汽输水方式分为上行下给式、下行上给式、垂直单管式、水平单管式等几种。供暖施工图包括设计说明、供暖平面图、供暖系统图、详图和主要设备材料表等内容。

3. 通风与空调施工图

通风与空调设备的主要功能是提供人呼吸所需要的氧气,稀释室内污染物或气味,排除室内工艺生产过程产生的污染物,除去室内的余热或余湿,提供燃烧所需的空气等,主要用在家庭、酒店、学校等建筑内。通风可分为自然通风和机械通风,机械通风又分为局部机械通风和全面机械通风。通风与空调施工图一般由平面图、剖面图、系统轴测图、详图、设计说明和主要设备材料表组成。

4. 电气施工图

根据建筑电气工程的规模大小和功能的不同,电气施工图的种类和数量是不同的,主要有建筑供配电、动力与照明、防雷与接地、建筑弱电等方面的图纸,用以表达不同的电气设计内容。电气施工图一般包括目录、说明、设备材料明细表、电气平面图、电气系统图、设备布置图、安装接线图、电气原理图和详图等。

任务 2　给水排水施工图

一、给水排水施工图的组成

给水排水施工图一般由图纸目录、主要设备材料表、设计施工说明、图例、平面图、系统图(轴测图)、施工详图等组成。室外(小区)给水排水工程根据工程内容还应包括管道断面图、给水排水节点图等。

1. 平面图

给水、排水平面图应表达给水、排水管线和设备的平面布置情况。根据建筑规划,用水设备的种类、数量、位置均包括在给水和排水平面布置设计中。平面图常用的比例为1∶100。

2. 系统图

系统图也称轴测图,其绘制取水平、轴测、垂直方向,比例与平面图的相同。系统图上应标明管道的管径、坡度,标出支管与立管的连接处以及管道上各种附件的安装标高,标高的±0.000处应与建筑施工图一致。系统图上各种立管的编号应与平面图一致。系统图应按给水、排水、热水等单独绘制,以便于施工安装和进行概预算。

3. 施工详图

凡平面图、系统图中的局部构造因受图面比例限制而表达不完善或无法表达的,为使施工概预算及施工不出现失误,必须绘出施工详图。部分构造或施工方式,如卫生器具安装、排水检查井、雨水检查井、阀门井、水表井、局部污水处理构筑物等,均有标准图集。施工详图宜优先采用标准图集。

施工详图的比例以能清楚绘出构造为原则进行选用。施工详图应尽量详细注明尺寸,不应以比例代替尺寸。

4. 设计施工说明及主要设备材料表

用工程图线无法表达清楚的给水、排水、热水供应、雨水系统等管材的防腐、防冻、防结露的做法,或难以表达的诸如管道连接、固定、竣工验收要求、施工中特殊情况的技术处理措施,或施工方法中要求必须严格遵守的技术规程、规定等,可在图纸中用文字写出设计施工说明。

主要设备材料表中应列明材料的类别、规格与数量和设备的品种、规格与主要尺寸。

此外,给水排水施工图还应绘出所用图例,图纸及施工说明等应编排有序,写出图纸目录。

二、给水排水施工图的基本知识

1. 图示特点

(1)给水排水施工图的图样一般采用正投影法绘制,系统图采用轴测投影法绘制。

(2)比例:给水排水专业制图常用的比例与建筑专业制图一致,必要时可采用较大的比例。在系统图中,如局部表达困难,该处可不按比例绘制。在管道纵断面图中,可根据需要对纵向与横向采用不同的组合比例。给水排水施工图常用比例如表9-1所示。

表 9-1　给水排水施工图常用比例

名　　称	比　　例	备　　注
区域规划图、区域位置图	1:50 000、1:25 000、1:10 000、1:5 000、1:2 000	宜与总图专业一致
总平面图	1:1 000、1:500、1:300	宜与总图专业一致
管道纵断(截)面图	竖向 1:200、1:100、1:50; 纵向 1:1 000、1:500、1:300	
水处理厂(站)平面图	1:500、1:200、1:100	
水处理构筑物、设备间、卫生间、泵房平、剖面图	1:100、1:50、1:40、1:30	
建筑给水排水平面图	1:200、1:150、1:100	宜与建筑专业一致
建筑给水排水系统轴测图	1:150、1:100、1:50	宜与相应图纸一致
详图	1:50、1:30、1:20、1:10、1:5、1:2、1:1、2:1	

(3)图线:新设计的各种给水、排水管线分别采用粗实线、粗虚线表示。独立画出的排水系统图,排水管线也可以采用粗实线。图线的宽度 b 应根据图纸的类别、比例和复杂程度选用。线宽 b 宜为 0.7 mm 或 1.0 mm。

(4)图示的管道、器材和设备一般采用国家有关制图标准规定的图例表示。

在给水排水施工图中,管道上的各种构配件(如水龙头、截止阀、地漏等)、各种卫生器具(如洗脸盆、浴盆等)、各种给水排水设备(如水表井、检查井、化粪池等)均采用国家标准中规定的图例来表示。

2. 标高

(1)室内工程应标注相对标高,室外工程宜标注绝对标高,均以 m 为单位。当无绝对标高资料时,可标注相对标高,但应与总图专业一致。

(2)压力管道应标注中心标高;重力流管道和沟渠宜标注管(沟)内底标高。标高单位以 m

计时,可注写到小数点后第 2 位。
(3) 标高的标注方法应符合下列规定:
①平面图中,管道标高应按图 9-2 所示的方式标注。
②平面图中,沟渠标高应按图 9-3 所示的方式标注。

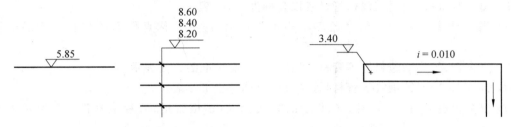

图 9-2　平面图中管道标高标注　　　图 9-3　平面图中沟渠标高标注

③剖面图中,管道及水位标高应按图 9-4 所示的方式标注。

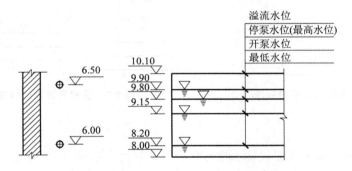

图 9-4　剖面图中管道及水位标高标注

④轴测图中,管道标高应按图 9-5 所示的方式标注。

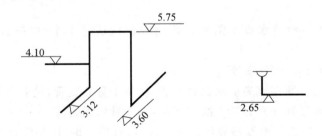

图 9-5　轴测图中管道标高标注

⑤建筑物内的管道也可以按本层建筑地面的标高加管道安装高度的方式标注管道标高,标注方法应为"$h+\times.\times\times$"(如 $h+0.25$),h 表示本层建筑地面标高,加号后的数值表示管道的安装高度。

3. 管径

(1) 管径应以 mm 为单位。
(2) 水煤气输送钢管(镀锌或非镀锌)、铸铁管等管材,管径宜以公称直径 DN 表示,如 $DN15$、$DN50$ 等。公称直径是一种标准化直径,又称名义直径,它既不是内径,也不是外径。

(3) 无缝钢管、焊接钢管（直缝或螺旋缝）等管材，宜用外径 $D×$壁厚表示。

例如，$D159×4.5$，即表示该管外径为 159 mm，壁厚 4.5 mm。

(4) 钢筋混凝土（或混凝土）管、陶土管、耐酸陶瓷管、缸瓦管等管材，管径宜以内径 d 表示，如 $d230$、$d380$ 等。

(5) 建筑给水排水塑料管材，管径宜以公称外径 dn 表示。

(6) 当设计中均采用公称直径 DN 表示管径时，应有公称直径 DN 与相应产品规格对照表。

(7) 复合管、结构壁塑料管等管材，管径应按产品标准的方法表示。

(8) 铜管、薄壁不锈钢管等管材，管径宜以公称外径 Dw 表示。

(9) 单根管道，管径应按图 9-6 所示的方式标注；多根管道，管径应按图 9-7 所示的方式标注。

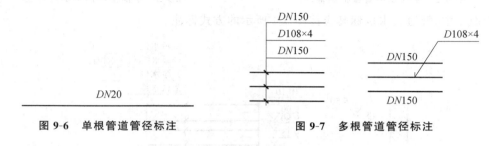

图 9-6　单根管道管径标注　　　　图 9-7　多根管道管径标注

4. 编号

(1) 当建筑物的给水引入管或排水排出管的数量超过 1 根时，应进行编号，编号宜按图 9-8 所示的方法表示。

(2) 建筑物中穿越楼层的立管，其数量超过 1 根时，应进行编号，编号宜按图 9-9 所示的方法表示。

(3) 在总图中，当同种给水排水附属构筑物的数量超过 1 个时，应进行编号并符合下列规定：

①编号方法为"构筑物代号-编号"；

②给水构筑物的编号顺序宜为从水源到干管，再从干管到支管，最后到用户；

③排水构筑物的编号顺序宜为从上游到下游，先干管后支管。

(4) 当给水排水工程的机电设备数量超过 1 台时，宜进行编号，并应有设备编号与设备名称对照表。

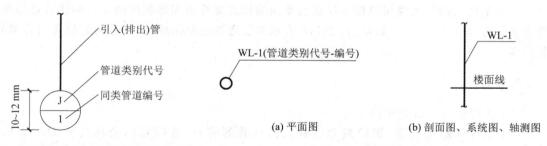

图 9-8　给水引入（排水排出）管编号表示法　　　　图 9-9　立管编号表示法

5. 给水排水施工图常用图例

给水排水施工图上的管道、卫生器具、设备等应按照《建筑给水排水制图标准》(GB/T 50106—2010)的规定用统一的图例来表示。该标准中列出了管道、管道附件、管道连接、管件、阀门、给水配件、消防设施、卫生设备及水池、小型给水排水构筑物、给水排水设备、仪表共11类图例。给水排水施工图常用代号与图例如表9-2所示。

表 9-2 给水排水施工图常用代号与图例

序号	名 称	图 例	序号	名 称	图 例
1	生活给水管	—— J ——	15	污水管	—— W ——
2	热水给水管	—— RJ ——	16	雨水管	—— Y ——
3	热水回水管	—— RH ——	17	通气管	—— T ——
4	中水给水管	—— ZJ ——	18	虹吸雨水管	—— HY ——
5	热媒给水管	—— RM ——	19	保温管	
6	热媒回水管	—— RMH ——	20	多孔管	
7	废水管	—— F ——	21	防护套管	
8	管道立管	XL-1 平面图 XL-1 系统图 X:管道类别 L:立管 1:编号	22	立管检查口	
9	清扫口	平面图 系统图	23	管道固定支架	
10	雨水斗	YD- 平面图 YD- 系统图	24	Y形除污器	
11	圆形地漏	平面图 系统图	25	立式洗脸盆	
12	排水漏斗	平面图 系统图	26	台式洗脸盆	
13	通气帽	成品 蘑菇形	27	浴盆	
14	截止阀		28	厨房洗涤盆	

续表

序号	名称	图例	序号	名称	图例
29	电磁阀		43	污水池	
30	减压阀	左侧为高压端	44	壁挂式小便器	
31	泄压阀		45	蹲式大便器	
32	吸水喇叭口	平面图　系统图	46	坐式大便器	
33	水嘴	平面图　系统图	47	小便槽	
34	室外消火栓		48	淋浴喷头	
35	室内消火栓（单口）	平面图　系统图 白色为开启面	49	矩形化粪池	HC为化粪池代号
36	室内消火栓（双口）	平面图　系统图	50	隔油池	YC为隔油池代号
37	水泵接合器		51	雨水口（单箅）	
38	水力警铃		52	雨水口（双箅）	
39	阀门井及检查井	J-×× W-×× Y-××　J-×× Y-×× 以代号区别管道	53	压力表	右侧为自动记录式
40	水表井		54	水表	
41	卧式水泵	平面图　系统图	55	温度计	
42	立式水泵	平面图　系统图	56	搅拌器	

三、给水排水管网平面布置图

1. 给水管网平面布置图

在房屋内部,凡需要用水的房间,均需要配以卫生设备和给水用具。图9-10所示为某学生宿舍室内给水管网平面布置图,其主要表示供水管线的平面走向以及各用水房间所配备的卫生设备和给水用具。

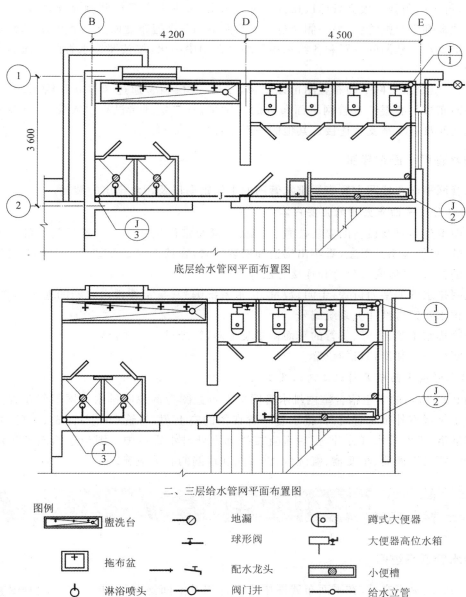

图 9-10 某学生宿舍室内给水管网平面布置图(单位:mm)

1）给水管网平面布置图的主要内容

①表明建筑的平面形状、房间布置等情况。

②表明给水管道的各个干管、立管、支管的平面位置、走向以及给水系统与立管的编号。

③表明各用水设备的平面位置、类型及安装方式。

④在底层平面图中除了表明上述内容外，还要反映给水引入管、水表节点、水平干管、管（地）沟的平面位置、走向及构造组成等情况。

2）给水管网平面布置图识读内容及要点

从底层给水管网平面布置图可以看出，给水引入管通过室外阀门井后引入楼内，形成地下水平干管，再由墙角处3根立管(J1、J2、J3)向上送水，由水平支管沿两侧墙面延伸，一侧经过4个蹲式大便器和1个盥洗台，另一侧经过1个小便槽和1个拖布盆以及2个淋浴间，然后经由立管再向上层供水。地漏的位置和各给水用具均已在图中标出，故按照给水管的平面顺序较容易看懂该图。

从二、三层给水管网平面布置图可以看出，二层、三层宿舍通过3根立管给水。二、三层给水管网平面布置与底层给水管网平面布置的区别是：从二层开始没有引入管，且在拖布盆与2个淋浴间之间没有水平支管连接。其他的平面布置是一样的。

2. 排水管网平面布置图

排水管网平面布置图主要表示排水管网的平面走向以及污水排出的装置。

1）排水管网平面布置图的主要内容

①表明卫生器具及设备的安装位置、类型、数量及定位尺寸。卫生器具及设备在图中是用图例表示的，只能说明其类型，看不出构造和安装方式，在读图时必须结合有关详图或技术资料弄清它们的构造、具体安装尺寸和连接方法等。

②表明排水管的平面位置、走向、数量、排水系统编号、与室外排水管网的连接形式、管径和坡度等。排水管道常都注上系统编号。

③表明排水干管、立管、支管的平面位置及走向、管径尺寸及立管编号。

④表明检查口和清扫口的位置。

2）排水管网平面布置图识读内容及要点

以图9-11所示的学生宿舍室内排水管网平面布置图为例说明排水管网平面布置图的图示内容。为了靠近室外排水管道，将排水管布置在图的右上角，与给水引入管成90°角，并将粪便排出管与淋浴、盥洗排水管分开，把后者直接排到室外排水管道中。图中还给出了污水排出装置、拖布盆、蹲式大便器、小便槽、盥洗台、淋浴间和地漏的有关情况。

四、给水排水管道系统图

1. 给水管道系统图

给水的管道纵横交叉，在平面布置图中难以标明其空间走向，因此可采用轴测图直观地画出给水的管道系统，这种轴测图称为给水管道系统轴测图，简称给水管道系统图。室内给水管

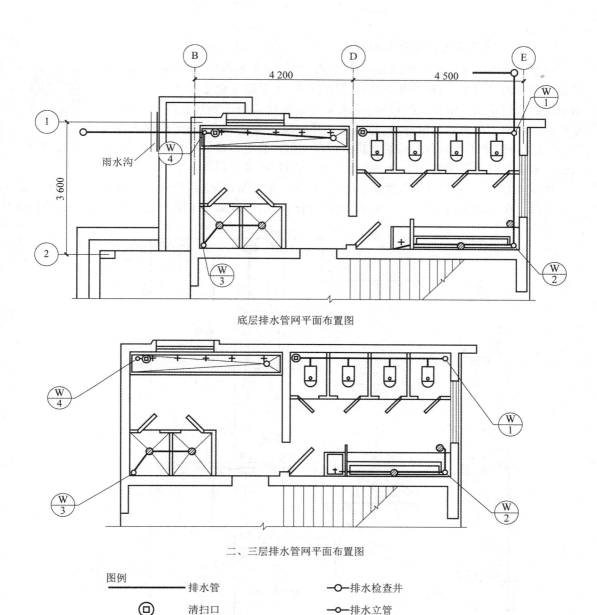

图 9-11 某学生宿舍室内排水管网平面布置图（单位：mm）

道系统图是表明室内给水管网和设备的空间联系以及管网、设备与房屋建筑的相对位置、尺寸等情况的立体工程图，具有立体感强的特点，通常是用正面斜等测的方法绘制的。其比例通常与平面图相同，这样便于对照识读和使用。它与给水管网平面布置图相结合可以反映给水系统全貌，因此，它是室内给水排水施工图中的重要工程图。

1）给水管道系统图的主要内容

①表明管网的空间连接情况，如引入管、干管、立管和支管的连接与走向，支管与配水龙头、用水设备的连接与分布，以及系统与立管的编号等。

②表明楼层地面标高及引入管、水平干管、支管及配水龙头的安装高度。

③表明从引入管开始的整个管网各管段的管径。

2)给水管道系统图识读内容及要点

识读系统图必须与平面图配合。在底层给水管道平面图中,可按系统索引符号找出相应的管道系统;在其他各楼层平面图中,可根据系统立管代号及位置找出相应的管道系统。识读系统图时,给水系统按照树状由干到枝的顺序、排水系统按照由枝到干的顺序逐层分析,也就是按照水流方向读图,再与平面图紧密结合,就可以清楚地了解到各层的给水排水情况。给水管道系统图一般从引入管开始识读,按"引入管→水表井→水平干管→立管→支管→卫生器具"的顺序识读。

如图 9-12 所示的室内给水管道系统图,从引入管开始读图,各管的尺寸和用水设备的位置一目了然。引入管标高为 -1.00 m,J1 立管的管径为 50 mm,水平干管 $DN40$ 和 $DN32$ 的标高

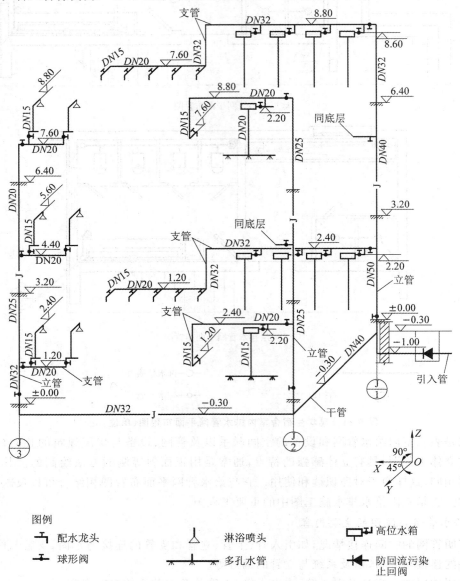

图 9-12 室内给水管道系统图(标高单位为 m,其余为 mm)

都为-0.30 m,最上层高位水箱的标高为8.80 m等。图中可以清楚看到配水龙头、淋浴喷头、高位水箱等的安装位置和高度。

2. 排水管道系统图

排水管道系统图图示方法与给水管道系统图图示方法基本相同,只是排水管道用虚线表示,在水平管段上都标注有污水流向的设计坡度,排水管道系统图上的图例符号与给水管道系统图上所用的图例符号不同。

1) 排水管道系统图的主要内容

①表明排水立管上横支管的分支情况和立管下部排水管的汇合情况,以及排水系统是怎样组成的,有几根排出管,走向如何等。

②通过图例符号表明横支管上连接哪些卫生器具,以及管道上的检查口、清扫口、通气管和通气帽的位置与分布情况。

③表明管径、管道各部位安装标高、楼地面标高及横支管的安装坡度等。

值得一提的是,管道支架在图上一般不进行表示,由施工现场技术人员按有关规程和习惯性做法去确定。

2) 排水管道系统图识读内容及要点

识读排水管道系统图,应查明排水管道的具体走向、管路分支情况、管径尺寸与横管坡度、管道各部分标高、存水弯的形式、清通设备的设置情况、弯头及三通的选用等内容。识读排水管道系统图一般按"卫生器具或排水设备的存水弯→器具排水管→横支管→立管→排出管"的顺序进行。

在同一房屋中,排水管的轴向选择与给水管一致。由于粪便污水与盥洗、淋浴污水分两路排出室外,故其轴测图是分别绘制的,如图 9-13 所示。

五、给水排水施工详图

给水排水施工详图用于表示某些设备、构配件或管道上节点的详细构造与安装尺寸。给水排水施工详图包括节点图、大样图和标准图,主要是指管道节点、水表、消火栓、水加热器(开水炉)、卫生器具、套管、排水设备、管道支架等的安装图及卫生间大样图等。这些图都是根据实物用正投影法画出来的,图上都有详细尺寸,可在安装时直接使用。

如图 9-14 所示的坐式大便器的安装详图,表明了安装尺寸的要求,如水箱高度为 910 mm,坐圈与地面的高度为 350 mm,水平进水支管高度为 250 mm 等;又如图 9-15 所示的圆形铸铁地漏详图,表明了该地漏的加工尺寸以及制作要求,如外圆尺寸 $D=232$ mm,上盖厚度为 8 mm,上盖与壳体的间隙为 2 mm。在识读详图时,着重掌握详图上的各种尺寸及其要求,就能够快捷地对房屋内的设备进行施工或安装。墙架式洗脸盆安装详图如图 9-16 所示。

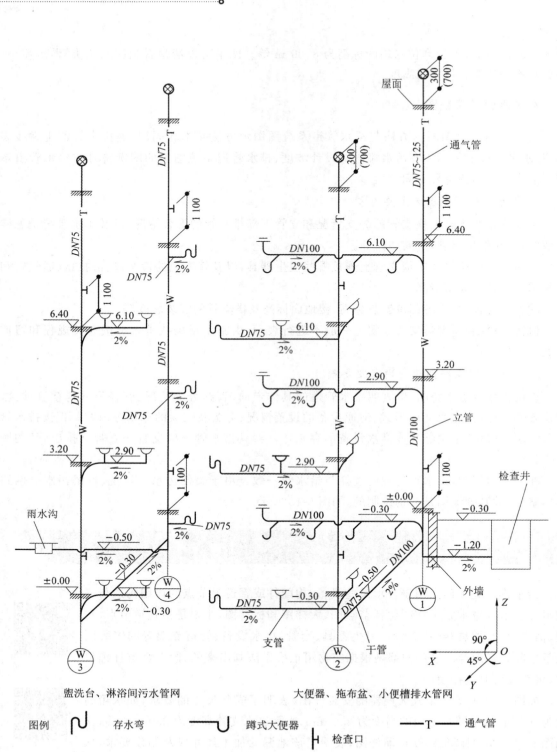

图 9-13　室内排水管道系统图（标高单位为 m，其余为 mm）

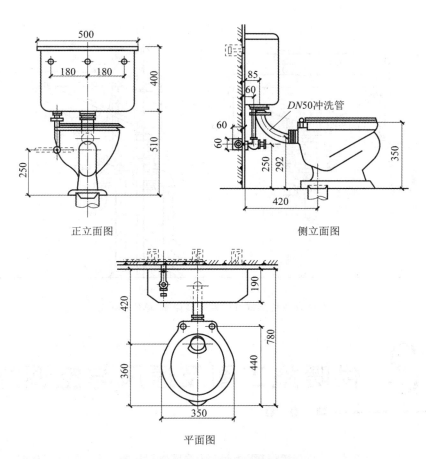

图 9-14 坐式大便器的安装详图（单位：mm）

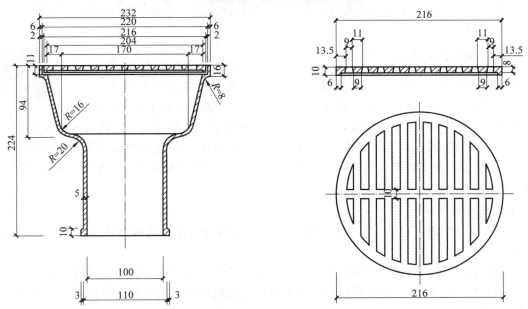

图 9-15 圆形铸铁地漏详图（单位：mm）

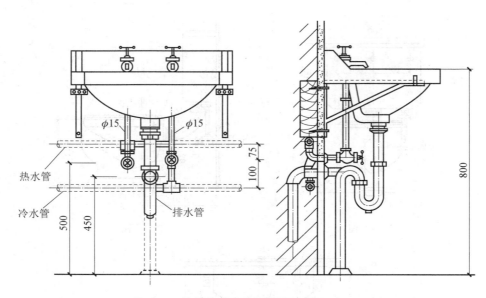

图 9-16 墙架式洗脸盆安装详图(单位:mm)

任务 3 供暖施工图及通风与空调施工图

一、供暖施工图

1. 供暖施工图的基本知识

冬季室内温度下降,为满足生活需要,可通过采暖设备以某种方式向室内供应热量,即用人工方法向室内供给热量,保持一定的室内温度,以创造适宜的生活或工作条件。所谓供暖(又称采暖),就是根据热平衡原理,在冬季以一定的方式向房间补充热量,以维持人们日常生活、工作和生产活动所需的环境温度。供暖期因地区差异而不同,东北、华北、西北等地区的供暖期较长,而华中、华南等部分地区供暖期较短,有的地区甚至可以不进行供暖。

1) 供暖系统的组成

供暖系统由热源、供热管道、散热设备这 3 个主要部分组成。其他组成部分还有热媒、辅助设备等。

(1) 热源:主要是指生产和制备具有一定参数(温度、压力)热媒的锅炉房或热电厂。

(2) 供热管道:把热量从热源输送到各个用户或散热设备。供热管道包括钢管、铝塑复合管及其他管材。

(3) 散热设备:把热量传送给室内空气的设备,如散热器、地板加热管、风道机等。

(4) 其他组成部分:①热媒,即输送热量的物质或带热体,常用的热媒是热水、蒸汽;②辅助设备,如膨胀水箱、水泵、排气装置、除污器等。

2) 供暖系统的分类

(1) 按供暖系统三个主要组成部分的相互位置关系,可分为局部供暖系统和集中式供暖系统。

①局部供暖系统:将热源、热媒输送和散热设备构造在一起的供暖系统,如烟气供暖(火炉、火墙、火炕等)和燃气供暖等。

②集中式供暖系统:热源和散热设备分别设置,用供热管道相连接,由热源向各个房间或各个建筑物供给热量的供暖系统。集中式供暖系统在我国北方城市被普遍采用。集中式供暖系统的组成示意图如图9-17所示。

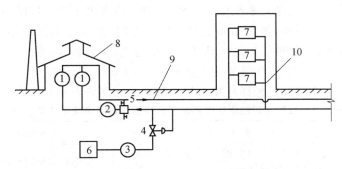

图9-17 集中式供暖系统的组成示意图
1—热水锅炉;2—循环水泵;3—补给水泵;4—压力调解阀;5—除污器;6—补充水处理装置;
7—散热设备;8—集中供暖锅炉房;9—室外供热管网;10—室内供暖系统

(2) 按热源和热媒的不同,可分为热水供暖、蒸汽供暖、热风供暖、烟气供暖、热泵供暖等。

①热水供暖:以热水作为热媒。

低温水供暖系统,供/回水设计计算温度通常为95℃/70℃;

高温热水供暖系统,供水温度在我国目前大多为130~150℃,回水温度多为70℃。

②蒸汽供暖:以水蒸气作为热媒,按蒸汽压力不同可分为以下3种。

低压蒸汽供暖,表压力低于或等于70 kPa;

高压蒸汽供暖,表压力为70~300 kPa;

真空蒸汽供暖:压力低于大气压强。

③热风供暖:以热空气作为热媒,即把空气加热到适当的温度(一般为35~50℃)直接送入房间。以空气作为热媒时,因为空气密度小,比热和导热系数均很小,所以加热和冷却比较迅速,而且空气比容大,所需管道断面积比较大。例如,暖风机就是热风供暖的典型设备。

④烟气供暖:直接利用燃料在燃烧时所产生的高温烟气,在烟气流动过程中向房间提供热量,以满足供暖要求。火炉、火墙、火炕供暖等形式都属于这一类。

⑤热泵供暖:利用热泵以低温热源带来的热量为供热热源,可分为空气源热泵、水源热泵、地源热泵等几种。

(3) 按供暖时间的不同,可分为连续供暖、间歇供暖和值班供暖。

①连续供暖:对于全天使用的建筑物,使其室内平均温度全天均能达到设计温度的供暖

方式。

②间歇供暖:对于非全天使用的建筑物,仅使室内平均温度在使用时间内达到设计温度,而在非使用时间内自然降温的供暖方式。

③值班供暖:在非工作时间或中断使用的时间内,为使建筑物保持最低室温要求(以免冻结)而设置的供暖方式。

(4) 按供暖系统循环动力的不同,可分为自然循环热水供暖系统和机械循环热水供暖系统。

①自然循环热水供暖系统:在水的循环流动过程中,供水和回水由于温度差的存在产生了密度差,系统就是靠供水、回水的密度差作为循环动力的。自然循环作用压力的大小与供水、回水的密度差和锅炉中心与散热设备中心的垂直距离有关。自然循环热水供暖系统的作用压力不大,作用半径一般不超过 50 m。供水、回水干管"低头走",坡度为 $i=0.005\sim0.01$。自然循环热水供暖系统结构简单,操作方便,运行时无噪声,不需要消耗电能,但它的作用半径小,系统所需管径大,初次投资较高。当循环系统作用半径较大时,应考虑采用机械循环热水供暖系统。

②机械循环热水供暖系统:依靠循环水泵提供动力,强制水在系统中循环流动。这种供暖系统增加了运行管理费用和电耗,但系统循环作用压力大,管径较小,系统的作用半径会显著增大。供水干管"抬头走"、回水干管"低头走",坡度为 $i=0.002\sim0.003$。

自然循环热水供暖系统和机械循环热水供暖系统的区别如表 9-3 所示。

表 9-3　自然循环热水供暖系统和机械循环热水供暖系统的区别

不 同 之 处	自然循环热水供暖系统	机械循环热水供暖系统
循环动力不同	靠供水、回水的密度差产生作用力使热水进行循环	靠循环水泵使热水进行循环
膨胀水箱连接位置不同	连接在供水主立管的上方	连接在循环水泵的吸入口处
排气方式不同	膨胀水箱排气	主要靠集气罐排气
干管坡度、坡向不同	供水、回水干管"低头走",坡度为 $i=0.005\sim0.01$	供水干管"抬头走"、回水干管"低头走",坡度为 $i=0.002\sim0.003$

3) 供暖系统的工作原理

工作原理:低温热媒在热源中被加热,吸收热量后,变为高温热媒(高温水或蒸汽),经供热管道送往室内,通过散热设备放出热量,使室内温度升高;散热后温度降低,变成低温热媒(低温水),再通过回水管道返回热源,进行循环使用。如此不断循环,从而不断将热量从热源送到室内,以补充室内的热量损耗,使室内保持一定的温度。

4) 供暖系统的形式

(1) 按供水、回水干管布置位置分:

①按供水干管布置位置分为上供、中供、下供。

②按回水干管布置位置分为上回、中回、下回。

(2) 按散热设备的连接方式分:

①水平式,是指同一楼层的散热设备用水平管线连接。

②垂直式,是指不同楼层的各散热设备用垂直立管连接。

(3) 按连接散热设备的管道数量分:

①单管:节省管材,造价低,施工进度快。单管系统的水力稳定性比双管系统好。

②双管：可单个调节散热量，管材耗量大，施工麻烦，造价高，易产生垂直失调。

(4)按并联环路水的流程分：

①同程式，即各环路管路总长度基本相等。

②异程式，即各环路管路总长度不相等。

机械循环热水供暖系统常见的系统形式有垂直式和水平式。垂直式又分为上供下回式、下供下回式双管、中供式、下供上回式(倒流式)、混合式、同程式与异程式。水平式分为单管水平串联式和单管水平跨越式。

5)供暖施工图的常用图例

在供暖施工图中，各零部件均采用图例符号表示。供暖施工图的图示方法与给水排水施工图基本一致，只是采用的图例符号有所不同。供暖施工图中的水、汽管道可用线型区分，也可用代号区分，水、汽管道代号如表9-4所示。根据《暖通空调制图标准》(GB/T 50114—2010)的规定，暖通空调工程图常用图例如表9-5所示。

表9-4 水、汽管道代号

序号	名 称	代 号	序号	名 称	代 号
1	采暖热水供水管	RG(可附加1、2、3等表示相同代号、不同参数的多种管道)	22	饱和蒸汽管	ZB(可附加1、2、3等表示相同代号、不同参数的多种管道)
2	采暖热水回水管	RH(可通过实线、虚线表示供、回关系，省略字母G、H)	23	凝结水管	N
3	空调冷水供水管	LG	24	给水管	J
4	空调冷水回水管	LH	25	软化水管	SR
5	空调热水供水管	KRG	26	除氧水管	CY
6	空调热水回水管	KRH	27	锅炉进水管	GG
7	空调冷、热水供水管	LRG	28	加药管	JY
8	空调冷、热水回水管	LRH	29	盐溶液管	YS
9	冷却水供水管	LQG	30	连续排污管	XI
10	冷却水回水管	LQH	31	定期排污管	XD
11	空调冷凝水管	n	32	泄水管	XS
12	膨胀水管	PZ	33	溢水(油)管	YS
13	补水管	BS	34	一次热水供水管	R_1G
14	循环管	X	35	一次热水回水管	R_1H
15	冷媒管	LM	36	放空管	F
16	乙二醇供水管	YG	37	安全阀放空管	FAQ
17	乙二醇回水管	YH	38	柴油供油管	O1
18	冰水供水管	BG	39	柴油回油管	O2
19	冰水回水管	BH	40	重油供油管	OZ1
20	过热蒸汽管	ZG	41	重油回油管	OZ2
21	二次蒸汽管	Z2	42	排油管	OP

表 9-5 暖通空调工程图常用图例

序号	名称	图例	序号	名称	图例
1	采暖供水（汽）管	———————	16	集气罐、放气阀	
2	采暖回（凝结）水管	-----------	17	温度计	
3	补偿器		18	法兰连接	
4	软管		19	法兰封头	
5	矩形补偿器		20	伴热管	
6	套管补偿器		21	直通型（或反冲型）除污器	
7	波纹管补偿器		22	介质流向	→或⇒ 在管道断开处，流向符号宜标注在管道中心线上，其余可同管径标注位置
8	弧形补偿器		23	坡度及坡向	$i=0.003$或→$i=0.003$ 坡度数值不宜与管道起、止点标高同时标注，标注位置与管径相同
9	球形补偿器		24	三通阀	
10	导向支架		25	角阀	
11	固定支架		26	疏水器	
12	膨胀阀		27	自动排气阀	
13	散热器及手动放气阀	左为平面图画法，中为剖面图画法，右为系统图（Y轴侧）画法	28	球阀	
14	闸阀		29	节流孔板、减压孔板	
15	截止阀（阀门通用）		30	压力表	

2. 供暖平面图

供暖平面图主要表示供暖管道、附件及散热器在建筑平面上的位置以及它们之间的相互关系。供暖平面图的主要内容包括：

(1) 建筑物的平面布置。应注明轴线、房间主要尺寸、指北针等,必要时应注明房间名称。在供暖平面图上应注明轴线编号、外墙总长尺寸、地面及楼板标高等与供暖系统施工安装有关的尺寸。

(2) 热力入口位置,供水、回水总管名称、管径。

(3) 干、立、支管位置和走向,管径以及立管(平面图上为小圆圈)编号。

(4) 散热器(一般用小长方形表示)的类型、位置和数量。各种类型的散热器规格和数量标注方法如下:

①柱型、长翼型散热器只注数量(片数);
②圆翼型散热器应注根数、排数,如 3×2(每排根数×排数);
③光管散热器应注管径、长度、排数,如 $D108×200×4$(管径(mm)×管长(mm)×排数);
④闭式散热器应注长度、排数,如 $1.0×2$(长度(m)×排数);
⑤膨胀水箱、集气罐、阀门位置与型号;
⑥补偿器型号、位置,固定支架位置。

(5) 对于多层建筑,各层散热器布置基本相同时,也可采用标准层画法。在标准层供暖平面图上,散热器要注明层数和各层的数量。

(6) 当平面图、剖面图中的局部要另绘详图时,应在平面图或剖面图中标注索引符号,画法如图 9-18 所示。

(7) 平面图中散热器与供水(供汽)、回水(凝结水)管道的连接按图 9-19 所示方式绘制。

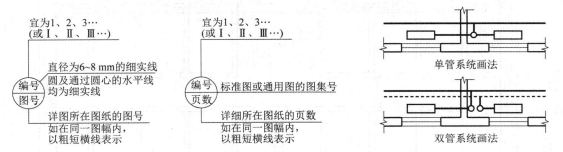

图 9-18　索引符号的画法　　　　图 9-19　平面图中散热器与管道连接的画法

(8) 主要设备或管件(如支架、补偿器、膨胀水箱、集气罐等)在平面上的位置。

(9) 采暖地沟、过门地沟的位置。

以图 9-20 所示的某综合楼供暖一层平面图和图 9-21 所示的供暖二层平面图为例,说明供暖平面图识读内容及要点。

根据设计说明:

①本工程采用低温水供暖,供/回水温度为 95℃/70℃;
②系统采用上供下回单管顺流式供暖;
③管道采用钢管,$DN32$ 以下为螺纹连接,$DN32$ 以上为焊接;
④散热器选用铸铁四柱 813 型,每组散热器设手动放气阀;
⑤集气罐采用《采暖通风国家标准图集》N103 中Ⅰ型卧式集气罐;
⑥明装管道和散热器等设备,附件及支架等刷红丹防锈漆两遍、银粉两遍;
⑦室内地沟断面尺寸为 500 mm×500 mm,地沟内管道刷防锈漆两遍,50 mm 厚岩棉保温,

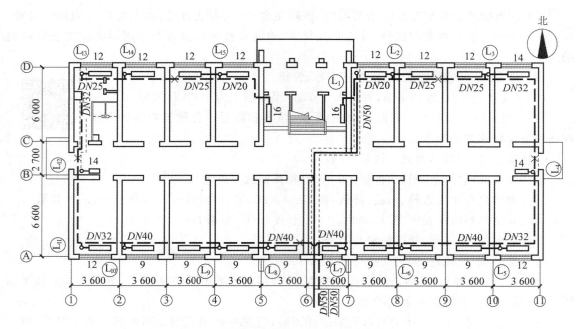

图 9-20 某综合楼供暖一层平面图（单位：mm）

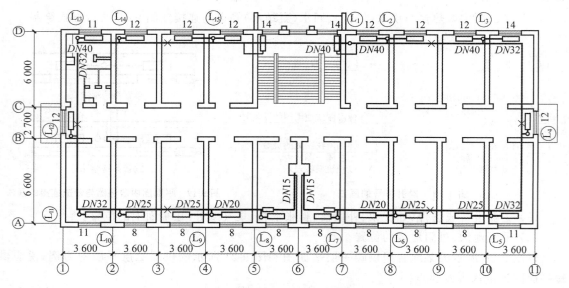

图 9-21 某综合楼供暖二层平面图（单位：mm）

外缠玻璃纤维布；

⑧图中未注明管径的立管均为 $DN20$，支管为 $DN15$；

⑨其余未说明部分，按施工及验收规范有关规定进行。

识读供暖平面图的主要目的是了解管道、设备及附件的平面位置和规格、数量等。

在供暖一层平面图中，热力入口设在⑥轴右侧位置，供、回水干管管径均为 50 mm。供水干管引入室内后，在地沟内敷设，地沟断面尺寸为 500 mm×500 mm。主立管设在靠近⑦轴处。回水干管分成两个分支环路，右侧分支共连接 7 根立管，左侧分支共连接 8 根立管。回水干管在过门时和厕所内局部做地沟。

在供暖二层平面图中,供水主立管在①轴和⑦轴交界处分为左、右两个分支环路,分别向各立管供水,末端干管分别设置卧式集气罐,型号详见说明,放气管管径为 15 mm,引至二层水池。

建筑物内各房间散热器均设置在外墙窗下。一层走廊、楼梯间因有外门,散热器设在靠近外门内墙处;二层设在外墙窗下。散热器为铸铁四柱 813 型(见设计说明),各组片数标注在散热器旁。

3. 供暖系统图

供暖系统图,亦称供暖轴测图,是表明从供热总管入口直至回水总管出口整个供暖系统的管道、散热设备、主要附件的空间位置和相互连接情况的工程图样。供暖系统图通常是用正面斜等测方法绘制的。供暖系统图的主要识读内容包括:

(1) 沿着热媒流动的方向查看供热总管的入口位置,与水平干管的连接及走向,各供热立管的分布,散热器通过支管与立管的连接方式,以及散热器、集气罐等设备、管道固定支点的分布与位置。

(2) 从每组散热器的末端起识读回水支管、立管、回水干管直到回水总干管出口的整个回水系统的连接、走向及管道上的设备附件、固定支点和地沟的情况。

(3) 查看管径、管道坡度、散热器片数的标注。在热水供暖系统中,供热水平干管的坡度一般是顺水流方向越走越高,回水水平干管的坡度一般是顺水流方向越走越低,坡度通常取 3‰。对散热器要看设计说明确定其类型和规格。

(4) 看楼(地)面的标高、管道的安装标高,从而掌握管道安装在房间中的位置,如供热水平干管是在顶层天棚下面还是底层地沟内,回水干管是在地沟内还是在底层地面上等。

对于供暖系统图,应从供暖管道系统入口处开始,按水流方向依次识读:系统入口→供暖干管→供暖立管→支管→散热器。

在图 9-22 所示的供暖系统图中,系统热力入口供、回水干管均为 DN50,并设同规格阀门,标高为 −0.900 m。引入室内后,供水干管标高为 −0.300 m,有 0.003 的上升坡度,经主立管引到二层后,分为两个分支,分流后设阀门。两分支环路起点标高为 6.500 m,坡度为 0.003,供水干管始端为最高点,末端分别设卧式集气罐,通过 DN15 放气管引至二层水池,出口设阀门。

4. 设备安装与构造详图

设备安装与构造详图表示供暖系统节点与设备的尺寸、构造和安装尺寸要求等。平面图和系统图中表示不清,又无法用文字说明的地方,可以用详图表示,如引入口装置、膨胀水箱的构造、管沟断面、保温结构等。如果选用的是国家标准图集,可给出标准图号,不画详图。设备安装与构造详图常用的比例为 1∶10 和 1∶50。

图 9-23 所示为几种不同散热器的安装详图。采用悬挂式安装时,铁钩要在砌墙时埋入,待墙面处理完毕后再进行安装,同时要保证安装尺寸。

二、通风与空调施工图

通风是指利用换气的方法,把室内被污染的空气直接或经过净化排至室外,向某一空间输

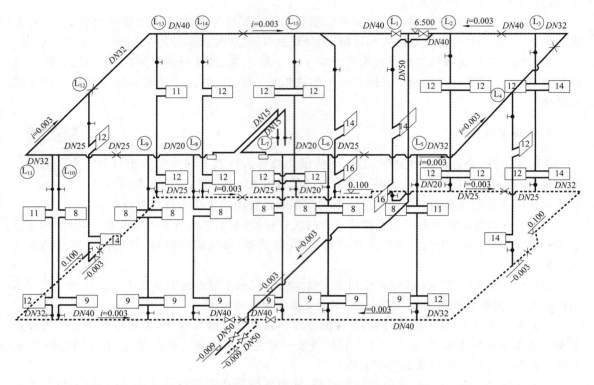

图 9-22 供暖系统图（标高单位为 m，其余为 mm）

送新鲜空气，以保证室内环境符合卫生标准，满足人们生活或生产工艺要求的技术措施。有的通风系统还担负着在火灾发生时利用机械通风设备强制排出火灾燃烧烟气和为疏散通道强制输入室外新鲜空气的作用，即防烟排烟系统。

空调是空气调节的简称，它是指为满足生活、生产要求，改善劳动卫生条件，采用人工设定的方法使房间内的空气温度、相对湿度、洁净度、气流速度、气味、气压、噪声等达到一定要求的工程技术。空调是通风技术中发展起来的一门专业技术，它是更高一级的通风。

1. 通风与空调施工图的基本知识

1) 通风系统的组成与分类

（1）组成。

由于通风系统设置场所不同，其系统组成也各不相同。

① 送风系统组成如下：

a. 送风管道：设置调节阀、防火阀、检查孔、送风口等。

b. 回风管道：设置防火阀、回风口等。

c. 管道配件及管件：弯头、三通、四通、异径管、法兰盘、导流片、静压箱、测定孔、管道支（托）架等。

d. 送风设备：空气处理器、过滤器、加热器、送风机。

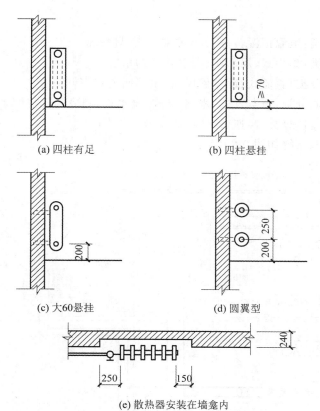

图 9-23　散热器安装详图（单位：mm）

②排风系统组成如下：

a.排风管道：设置蝶阀、排风口、排气罩、风帽等。

b.管道配件及管件：弯头、三通、四通、异径管、法兰盘、导流片、静压箱、测定孔、管道支（托）架等。

c.排风设备：排风机、净化设备等。

（2）分类。

通风系统按不同方式有下列不同的分类方法：

①按通风系统的动力不同分为自然通风和机械通风。

②按通风系统的作用范围不同分为全面通风、局部通风和混合式通风。

③按通风系统的特征不同分为进气式通风和排气式通风。

2）空调系统的组成与分类

（1）组成。

空调系统是由多个空调个体结合在一起，集中供冷或供热的一个整体。空调系统一般包括：

①通风管道及部件：通风管、附件等。

②制冷管道及附件：给水管、回水管、阀门等。

③通风设备：通风机、加热、加湿、过滤器等。

④制冷设备：压缩机、交换、蒸发、冷凝器等。

(2) 分类。

①按要求不同分类:恒温恒湿、一般、净化、除湿空调系统。

②按集中程度分类:集中式、局部式、混合式空调系统。

③按使用新风量分类:直流式、部分回风式、全部回风式空调系统。

④按热湿负荷介质分类:全空气式、水-空气式、全水式、制冷剂式空调系统。

⑤按风管中空气流速分类:高速、低速空调系统。

典型的集中式空调系统如图 9-24 所示。

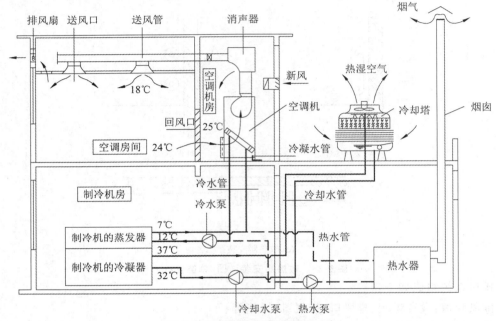

图 9-24 典型的集中式空调系统

3) 通风与空调系统原理

通风系统由送(排)风机、风道、消声器等组成,而空调系统由空调冷热源、空气处理机、空气输送管道等组成,包括空气的输送与分配及空调对室内温度、湿度、气流速度及清洁度的自动控制和调节等。空气中的含氧量、CO_2 和 CO 的浓度、粉尘和飘浮微生物的含量、离子数和挥发性有机物(volatile organic compound,VOC)等都包含在室内空气指标内。通风系统的作用原理是:通风系统主控机箱通过对采集到的室外温度、室外湿度、室内温度、室内湿度等数据进行分析,判断是否启动风机来引进室外冷空气,排出室内热空气,从而实现室内降温。空调系统的基本工作原理是:当热泵型空调器运行于制冷工况时,四通阀换向使室内换热器成为蒸发器,而室外换热器成为冷凝器,从室内换热器来的低温低压过热气经四通阀和消声器进入气液分离器。分离出液体后,干过热气被压缩机吸入,压缩成为高温高压的气体排出,气体经四通阀进入室外换热器放热冷凝,成为过冷液。

4) 通风与空调工程的常用图例

建筑通风与空调施工图中的管道及附件、管道连接、阀门、设备及仪表等应采用《暖通空调制图标准》(GB/T 50114—2010)中统一的图例表示。表 9-6 至表 9-8 中列举了通风与空调施工图中常见的代号与图例。

表 9-6 风道代号

序号	风道名称	代号	序号	风道名称	代号
1	送风管	SF	6	加压送风管	ZY
2	回风管	HF	7	排风排烟兼用风管	P(Y)
3	排风管	PF	8	消防补风风管	XB
4	新风管	XF	9	送风兼消防补风风管	S(B)
5	消防排烟风管	PY			

注:1. 回风管表示一、二次回风可附加 1、2 进行区别。
　　2. 自定义风道代号不应与本表中的规定矛盾,并应在相应图面说明。

表 9-7 风道、阀门及附件图例

序号	名称	图例	序号	名称	图例
1	矩形风管	b×h 宽×高	17	圆形风管	φ××× φ 直径(mm)
2	风管向上		18	风管向下	
3	风管上升摇手弯		19	风管下降摇手弯	
4	天圆地方	左接矩形风管,右接圆形风管	20	消声弯头	
5	软风管		21	消声器	
6	圆弧形弯头		22	带导流片的矩形弯头	
7	风管软接头		23	消声静压箱	
8	对开多叶调节风阀		24	蝶阀	
9	插板阀		25	止回风阀	
10	余压阀	DPV DPV	26	三通调节阀	
11	防烟、防火阀	××× 表示防烟、防火阀名称代号	27	气流方向	左为通用表示法,中表示送风,右表示回风
12	方形风口		28	条缝形风口	
13	矩形风口		29	圆形风口	
14	侧面风口		30	防雨百叶	
15	检修门		31	远程手控盒	B 防排烟用
16	防雨罩				

表 9-8 暖通空调设备图例

序号	名称	图例	序号	名称	图例
1	散热器及温控阀	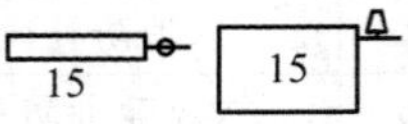	12	空调机组加热、冷却盘管	 从左至右分别为加热、冷却及双功能盘管
2	轴(混)流式管道风机	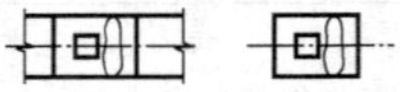	13	轴流风机	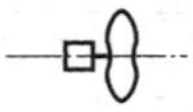
3	手摇泵	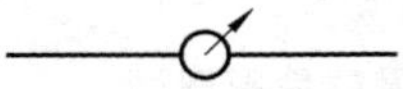	14	离心式管道风机	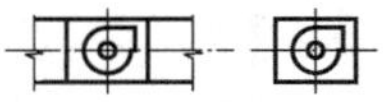
4	变风量末端	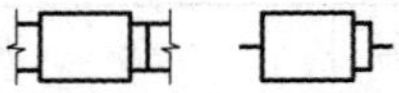	15	水泵	
5	空调过滤器	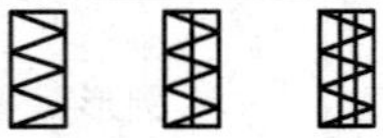 从左至右为粗效、中效和高效	16	板式换热器	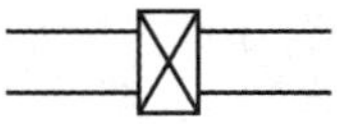
6	挡水板		17	加湿器	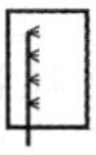
7	立式明装风机盘管		18	电加热器	
8	卧式明装风机盘管	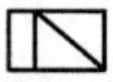	19	立式暗装风机盘管	
9	窗式空调器	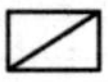	20	卧式暗装风机盘管	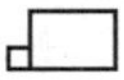
10	射流诱导风机	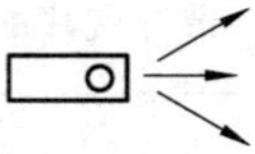	21	分体空调器	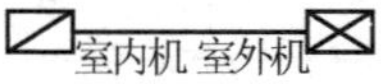 室内机 室外机
11	吊顶式排气扇	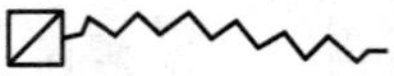	22	减振器	 左为平面图画法，右为剖面图画

5）通风与空调施工图的特点

①风、水系统环路的独立性。

识读施工图时，应将风系统与水系统分开阅读。

②风、水系统环路的完整性。

空调水系统循环示意图如图 9-25 所示，空调风系统循环示意图如图 9-26 所示。

③通风与空调系统的复杂性。

通风与空调系统中的主要设备，如冷水机组、空调箱等，其安装位置由土建工程设计决定，这使得风系统与水系统在空间中的走向往往是纵横交错的，在平面图上很难表示清楚，因此，通风与空调施工图中除了大量的平面图、立面图外，还包括许多剖面图与系统图，它们对人们读懂图纸有重要帮助。

④与土建施工的密切性。

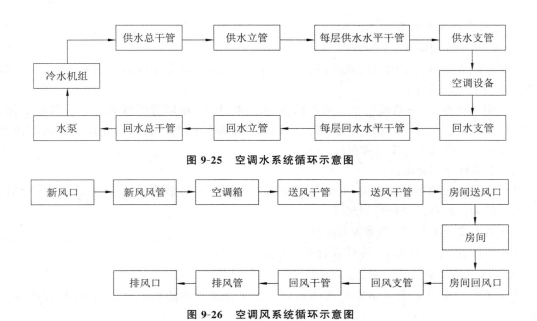

图 9-25　空调水系统循环示意图

图 9-26　空调风系统循环示意图

2. 通风与空调施工图的主要内容

1）平面图的主要内容

（1）系统平面图。

系统平面图主要表明通风与空调设备和系统风道的平面布置。一般包括下列内容：

①以双线绘出的风道、异径管、弯头、检查口、测定孔、调节阀、防火阀、送（排）风口的位置；

②空气处理设备（室）的轮廓尺寸、各种设备定位尺寸、设备基础主要尺寸；

③注明的系统编号及送、回风口的空气流动方向；

④注明的风道及风口尺寸（圆管柱注明管径，矩形管柱注明宽×高）；

⑤注明的各设备、部件的名称、规格、型号等；

⑥注明的弯头的曲率半径值，以及通用图、标准图索引号等；

⑦对恒温恒湿的空调房间，注明的各房间的基准温度和精度要求。

（2）空调机房平面图。

空调机房平面图一般包括下列内容：

①表明按标准图或产品样本要求所采用的空调器组合段代号及样式、喷雾级别和排数、喷嘴孔径、加热器、表冷器的类别、型号、台数，并注出这些设备的定位尺寸；

②以双线表明一、二次回风管道、新风管及这些管道的定位尺寸；

③以单线表明给水排水管道、冷热媒管道以及它们的定位尺寸；

④注明消声设备、柔性短管的位置尺寸；

⑤注明各部分管径、管长等尺寸。

2)剖面图的主要内容

(1)空调系统剖面图。

①用双线表示对应平面图的风道、设备、零部件(其编号应与平面图一致)的位置尺寸和有关工艺设备的位置尺寸;

②注明风道直径(或截面尺寸)、风道标高(圆管标中心,矩形管标管底边)、设备中心标高、送、排风口的形式、尺寸、标高和空气流向,风管穿出屋面的高度,风帽标高,以及穿出屋面超过1.5 m时立风管的拉索固定高度尺寸。

(2)空调机房剖面图。

①表明对应平面图的通风机、电动机过滤器、加热器、表冷器或喷水室、消声器、百叶窗、回风口及各种阀门部件的竖向位置尺寸;

②注明设备中心标高、基础表面标高;

③注明风管、给水排水管、冷热媒管道的标高。

3)系统图的主要内容

系统图中应主要表明风道在空间的曲折和交叉及其管件的相对位置和走向,其内容一般包括:

①注明主要设备、部件的编号(编号应与平面图一致);

②注明风管管径(或截面尺寸)、标高、坡度等;

③标注出风口、调节阀、检查口、测量孔、风帽及各异形部件的位置尺寸;

④标注各设备的名称及型号、规格;

⑤标注风帽的型号与标高。

4)详图的主要内容

通风与空调工程的详图较多,如空调器、除尘器、通风机、过滤器等设备的安装详图,各种阀门、检查门、消声器、测定孔等设备部件的加工制作详图,以及风管与设备保温详图等。大部分的详图都有标准图集可供选用。

3. 通风与空调施工图的识读方法

1)平面图的识读方法

识读通风与空调平面图时,要与系统图对照起来,平面图主要表达设备、管道的平面布置位置及定位尺寸。具体的识读方法和注意事项如下:

(1)查明系统的编号与数量。

为了识读方便快捷,通风与空调系统一般用汉语拼音首字母加阿拉伯数字进行编号。如图中标注有 S-1、S-2、S-3、P-1、P-2、P-3、K-1、K-2、K-3,则分别表明送风系统1、2、3,排风系统1、2、3,以及空调系统1、2、3。通过系统编号,可知该图表示几个系统(有时平面图中系统编号未注全,部分标注在剖面图或系统图上)。

(2)查明末端装置的种类、型号、规格与平面布置位置。

末端装置包括风机盘管机组、诱导器、变风量装置及各类送、回(排)风口、局部通风系统的各类风罩等。如图中绘有吸气罩、吸尘罩,则说明该通风系统分别为局部排风系统和局部排尘系统;如图中绘有旋转吹风口,则说明该通风系统为局部送风系统;如图中绘有房间风机盘管空调器,则说明该房间空调系统为以水承担空调房间热湿负荷的无新风(或有新风)风机盘管系统;如图中反映风管进入空调房间后仅有送风口(如散流器),则说明该空调系统为全空气集中式系统。

风口形式有多种。通风系统中常用圆形风管插板式送风口、旋转式吹风口、单面或双面送吸风口、矩形空气分布器、塑料插板式侧面送风口等;空调系统中常用百叶送风口(单、双、三层等)、圆形或方形直片散热器、直片送吸式散热器、流线型散热器、送风孔板及网式回风口等。送风口的形式和布置是根据空调房间高度、长度、面积大小以及房间气流组织方式确定的。

(3) 查明水系统水管、风系统风管等的平面布置,以及与建筑物墙面的距离。

水管一般沿墙、柱敷设,风管一般沿天棚内边缘敷设。一般为明装,有美观要求时为暗装。敷设位置与方式必须弄清。

(4) 查明风管的材料、形状及规格尺寸。

风管材料有多种,应结合图纸说明及主要设备材料表弄清该系统所选用的风管材料。一般情况下,风管材料选用普通钢板或镀锌钢板;有美观要求或输送腐蚀性介质(如硝酸类)的风管,还可选用铝及铝合金板;输送腐蚀性介质的风管,还可选用不锈钢板或硬聚氯乙烯塑料板(如在蓄电池、贮酸室的排风系统中,常用此种塑料风管);输送潮湿气体的风管、有防火要求的风管、在纺织印染行业中排出有腐蚀性气体的风管,常采用玻璃钢材料。

风管有圆形和矩形两种。通风系统一般采用圆形风管;空调系统一般采用矩形风管,因为矩形风管易于布置,弯头、三通尺寸均比圆形风管小,可明装或暗装于吊顶内。通风与空调平面图中所注风管尺寸一般为标准风管尺寸。圆形风管标注管外径,矩形风管标注外边的长×宽尺寸。

(5) 查明空调器、通风机、消声器等设备的平面布置及型号、规格。

(6) 查明冷水或水-空气的半集中式空调系统中膨胀水箱、集气罐的位置、型号及其配管平面布置尺寸。

2) 剖面图的识读方法

根据平面图给定的剖切线编号和位置,查阅相应的剖面图。剖切线位置一般选在需要将管道系统表达较清楚的部位,剖视方向一般为向上或向左。

(1) 查明水系统水平水管、风系统水平风管、设备、部件在垂直方向的布置尺寸与标高,管道的坡度及坡向,以及该建筑地面和楼面的标高,设备、管道距该层楼地面的尺寸。

(2) 查明设备的型号、规格及其与水管、风管之间在高度方向上的连接情况。

(3) 查明水管、风管及末端装置的型号、规格,核对其与平面图表示是否一致。

3) 系统图的识读方法

识读系统图与识读平面图和剖面图不同,系统图中的风管是单线绘制的,识读时应查明系统编号、各设备的型号及相对位置,还应查明各管段标高及规格、尺寸、坡度、坡向等。

4. 通风与空调施工图识读举例

通风与空调施工图常包括通风与空调的平面图、剖面图、系统图和详图。图 9-27 至图 9-35 所示为某校听音教室通风与空调施工图,工程图纸包括听音教室空调平面图、剖面图及空调机房平面图、剖面图等。

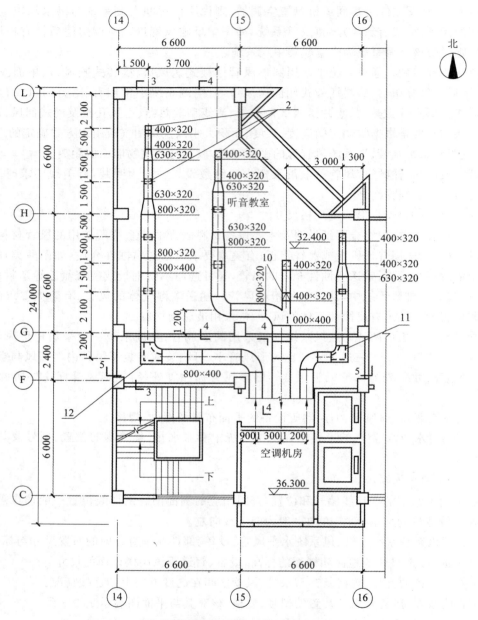

图 9-27 听音教室空调平面图（标高单位为 m，其余为 mm）

已知工程图纸说明：室外计算参数，夏季 $t_干=36.5℃$，冬季 $t_湿=27.3℃$，气压为 97.32 kPa，平均风速 $v=1.4$ m/s，主导风向为北向；室内计算参数，夏季 $24℃≤t_干≤28℃$，相对湿度为 40%～65%。设计内容：设置分体冷风柜式空调机集中送冷风（仅考虑夏季空调），噪声控制措施是将室外机设置在屋顶，听音教室负荷指标为 $q_冷=269.3$ W/m²。

工程施工说明：空调风管为镀锌钢板制作；风口为铝合金材料制作，阀门为铝合金材料制作；其他阀门为钢制阀门。分体冷风柜式空调机安装详见厂家样本、使用说明书，其室内机下垫 5 mm 厚硬橡胶垫，室外机做简易雨篷。

施工图纸中的主要设备材料如表 9-9 所示。

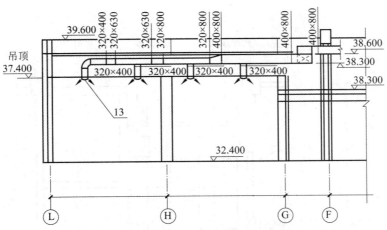

图 9-28 3—3 剖面图（标高单位为 m，其余为 mm）

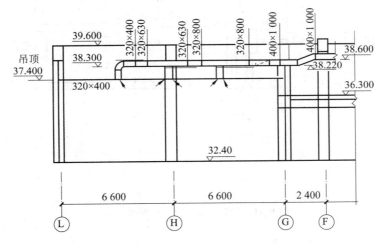

图 9-29 4—4 剖面图（标高单位为 m，其余为 mm）

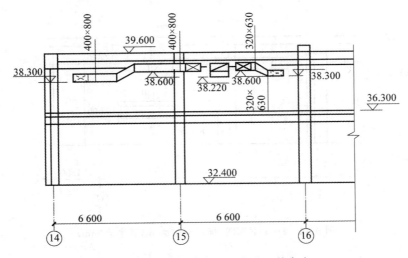

图 9-30 5—5 剖面图（标高单位为 m，其余为 mm）

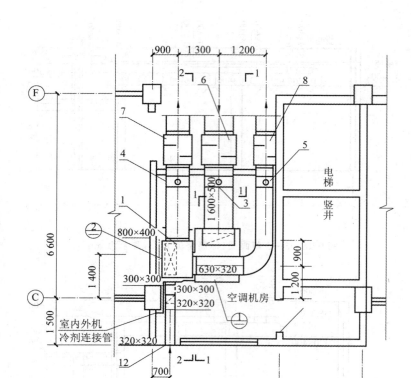

图 9-31　空调机房平面图（单位：mm）

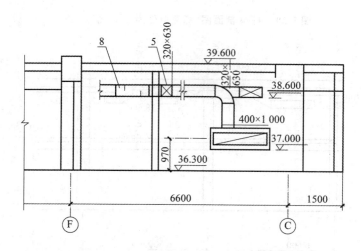

图 9-32　1—1 剖面图（标高单位为 m，其余为 mm）

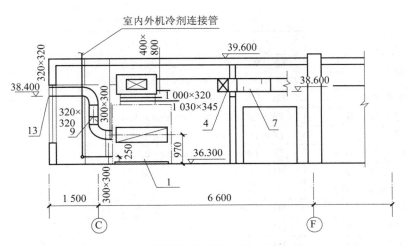

图 9-33 2—2 剖面图（标高单位为 m，其余为 mm）

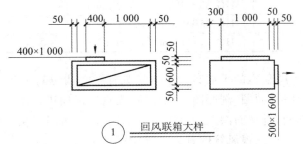

① 回风联箱大样

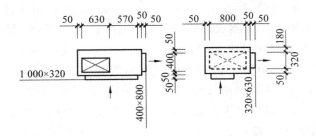

② 送风联箱大样

图 9-34 送风、回风联箱大样（单位：mm）

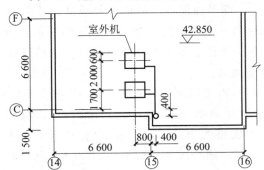

图 9-35 屋顶室外机平面图（标高单位为 m，其余为 mm）

表 9-9 主要设备材料

序号	名 称	型号规格	单 位	数 量
1	分体冷风柜式空调机	LF55W,冷量为 55.6 kW,风量为 10 800 m³/h,功率为21.7 kW,双风机,上送前回,左式	台	1
2	带调节阀方形散流器	HG-12,400 mm×320 mm	台	10
3	防火调节阀	TF·DC·W72,1 000 mm×400 mm	个	1
4	防火调节阀	TF·DC·W72,800 mm×400 mm	个	1
5	防火调节阀	TF·DC·W72,630 mm×320 mm	个	1
6	微穿孔消声器	HG-44,1 000 mm×400 mm	个	1
7	微穿孔消声器	HG-44,800 mm×400 mm	个	1
8	微穿孔消声器	HG-44,630 mm×320 mm	个	1
9	多叶调节阀	HG-35,320 mm×320 mm	个	1
10	多叶调节阀	HG-35,400 mm×320 mm	个	1
11	消声弯头	HG-35B,800 mm×400 mm	个	1
12	消声弯头	HG-35B,630 mm×320 mm	个	1
13	单层百叶风口	HG-1,320 mm×320 mm	个	1

首先识读平面图,了解建筑的平面布置。本建筑有一空调房间(听音教室),另一间是空调机房。识读施工图时应将平面图、剖面图对照分析,沿空气流向进行。

关于听音教室的空调,有平面图及 3—3、4—4、5—5 剖面图。从平面图看出,听音教室内有三根由南到北的风管。这三根风管的具体布置状况如下:

听音教室左侧的一根风管:标高为 38.600 m,该风管从空调机房出来时尺寸为 800 mm(宽)×400 mm(高),为镀锌钢板制成的矩形风管,由南往北走,穿过Ⓕ轴线墙,在Ⓕ与Ⓖ轴线之间用一弯头往西转,风管规格尺寸未变,但标高由38.600 m降到38.300 m,后继续向西走,接近⑭轴线时用一消声弯头转向,由南往北走,此弯头型号为HG-35B,规格为 800 mm×400 mm,消声弯头的规格尺寸与连接的风管规格尺寸一致。经消声弯头转向后的风管尺寸和标高均未改变,在过Ⓖ轴线 2 100 mm 的风管下表面装一带调节阀的方形散热器,由剖面图可见散热器的空气流向是向下的,说明该散热器是送风口。由南往北走的风管经过第一个风口后,再往北走 1 500 mm,风管的宽度、标高均未改变,仅风管高度由 400 mm 变到 320 mm。继续往北,距⑪轴 1 500 mm 处又装一带调节阀的方形散热器向下送风。在⑪轴附近,风管的标高和高度未变,仅宽度由 800 mm 变到 630 mm,即平面图表示的该风管规格尺寸由 800 mm×320 mm 变到 630 mm×320 mm。再往北走,装有一个方形散热器和一个从 630 mm×320 mm 变到 400 mm×320 mm 的异径管,风管末端装有一个往下送风的散热器风口。末端风管与风口标高均未改变。据施工说明可知,风口为铝合金风口。

听音教室中间的一根风管:由平面图、4—4 剖面、5—5 剖面可以看出,从空调机房出来时,其标高为 38.600 m,规格尺寸为 1 000 mm(宽)×400 mm(高),为矩形风管,由南往北走,穿过Ⓕ轴后装一矩形来回弯,风管规格尺寸未变,仅通过来回弯将风管标高由 38.600 m 降到 38.220 m。穿过Ⓖ轴线后,通过三通将风管标高由 38.220 m 变到 38.300 m。经过三通后分两路走:一路是规格尺寸为 400 mm×320 mm 的支管,继续往北走,在支管上装有一个多叶调节阀,其型号为HG-35,规格为 400 mm×320 mm,与所连接的风管规格尺寸一致,支管末端向下装一铝制散热器；另一路支管从三通分出后往西走，风管尺寸为 800 mm×320 mm，标高为 38.300 m。由东往西走穿过⑮轴，经弯头转向，由南往北走，管径标高未变，在ⓒ轴与ⓗ轴间向下装一铝制方形散热器与一个由 800 mm×320 mm 变到 630 mm×320 mm 的变径管，但标高与风管高度未变。在ⓗ轴附近也装一铝制散热器。穿过ⓗ轴后再往北走，装一由 630 mm×320 mm 变到 400 mm×320 mm 的变径管，风管末端装一铝制散热器。从 4—4 剖面图中风口处的空气流向看出，听音教室中间一根风管为回风管，风口为回风口。

　　听音教室右侧的一根风管：从空调机房出来时标高为 38.600 m，规格尺寸为 630 mm（宽）×320 mm（高），为矩形风管，由南往北穿过ⓕ轴，在ⓕ轴与ⓖ轴间由一弯头向东转向，并用来回弯将风管标高由 38.600 m 降至 38.300 m，又经一消声弯头向北转向，消声弯头中心至⑯轴之距为 1 300 mm，风管继续往北走至末端，共装有两个向下送风的铝制方形散流器和一个由 630 mm×320 mm 变至 400 mm×320 mm 的变径管。

　　由听音教室空调平面图看出，各段风管和各送、回风口的定位尺寸均较清楚齐全。

　　关于空调机房，有平面图、1—1 剖面、2—2 剖面、送回风联箱大样等。

　　空调机房的主机采用分体冷风柜式空调机，分室内机和室外机两部分。室内机设于空调机房ⓒ轴与⑮轴交角附近。新风口设于空调机房南侧的外墙上，新风管标高为 38.400 m，规格尺寸为 320 mm×320 mm，沿⑮轴由南往北走，走到⑮轴与ⓒ轴相交处的柱子附近转弯往下走，立管上装有编号为 9 的多叶调节阀，其型号为 HG-35，规格为 320 mm×320 mm，新风立管走到距地面高度为 970 mm 处又转弯水平向北走，规格变为 300 mm×300 mm，经过尺寸为 300 mm×300 mm 的软管与室内机相接。

　　由空调机房平面图、2—2 剖面图可看出，室内机上方接一尺寸为 1 030 mm×345 mm 的短管，该短管通过由 1 030 mm×345 mm 变至 1 000 mm×320 mm 的软管与送风联箱下口尺寸为 1 000 mm×320 mm 的短管相接，再与送风联箱相接。送风联箱东侧、北侧分别接出标高为 38.600 m 的规格尺寸为 630 mm×320 mm 和 800 mm×400 mm 的两根水平风管。沿⑮轴由南往北走的风管，在空调机房与听音教室间的隔墙两侧分别装有防火阀 4 和微穿孔消声器 7。防火阀 4 的型号规格为 TF·DC·W72，800 mm×400 mm；微穿孔消声器 7 的型号规格为 HG-44，800 mm×400 mm。风管经过消声器后继续往北走，与听音教室左侧的一根空调风管相接。送风联箱向东接的风管，走至空调机房与电梯井的隔墙处转弯往北走，标高与规格尺寸不变。该风管在空调机房与听音教室间的隔墙两侧分别装设防火阀 5 与消声器 8，防火阀 5 的型号规格为 TF·DC·W72，630 mm×320 mm；消声器 8 的型号规格为 HG-44，630 mm×320 mm。该风管经过消声器继续往北走，与听音教室右侧的一根风管相接。

　　由空调机房平面图看出，室内机东侧经规格尺寸为 1 600 mm×500 mm 的软管与回风联箱相接。回风联箱上部接一尺寸为 1 000 mm×400 mm 的矩形风管，该风管上升至标高为 38.600 m 时转弯由南往北走。同样，其在空调机房与听音教室间的隔墙两侧装设防火阀 3 与消声器 6。风管经消声器 6 后与听音教室中间的风管（回风管）相接。

　　由空调机房平面图看出，空调机房通往听音教室的 3 根风管在空调机房与听音教室隔墙两侧均装设防火阀与消声器。

　　从空调机房平面图和屋顶室外机平面图看出，距⑮轴 800 mm、距ⓒ轴 1 700 mm 和 3 700 mm 处设室外机。室内、外机用冷剂管连接。冷剂管从室外机东侧接出并联后沿⑮轴由北往南走,到⑮轴与ⓒ轴交角附近且距⑮轴和ⓒ轴均 400 mm 处,转弯穿过预埋套管,垂直往下走到距地面约 250 mm 处转弯,沿⑮轴往北走与室内机相接。

任务 4 电气施工图

一、电气施工图的基本知识

1. 电气施工图的定义及特点

建筑电气施工图是指用规定的图形符号和文字表示系统组成及连接方式、装置和线路具体安装位置和走向的图纸。

电气施工图具有以下特点:

(1) 电气施工图大多是采用统一的图形符号并加注文字绘制而成的。识读电气施工图,首先应明确和熟悉这些图形符号和文字所代表的内容、含义和它们间的相互关系。

(2) 任何电路都必须构成闭合回路。一个完整的电路包含四大基本要素,即电源、用电设备、导线和开关控制设备。

(3) 线路中的各种设备、元件都是通过导线连接成为一个整体的。一般而言,应通过系统图、电路图找联系,通过布置图、接线图找位置,交错识读,以提高识读效率。

(4) 在进行建筑电气施工图识读时应对照相应的土建工程图及其他安装工程图,以了解各专业相互间的配合关系。

(5) 建筑电气施工图对于设备的安装方法、质量要求以及使用维修方面的技术等往往不能完全反映出来,所以在识读图纸时有关安装方法、技术要求等问题,要参照相关图集和规范。

2. 电气施工图的组成及内容

电气施工图组成主要包括图纸目录、设计说明、图例材料表、平面图、系统图和详图(安装大样图)等。

(1) 图纸目录:内容是图纸的组成、名称、张数、图号顺序等,绘制图纸目录的目的是便于查找。

(2) 设计说明:主要阐明单项工程的概况、设计依据、设计标准以及施工要求等,主要用于补充说明图面上不能利用线条、符号表示的工程特点、施工方法、线路、材料及其他注意事项。

(3) 图例材料表:主要设备及器具在表中用图形符号表示,并标注其名称、规格、型号、数量、安装方式等。

(4) 平面图:表示建筑物内各种电气设备、器具的平面位置及线路走向的图纸。平面图包括总平面图、照明平面图、动力平面图、防雷接地平面图、智能建筑平面图(如电话、电视、火灾报警、综合布线平面图)等。

(5) 系统图:表明供电分配回路的分布和相互联系的示意图。具体反映配电系统和容量分配情况、配电装置、导线型号、导线截面、敷设方式及穿管管径、控制及保护电器的规格型号等。系统图分为照明系统图、动力系统图、智能建筑系统图等。

(6) 详图:用来详细表示设备安装方法的图纸,详图多采用全国通用电气装置标准图集。

3. 电气施工图的识读方法

识读建筑电气施工图过程中,一般遵循"六先六后"的原则,即先强电后弱电、先系统后平面、先动力后照明、先下层后上层、先室内后室外、先简单后复杂。

(1) 熟悉电气图例、符号,弄清图例、符号所代表的内容。常用的电气工程图例及符号可参见国家颁布的电气图形符号相关标准。

(2) 针对一套电气施工图,一般应先按以下顺序识读,然后再对某部分内容进行重点识读。

① 标题栏及图纸目录。

了解工程名称、项目内容、设计日期及图纸内容、数量等。

② 设计说明。

了解工程概况、设计依据等,了解图纸中未能表达清楚的各有关事项。

③ 设备材料表。

了解工程中所使用的设备、材料的型号、规格和数量。

④ 系统图。

了解系统基本组成,主要电气设备、元件之间的连接关系,以及它们的规格、型号、参数等,掌握该系统的组成概况。

⑤ 平面图。

平面图包括照明平面图、防雷接地平面图等。了解电气设备的规格、型号、数量及线路的起始点、敷设部位、敷设方式和导线根数等。平面图的识读可按照以下顺序进行:电源→进线→总配电箱→干线→支线→分配电箱→电气设备。

⑥ 控制原理图。

了解系统中电气设备的电气自动控制原理,以指导设备安装调试工作。

⑦ 安装接线图。

了解电气设备的布置与接线。

⑧ 安装大样图。

了解电气设备的具体安装方法、安装部件的具体尺寸等。

(3) 抓住电气施工图要点进行识读。

在识图时,应抓住要点进行识读,如:

① 在明确负荷等级的基础上,了解供电电源、引入方式及路数;

② 了解电源的进户方式,是室外低压架空引入还是电缆直埋引入;

③ 明确各配电回路的相序、路径、管线敷设部位、敷设方式,以及导线的型号和根数;

④ 明确电气设备、器件的平面安装位置。

(4) 结合土建施工图进行识读。

电气施工与土建施工结合得非常紧密，施工中常常涉及各工种之间的配合问题。电气施工平面图只反映了电气设备的平面布置情况，结合土建施工图进行识读还可以了解电气设备的立体布设情况。

(5) 熟悉施工顺序，便于识读电气施工图。如识读配电系统图、照明与插座平面图，就应先了解室内配线的施工顺序。

①根据电气施工图确定设备安装位置、导线敷设方式、敷设路径及导线穿墙或楼板的位置；
②结合土建施工进行各种预埋件、线管、接线盒、保护管的预埋；
③装设绝缘支持物、线夹等，敷设导线；
④安装灯具、开关、插座及电气设备；
⑤进行导线绝缘测试、检查及通电试验；
⑥工程验收。

(6) 电气施工图中各图纸应协调配合阅读。

对于具体工程，为说明配电关系，需要有配电系统图；为说明电气设备、器件的具体安装位置，需要有平面布置图；为说明设备工作原理，需要有控制原理图；为表示元件连接关系，需要有安装接线图；为说明设备、材料的特性、参数，需要有设备材料表等。这些图纸各自的用途不同，但相互之间又是有联系并协调一致的，应根据需要，将各图纸结合起来识读，以达到对整个工程或分部项目全面了解的目的。

4. 电气施工图的常见图例

图纸是工程"语言"，这种"语言"是采用规定的符号形式表示出来的。符号分为文字符号及图形符号。熟悉和掌握符号的含义是十分关键的，对了解设计者的意图，把握安装工程项目、安装技术、施工准备、材料消耗、安装机器具安排、工程质量，以及编制施工组织设计、工程施工图预算（或投标报价）意义十分重大。

绘制电气施工图所用的各种线条统称为图线。常用的图线形式及应用如表 9-10 所示。常用电气图例符号如表 9-11 所示。

表 9-10 图线形式及应用

图线名称	图线形式	图线应用	图线名称	图线形式	图线应用
粗实线	———	电气线路，一次线路	点画线	—·—·—	控制线
细实线	———	二次线路，一般线路	双点画线	—··—··—	辅助围框线
虚线	- - - - -	屏蔽线路，机械线路			

表 9-11 常用电气图例符号

图例	名称	图例	名称
 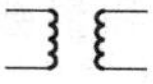 ⚬⚬ / ᴈᴇ	双绕组变压器	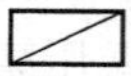 ⟋	电源自动切换箱（屏）
		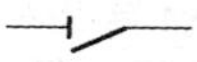 ⟋	隔离开关

续表

图 例	名 称	图 例	名 称
	三绕组变压器		接触器（在非动作位置触点断开）
	电流互感器、脉冲变压器		断路器
	电压互感器		熔断器一般符号
	屏、台、箱柜一般符号		熔断器式开关
	动力或动力-照明配电箱		熔断器式隔离开关
	照明配电箱（屏）		避雷器
	事故照明配电箱（屏）	MDF	总配线架
	室内分线盒	IDF	中间配线架
	室外分线盒		壁龛交接箱
	灯的一般符号		分线盒的一般符号
	球形灯		单极开关（暗装）
	顶棚灯		双极开关
	花灯		双极开关（暗装）
	弯灯		三极开关
	荧光灯		三极开关（暗装）
	三管荧光灯		单相插座
	五管荧光灯		单相插座（暗装）

续表

图 例	名 称	图 例	名 称
(壁灯符号)	壁灯	(符号)	密闭(防水)单相插座
(广照型灯符号)	广照型灯 (配照型灯)	(符号)	防爆单相插座
(防水防尘灯符号)	防水防尘灯	(符号)	带接地插孔的单相插座
(开关符号)	开关一般符号	(符号)	带接地插孔的单相插座(暗装)
(单极开关符号)	单极开关	(符号)	带接地插孔的密闭(防水)单相插座
Ⓥ	指示式电压表	(符号)	带接地插孔的防爆单相插座
(cosφ符号)	功率因数表	(符号)	带接地插孔的三相插座
Wh	有功电能表	(符号)	带接地插孔的三相插座(暗装)
(电信插座符号)	电信插座的一般符号,可用文字或符号区别不同插座(TP,电话;FX,传真;M,传声器;FM,调频;TV,电视)	(插座箱符号)	插座箱(板)
(单极限时开关符号)	单极限时开关	Ⓐ	指示式电流表
(调光器符号)	调光器	──	匹配终端
(钥匙开关符号)	钥匙开关	(符号)	传声器一般符号
(电铃符号)	电铃	(符号)	扬声器一般符号
(天线符号)	天线一般符号	(符号)	感烟探测器
(放大器符号)	放大器一般符号	(符号)	感光火灾探测器
(分配器符号)	分配器(两路)一般符号	(符号)	气体火灾探测器(点式)
(三路分配器符号)	三路分配器	CT	缆式线型定温探测器
(四路分配器符号)	四路分配器	(符号)	感温探测器
────	电线、电缆、母线、传输通路一般符号		
─///─	三根导线	(符号)	手动火灾报警按钮
─∕³─	3		
─∕ⁿ─	n根导线		

续表

图例	名称	图例	名称
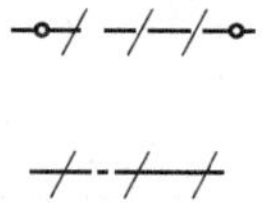 ─•/─/─/─ ─/─·/─/─	接地装置（上图为有接地极；下图为无接地极）	 ↗	水流指示器
── F ──	电话线路	 ★	火灾报警控制器
── V ──	视频线路	☏	火灾报警电话机（对讲电话机）
── B ──	广播线路	EEL	应急疏散指示标志灯
⬤	消火栓	EL	应急疏散照明灯

线路敷设方式文字符号如表 9-12 所示。

表 9-12 线路敷设方式文字符号

敷设方式	新符号	敷设方式	新符号
穿焊接钢管敷设	SC	电缆桥架敷设	CT
穿电线管敷设	MT	金属线槽敷设	MR
穿硬塑料管敷设	PC	塑料线槽敷设	PR
穿阻燃半硬聚氯乙烯管敷设	FPC	直埋敷设	DB
穿聚氯乙烯塑料波纹管敷设	KPC	电缆沟敷设	TC
穿金属软管敷设	CP	混凝土排管敷设	CE
穿扣压式薄壁钢管敷设	KBG	钢索敷设	M

线路敷设部位文字符号如表 9-13 所示。

表 9-13 线路敷设部位文字符号

敷设方式	新符号	敷设方式	新符号
沿或跨梁（屋架）敷设	AB	暗敷设在墙内	WC
暗敷设在梁内	BC	沿顶棚或顶板面敷设	CE
沿或跨柱敷设	AC	暗敷设在屋面或顶板内	CC
暗敷设在柱内	CLC	吊顶内敷设	SCE
沿墙面敷设	WS	地板或地面下敷设	F

标注线路用途的文字符号如表 9-14 所示。

表 9-14 标注线路用途的文字符号

名 称	常用文字符号			名 称	常用文字符号		
	单字母	双字母	三字母		单字母	双字母	三字母
控制线路		WC		电力线路	W	WP	
直流线路		WD		广播线路		WS(或 WB)	
应急照明线路	W	WE	WEL	电视线路		WV	
电话线路		WF		插座线路		WX(或 TV)	
照明线路		WL					

线路的文字标注基本格式为

$$a\text{-}b\text{-}c(d\times e+f\times g)i\text{-}j\text{-}h$$

其中：a——线缆编号；b——型号；c——线缆根数；d——相线根数；e——线缆1线芯截面(mm^2)；f——PE、N线根数；g——线缆2线芯截面(mm^2)；i——线路敷设方式；j——线路敷设部位；h——线路敷设安装高度(m)。

上述字母无内容时则省略该部分。

例：N1-BLX-3×4-SC20-WC 表示有3根截面为4 mm^2的铝芯橡皮绝缘导线，穿直径为20mm的焊接钢管暗敷设在墙内。

用电设备的文字标注格式为

$$\frac{a}{b}$$

其中：a——设备编号；b——额定功率(kW)。

动力和照明设备的文字标注格式为

$$a\frac{b}{c}$$

其中：a——设备编号；b——设备型号；c——设备功率(kW)。

例：$3\dfrac{XL\text{-}3\text{-}2}{35.165}$ 表示3号动力和照明设备，其型号为XL-3-2，功率为35.165 kW。

照明灯具的文字标注格式为

$$a\text{-}b\frac{c\times d\times L}{e}f$$

其中：a——同一个平面内，同种型号灯具的数量；b——灯具的型号；c——每盏照明灯具中光源的数量；d——每个光源的功率(W)；e——安装高度，为吸顶或嵌入安装时用"—"表示；f——安装方式；L——光源种类(常省略不标)。

灯具安装方式的文字符号如表9-15所示。

表 9-15 灯具安装方式的文字符号

名 称	新 符 号	名 称	新 符 号
线吊式、自在器线吊式	CP	顶棚内安装	CR
链吊式	Ch	墙壁内安装	WR
管吊式	P	支架上安装	SP

续表

名　称	新　符　号	名　称	新　符　号
壁装式	W	柱上安装	CL
吸顶式	S	座装	HM
嵌入式	R		

5. 照明配电箱的标注

照明配电箱的标注如图9-36所示。

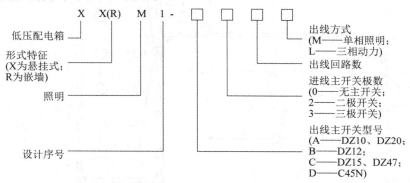

图9-36　照明配电箱的标注

例：配电箱的型号为 XRM1-A312M，表示该照明配电箱为嵌墙安装，箱内装设一个型号为 DZ20 的三极进线主开关和单相照明出线开关12个。

二、电气施工图识读举例

1. 电气照明平面图

以图9-37所示的某车间电气照明平面图为例，说明电气照明平面图的识读内容。

车间里设有6台照明配电箱，即 AL11～AL16，从每台配电箱引出电源向各自的回路供电。如 AL13 箱引出 WL1～WL4 四个回路，均为 BV-2×2.5-SC15-CE，表示2根截面为 2.5 mm² 的铜芯塑料绝缘导线，穿直径为 15 mm 的焊接钢管，沿顶棚敷设。标注 $22-\dfrac{200}{4}P$ 的灯具数量为22个，每个灯泡的功率为 200 W，安装高度为 4 m，吊管安装。

2. 电气动力平面图

以图9-38所示的某车间电气动力平面图为例，说明电气动力平面图的识读内容。

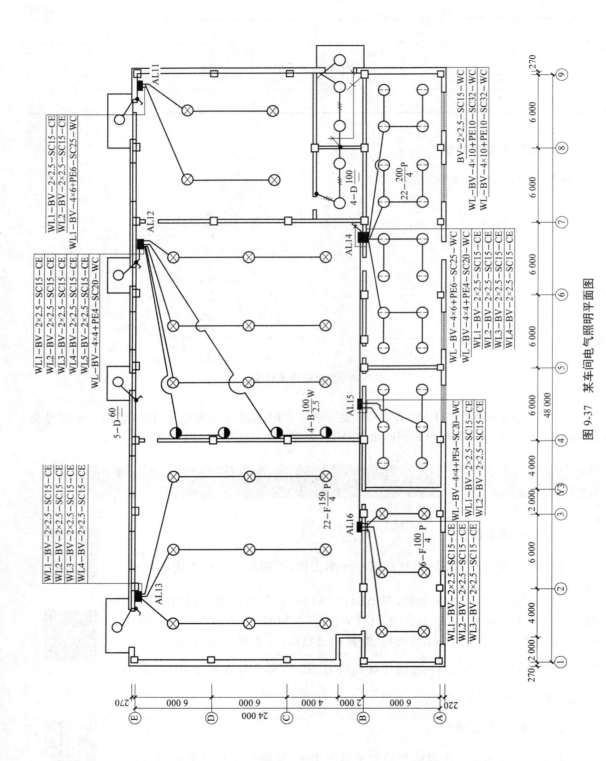

图 9-37 某车间电气照明平面图

车间里设有 4 台动力配电箱,即 AL1~AL4。其中 AL1$\frac{XL-20}{4.8}$ 表示配电箱的编号为 AL1,其型号为 XL-20,配电箱的功率为 4.8 kW。由 AL1 引出三个回路,除线缆编号外均标注 BV-3×1.5+PE1.5-SC20-F,表示 3 根相线截面为 1.5 mm²,PE 线截面为 1.5 mm²,均为铜芯塑料绝缘导线,穿直径为 20 mm 的焊接钢管,地板下敷设。配电箱引出回路给各设备供电,其中 $\frac{1}{1.1}$ 表示设备编号为 1,设备额定功率为 1.1 kW。

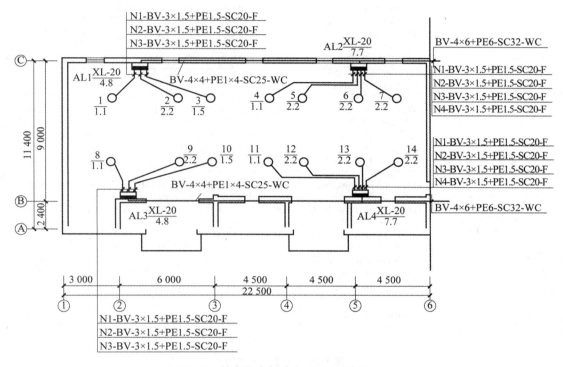

图 9-38　某车间电气动力平面图(单位:mm)

3. 电气工程系统图

1) 配电箱系统图

图 9-39 所示的是配电箱系统图。引入配电箱的干线为 BV-4×2.5+16-SC40-WC;干线开关为 DZ216-63/3P-C32A;回路开关为 DZ216-63/1P-C10A 和 DZ216-63/2P-16A-30mA;支线为 BV-2×2.5-SC15-CC 及 BV-2×2.5-SC15-F。回路编号为 N1~N13;相别为 AN、BN、CN、PE 等。配电箱的参数为:设备功率 $P_e=8.16$ kW;需用系数 $K_x=0.8$;功率因数 $\cos\varphi=0.8$;计算容量 $P_{js}=6.53$ kW;计算电流 $I_{js}=13.22$ A。

2) 配电干线系统图

配电干线系统图表示各配电干线与配电箱之间的联系方式。图 9-40 所示为某住宅楼配电干线系统图。

①本工程电源由室外采用电缆穿管直埋敷设引入本楼的总配电箱,总配电箱的编号为 AL-1-1。

②由总配电箱引出 4 组干线回路 1L、2L、3L 和 4L,分别送至一单元、二单元、三单元一层电气计量箱和 TV 箱,即 AL-1-2 箱、AL-1-3 箱、AL-1-4 箱和电视前端设备箱。1L、2L、3L 至一层计量箱的干线均 3×25＋2×16-SC50-F,WC。4L 回路至电视前端设备箱的干线为 3×2.5-SC15-WC。总开关为 GM225H-3300/160A,干线开关为 GM100H-3300/63A 和 XA10-1/2-C6A。

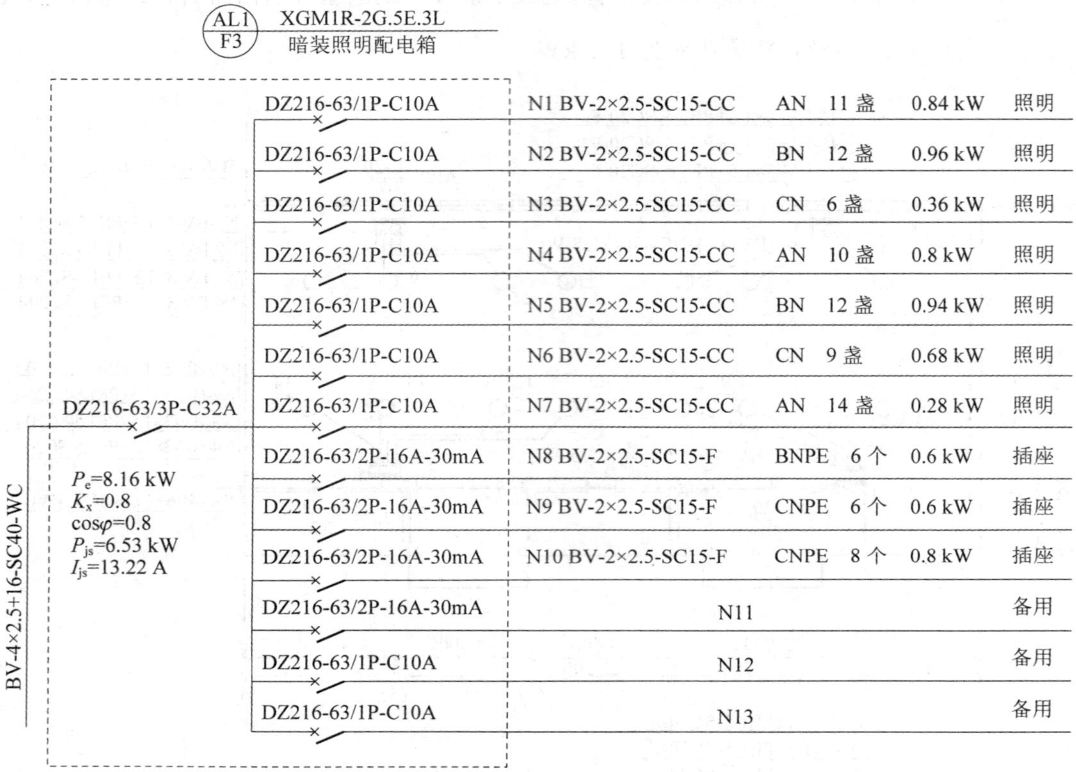

| AL1 | XGM1R-2G.5E.3L |
| F3 | 暗装照明配电箱 |

配电箱主干线：BV-4×2.5+16-SC40-WC
主开关：DZ216-63/3P-C32A
$P_e = 8.16$ kW
$K_x = 0.8$
$\cos\varphi = 0.8$
$P_{js} = 6.53$ kW
$I_{js} = 13.22$ A

开关	回路	相	数量	功率	用途
DZ216-63/1P-C10A	N1 BV-2×2.5-SC15-CC	AN	11 盏	0.84 kW	照明
DZ216-63/1P-C10A	N2 BV-2×2.5-SC15-CC	BN	12 盏	0.96 kW	照明
DZ216-63/1P-C10A	N3 BV-2×2.5-SC15-CC	CN	6 盏	0.36 kW	照明
DZ216-63/1P-C10A	N4 BV-2×2.5-SC15-CC	AN	10 盏	0.8 kW	照明
DZ216-63/1P-C10A	N5 BV-2×2.5-SC15-CC	BN	12 盏	0.94 kW	照明
DZ216-63/1P-C10A	N6 BV-2×2.5-SC15-CC	CN	9 盏	0.68 kW	照明
DZ216-63/1P-C10A	N7 BV-2×2.5-SC15-CC	AN	14 盏	0.28 kW	照明
DZ216-63/2P-16A-30mA	N8 BV-2×2.5-SC15-F	BNPE	6 个	0.6 kW	插座
DZ216-63/2P-16A-30mA	N9 BV-2×2.5-SC15-F	CNPE	6 个	0.6 kW	插座
DZ216-63/2P-16A-30mA	N10 BV-2×2.5-SC15-F	CNPE	8 个	0.8 kW	插座
DZ216-63/2P-16A-30mA	N11				备用
DZ216-63/1P-C10A	N12				备用
DZ216-63/1P-C10A	N13				备用

图 9-39　配电箱系统图

③1L、2L、3L 回路均由一层计量箱分别送至本单元的二层至六层计量箱,并受一层计量箱中 XA10-3P-50A 空气开关的控制和保护。1L、2L、3L 回路由一层至二层的干线为 BV-5×16-SC40-WC;由二层至三、四层的干线为 BV-4×16-SC40-WC;由四层至五、六层的干线为 BV-3×16-SC40-WC。

④除一层计量箱引出 3L(BV-3×2.5-SC15-WC 公共照明)支路和 4L(三表数据采集)支路外,所有计量箱均引出 1L 和 2L 支路,接至每户的开关箱 L。

⑤由开关箱 L 向每户供电。开关箱 L 引出一条照明回路和两条插座回路,其空气开关为 XA10-1/2-C20A、XA10-1/2-C16A 和 XA10LE-1/2-16A/30mA。

4. 智能建筑电气工程施工图

1) 火灾自动报警系统施工图

火灾自动报警系统施工图是现代建筑电气施工图的重要组成部分,包括火灾自动报警系统图和火灾自动报警平面图。下面主要介绍火灾自动报警系统图,如图 9-41 所示。

火灾自动报警系统图反映系统的基本组成及设备和元件之间的相互关系。由图 9-41 可知,在各层均装有感烟探测器及手动报警按钮、报警电铃、控制模块、输入模块等。一层设有报警控

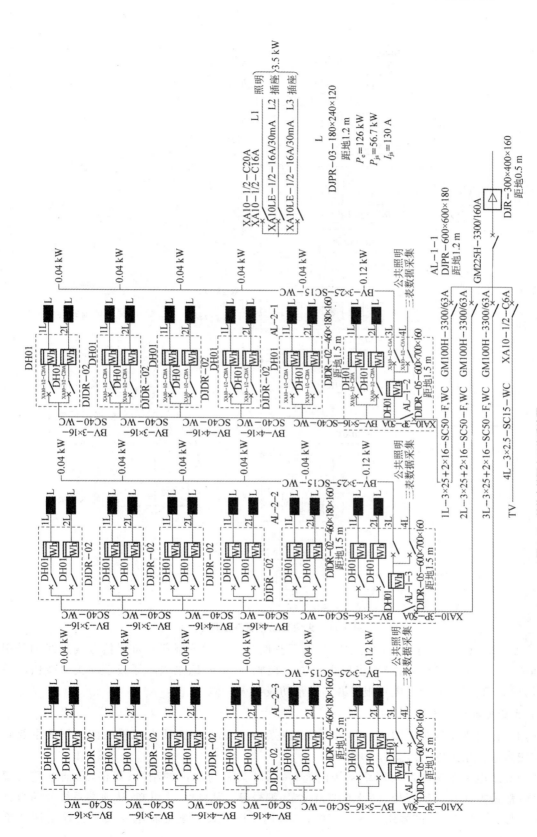

图 9-40 某住宅楼配电干线系统图

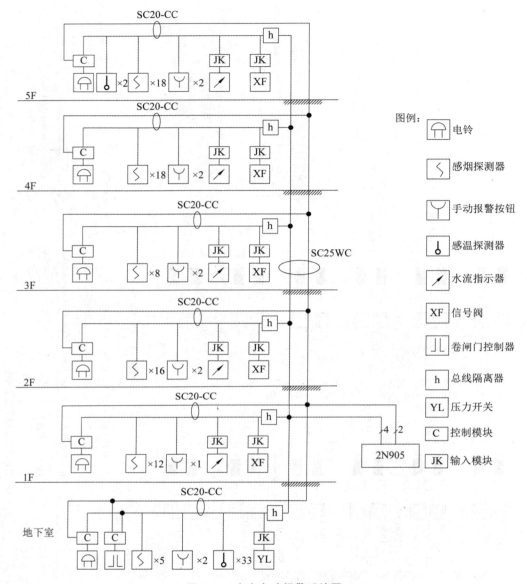

图 9-41 火灾自动报警系统图

制器,为 2N905 型,控制方式为联动控制。地下室设有卷闸门控制器。每层信号线进线均采用总线隔离器。当火灾发生时,报警控制器 2N905 接收到感烟、感温探测器或手动报警按钮的报警信号,联动部分控制,通过电铃报警并启动消防设备灭火。

2) 共用天线电视系统施工图

共用天线电视系统施工图包括共用天线电视系统图和共用天线电视平面图。下面主要介绍共用天线电视系统图,如图 9-42 所示。

共用天线电视系统图反映网络系统的连接,系统设备与器件的型号、规格,同轴电缆的型号、规格、敷设方式及穿管管径,以及前端箱设置、编号等。从图 9-42 可知,从前端系统分四组分别送至一号、二号、三号、四号用户区。其中,二号用户区通过分配器将电视信号传输给四个单

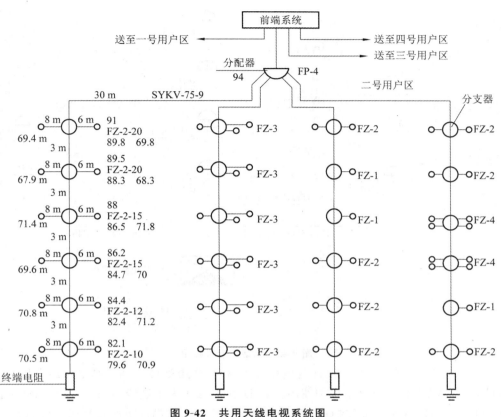

图 9-42 共用天线电视系统图

元,采用 SYKV-75-9 同轴电缆传输,经分支器把电视信号传输到每层的用户家中。

3)电话通信系统施工图

电话通信系统施工图包括电话通信系统图和电话通信平面图。电话通信系统图如图 9-43 所示。由图 9-43 可知,电话进户 HYA200×(2×0.5)S70 由市政电话网引来,电话交接箱分三路干线,干线为 HYA50×(2×0.5)S40 等,再由电话支线将信号分别传输到每层的室内电话分线盒。

5. 变配电工程施工图

变配电工程是由主变压器、配电装置及测量、控制系统等构成的,是电网的重要组成部分和电能传输的重要环节。变配电所是电力网中的线路连接点,是用以变换电压、交换功率和汇集、分配电能的设施。变配电所是供配电系统的核心,在供配电系统中占有特殊的重要地位。作为各类工业和民用建筑电能供应的中心,变电所担负着从电力系统受电,经过变压,然后配电的任务;配电所担负着从电力系统受电,然后直接配电的任务。

变配电工程施工图是建筑电气施工图的重要组成部分,主要包括变配电所设备安装平面图和剖面图,变配电所照明系统图和平面布置图,高压配电系统图、低压配电系统图,变电所主接线图,以及变电所接地系统平面图等。

1)高压配电系统图

高压配电系统图表示高压配电干线的分配方式,如图 9-44 所示。由图 9-44 可知,该变电所两路 10 kV 高压电源分别引入进线柜 1AH 和 12AH,1AH 和 12AH 柜中均有避雷器。主母线

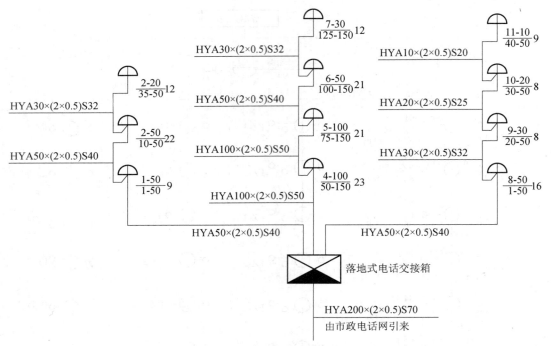

图 9-43 电话通信系统图

为 TMY-3(80×10)。2AH 和 11AH 为电压互感器柜,作用是将 10 kV 高电压经电压互感器变为低电压(100 V)供仪表及继电保护使用。3AH 和 10AH 为主进线柜;4AH 和 9AH 为高压计量柜;5AH 和 8AH 为高压馈线柜;7AH 为母线分段柜。正常情况下两路高压分段运行,当一路高压出现停电事故时由 6AH 柜联络运行。

2) 低压配电系统图

低压配电系统图表示低压配电干线的分配方式,如图 9-45 所示。由图 9-45 可知,低压配电系统由 5AA 号柜和 6AA 号柜组成。5AA 号柜的 WP22～WP27 干线分别为一层至十六层空调设备的电源,电源线为 VV-4×35+1×16;WP28 及 WP29 为备用回路。6AA 号柜的 WP30 干线采用 VV-3×25+2×16 电力电缆引至地下人防层生活水泵;WP31 电源干线为 BV-3×25+2×16-SC50,引至十六层电梯增压泵;WP32 和 WP33 为备用回路;WP02 为电源引入回路,电源线为 2(VV-3×185+1×95),电源一用一备。

3) 变电所主接线图

变电所主接线图如图 9-46 所示。图中所示配电所高压(10 kV)电源分 WL1、WL2 两路引入。高压进线柜为 GG-1AF-11 型,高压主母线为 LMY-3(40×4)。高压隔离开关 GN6-10/400 作为分段联络开关。电压互感器柜为 GG-1AF-54 型,6 台高压馈电柜为 GG-1AF-03 型,引出 6 路高压干线分别送至高压电容器室、(1、2、3 号)变电所和高压电动机组。变压器将 10 kV 高压变为 400 V 低压。低压进线柜为 AL201 号(PGL2-05A 型)和 AL207 号(PGL2-04A 型),由它们将低压送至低压主母线 LMY-3(100×10)+1(60×6),两路低压电源可分段与联络运行。由低压馈线柜 AL202 号(PGL2-40 型)引出 4 种低压照明干线;AL203 号(PGL2-35A 型)、AL205 号(PGL2-35B 型)、AL206 号(PGL2-34A 型)柜分别引出了 4 种低压动力干线;AL204 号(PGL2-14 型)柜引出了 2 路低压动力干线。

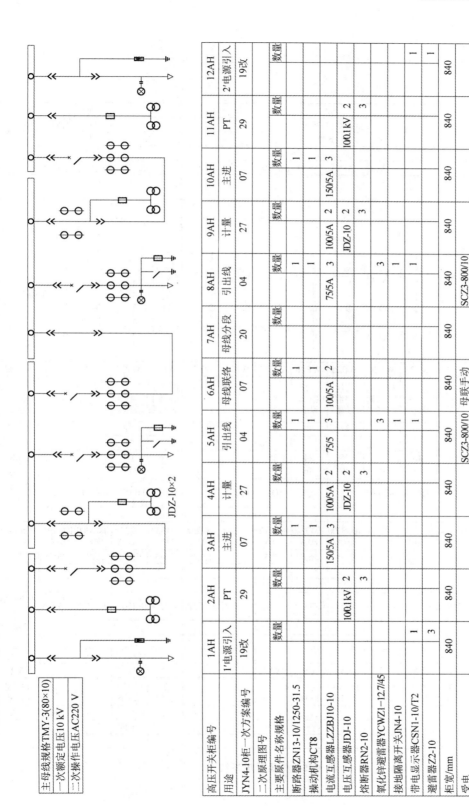

图 9-44 高压配电系统图

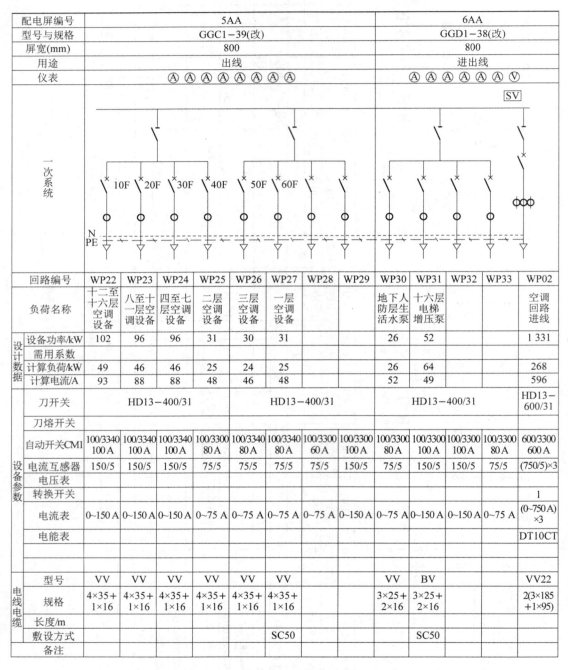

图 9-45 低压配电系统图

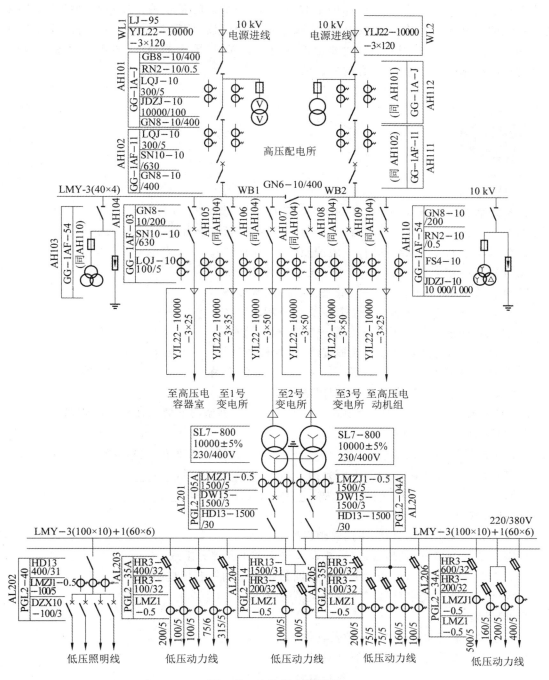

图 9-46 变电所主接线图

小 结

设备施工图(简称设施)分为给水排水施工图(水施)、供暖施工图(暖施)、通风与空调施工图(通施)、电气施工图(电施)等。设备施工图中的图例符号较多,需熟悉常用的图例与符号。设施一般包括平面图、系统图和详图。平面图表达设备种类、数量及管线位置、尺寸等。各设备系统常常是纵横交错敷设的,在平面图上难以看懂,一般需配备轴测投影法绘制的系统图来表达各系统的空间关系。在识读设施时,应按一定顺序去读,使设备系统一目了然,更加易于掌握,并能尽快了解全局。识读设施时要记住不同的工程图(平面图、系统图或剖面图)所表示的主要内容,需要把施工图前后结合起来识读。

一、选择题

1. 镀锌钢管的规格有 $DN15$、$DN20$ 等,其中"DN"表示（   ）。
   A. 内径   B. 外径   C. 公称直径   D. 其他
2. 在识读给水管道系统图时,一般按照（   ）的顺序。
   A. 水表井→引入管→干管→立管→支管→用水设备
   B. 水表井→干管→引入管→立管→支管→用水设备
   C. 引入管→干管→水表井→立管→支管→用水设备
   D. 引入管→水表井→干管→立管→支管→用水设备
3. 无缝钢管、焊接钢管(直缝或螺旋缝)等管材,宜用（   ）表示。
   A. 外径×壁厚   B. 内径   C. 公称直径   D. 外径
4. 灯具安装方式的标准文字符号"P"表示（   ）。
   A. 壁装式   B. 吸顶式   C. 墙壁内安装   D. 管吊式

二、填空题

1. 设备施工图(简称设施)分为_____、_____、通风与空调施工图(通施)、电气施工图等。
2. 供暖系统按照供暖时间的不同分为_____、_____和_____。
3. 通风系统按作用范围不同可分为_____、局部通风和_____。

三、判断题

1. 对有美观要求的建筑物,室内管道应暗装。（   ）
2. 供暖系统由热源、供热管道、散热设备这三个主要部分组成。（   ）
3. BLX-3×4-SC20-WC 表示有 3 根截面为 $4\ mm^2$ 的铝芯橡皮绝缘导线。（   ）
4. 线路敷设方式文字符号"CT"表示电缆桥架敷设。（   ）

四、简答题

1. 简述设备施工图的定义、分类及其作用。
2. 室内给水管道系统由哪些部分组成?
3. 给水排水管道平面图和系统图的主要内容有哪些?
4. 供暖系统有哪些分类?
5. 简述供暖系统图定义及其识读要点。
6. 简述通风系统的组成与分类以及空调系统的组成与分类。
7. 简述电气施工图的定义及特点。
8. 识读建筑电气施工图时一般遵循的"六先六后"原则是什么?

五、识读设备施工图

1. 识读题图 9-1 至题图 9-4(标高单位为 m,其余为 mm),完成填空。

(1) 给水引入管有_____种类型,管径为_____;排水干管有_____种类型,管径为_____。

(2) 各层卫生间内设置_____,卫生间地面设有_____;厨房内设有_____,厨房地面设有_____。

(3) 编号为 1 的给水引入管管径为_____,在室外标高为_____;给水立管管径为_____。

(4) 编号为 2 的排水管管径为_____,在室外标高为_____,自顶层通气帽到底层排水立管管径均为_____,每一层设 3 根排水横管,横管的管径为_____,支管的管径为_____,地漏比同层楼地面标高低_____。

(5) 连通立式洗脸盆与横管的排水管管径为_____,连接横管与 PL2 的排水管管径为_____;连通坐式大便器与横管的排水管管径为_____,连接地漏至横管的排水管管径为_____;预埋的太阳能套管管径为_____,一层到六层共预埋了_____根太阳能套管。

2. 识读题图 9-5 至题图 9-7(标高单位为 m,其余为 mm),完成填空。

(1) 从南侧地沟里的热源入口起,供暖总管从楼房南面正中间地下标高为_____处进入室内,沿着_____的上升坡度,在走廊处折了一个弯通到北墙立管。上升到标高为_____处向左右接出水平供暖干管。

(2) 在供热干管的末端连接处,各装一个_____,其上装一放气管引向二楼医生、护士办公室。在水平干管上根据各房间散热器的具体位置,分别向下引出立管,立管共_____根,向一侧或两侧散热器供水。散热器的热水经支管又回到立管流向下一层的散热器,即供水和回水都是同一立管,这种连接形式称为_____。

(3) 回水管的起点在_____,回水管沿着_____的下降坡度,汇集于一层南墙立管_____与_____之间的回水总管,由地下伸向室外回到热源处。

(4) 识读供暖系统图时,从供暖管道系统入口处开始顺序为:系统入口→_____→采暖立管→支管→_____。

(5) 每根立管上、下端均装有_____,供热干管的起点和回水干管的终点也装有_____。水平干管的管径有_____。由于图幅受限,图中将立管_____省略未画。

3. 识读题图 9-8 至题图 9-13(单位:mm),完成填空。

(1) 在一层照明平面图中,照明灯具符号 $58-\dfrac{3\times 36}{-}$ 中的数字"3"代表_____,数字"36"代表_____,符号"—"代表_____。

(2) 在一层干线及插座平面图中,线路标注"BV-2×1.5-PC16-CC/WC"表示_____。标注"BV-3×25+2×16-SC50-F/WC"中"F"的含义是_____。

(3) 引入配电箱的干线为_____。配电箱的参数:设备容量为_____;需用系数为_____;功率因数为_____;计算电流为_____。

(4) 在 AL 配电柜系统图中,配电箱的总开关为_____;照明回路 WL1 采用的开关型号为_____;采用的电能表类型是_____。

(5) 在配电箱系统图中,"BV-3×2.5-PC20-CC"的含义是_____。

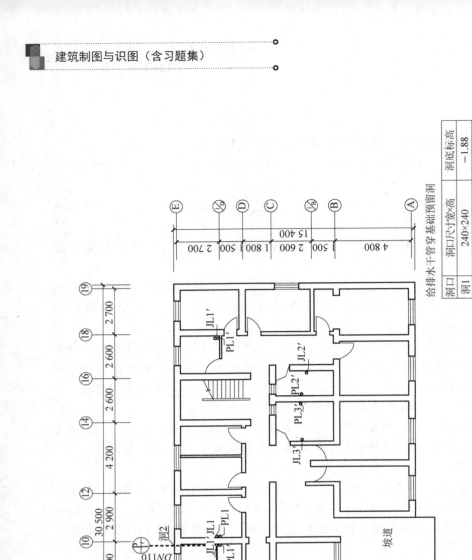

题图 9-1 地下室给排水管网平面布置图

工作手册9
设备施工图

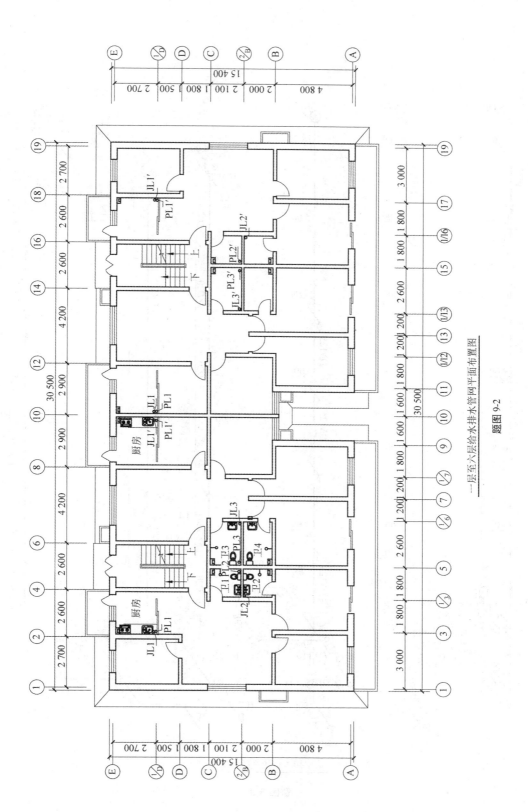

题图 9-2 一层至六层给水排水管网平面布置图

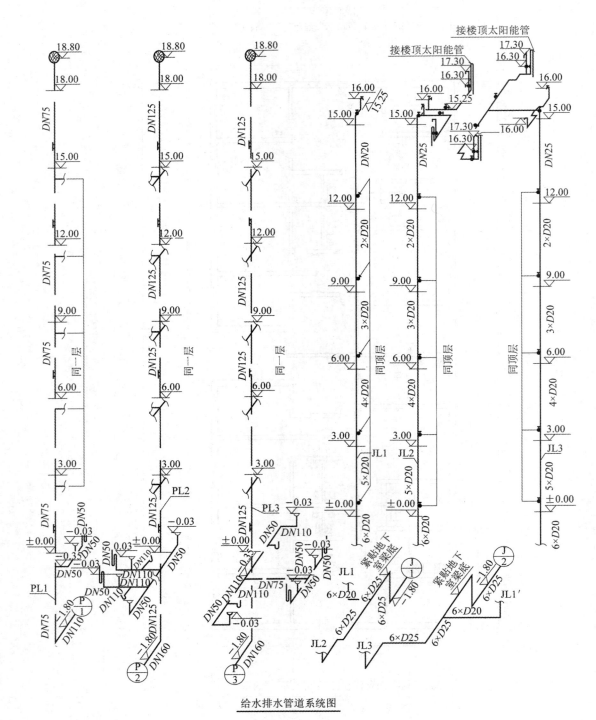

给水排水管道系统图

题图 9-3

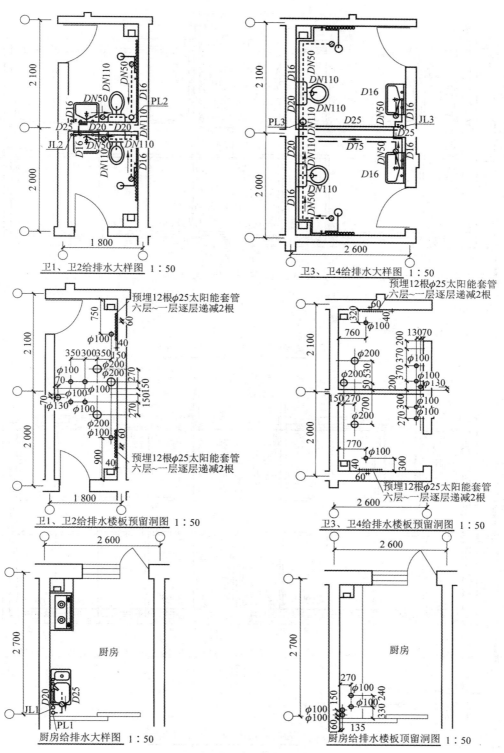

给水排水施工详图

题图 9-4

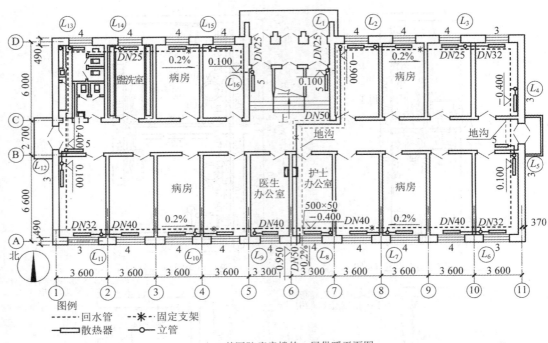

某医院病房楼的一层供暖平面图

题图 9-5

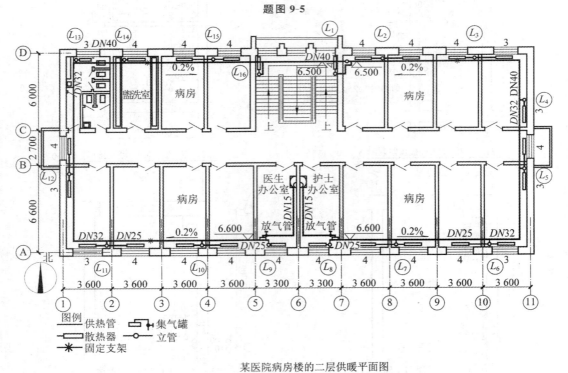

某医院病房楼的二层供暖平面图

题图 9-6

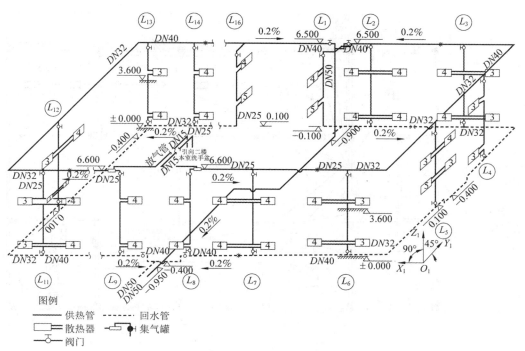

某医院病房楼的供暖系统图

题图 9-7

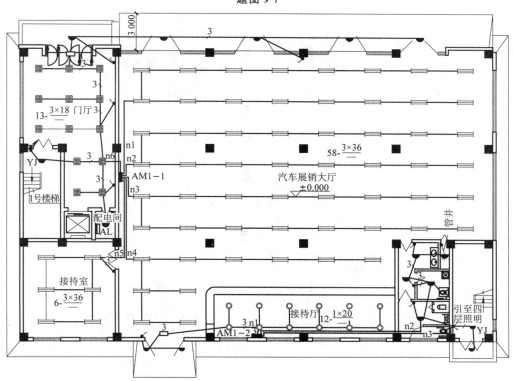

一层照明平面图

题图 9-8

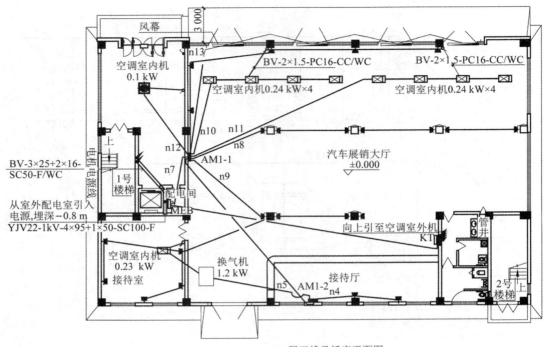

一层干线及插座平面图

题图 9-9

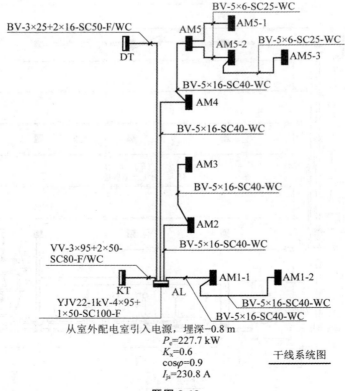

干线系统图

P_e=227.7 kW
K_x=0.6
$\cos\varphi$=0.9
I_{js}=230.8 A

从室外配电室引入电源，埋深−0.8 m

题图 9-10

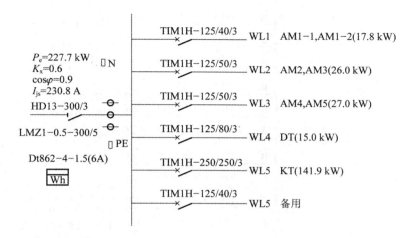

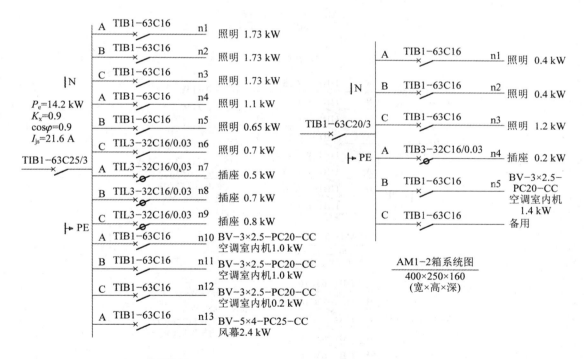

题图 9-11

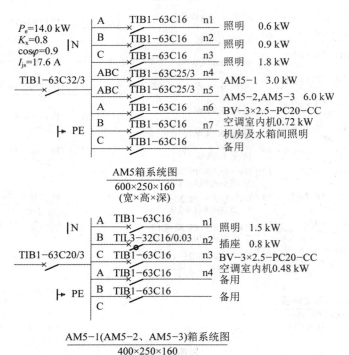

题图 9-12

题图 9-13

工作手册 10 建筑装饰施工图

中国第一塔——嵩岳寺塔

中国第一座皇家陵园——秦始皇陵

知识目标

掌握建筑装饰平面图、装饰立面图、装饰剖面图、装饰详图的图示内容及识读方法;熟悉建筑装饰施工图的特点;了解建筑装饰施工图的相关行业标准。

能力目标

具备识读建筑装饰施工图的基本知识和技能,能熟练识读建筑装饰施工图,收集与图纸相关的技术资料,将所学建筑装饰施工图知识更好地运用到工程实践中,具备识读建筑装饰施工图和参与图纸会审的工作能力。

工程案例

建筑装饰施工图是表达建筑物室内外装饰美化要求的施工图样。它以透视效果图为主要依据，采用正投影等投影法反映建筑的装饰结构、装饰造型、饰面处理及家具、绿化等布置的内容。建筑装饰施工图与建筑施工图的图示方法、尺寸标注、图例代号等基本相同。建筑装饰施工图是在建筑施工图的基础上，结合环境艺术设计的要求，更详细地表达建筑空间的装饰做法及整体效果。图10-1所示的是某会议室平面布置图。

识读建筑装饰平面布置图时，应注意面积、功能、装饰面、设施以及与建筑结构的关系5个要点。

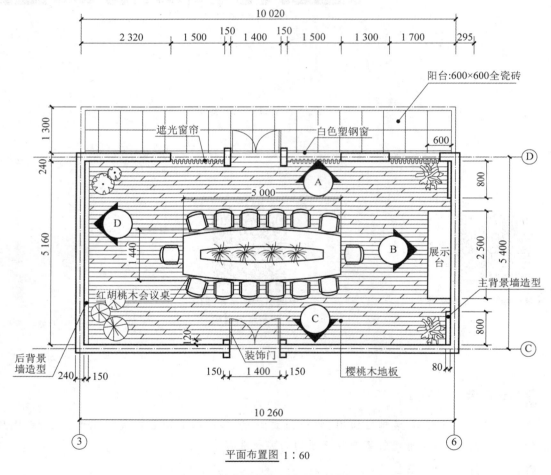

图 10-1　某会议室平面布置图（单位：mm）

任务 1　建筑装饰施工图基本知识

一、建筑装饰施工图的定义及内容

1. 定义

建筑装饰施工图是表达建筑物室内外装饰美化要求的施工图样,是按照装饰设计方案确定的空间尺度、构造做法、材料、施工工艺等,并遵照建筑及装饰设计规范所规定的要求编制的用于指导装饰施工生产的技术文件。建筑装饰施工图同时也是进行造价管理、工程监理等工作的主要技术文件。建筑装饰施工图以透视效果图为主要依据。某会议室透视效果图如图10-2所示。

图 10-2　某会议室透视效果图

2. 内容

建筑装饰施工图在室内装修施工中是不可缺少的技术文件,一般包括图纸目录、装饰施工工艺说明、楼地面装饰平面图、天花板平面图、墙柱装饰立面图、剖面图、装饰细部结构的节点详图、家具图和水电图等,图中除了标明各部位尺寸外,还有各种装修材料的施工方法。建筑装饰施工图所表现出来的观感效果是施工生产者所追求的最终目标。

建筑装饰施工图,简称饰施,施工图纸编排的原则是:表现性图样在前,技术性图样在后;装饰施工图在前,配套设备施工图在后;基本(平、立面)图在前,详图在后;先施工的在前,后施工的在后。

二、建筑装饰施工图的特点

建筑装饰施工图与建筑施工图的图示方法、尺寸标注、图例代号等基本相同,因此,其制图与表达应遵守现行建筑制图标准的规定。建筑装饰施工图是在建筑施工图的基础上,结合环境艺术设计的要求,更详细地表达建筑空间的装饰做法及整体效果,它既反映墙、地、顶棚三种界面的装饰构造、造型处理和装饰做法,又表示家具、织物、绿化等的布置。

建筑装饰施工图与建筑施工图在绘图原理和图示标识形式上有许多方面基本一致,但由于专业分工不同,图示内容存在一定差异。建筑装饰施工图的特点主要有:

(1)涉及面广。

建筑装饰工程不仅与建筑有关,还涉及水、暖、电气设备,家具、绿化等室内配套物品,以及金属、木材等材质的结构处理。因此,建筑装饰施工图中常出现建筑制图、家具制图、园林制图和机械制图等多种画法并存的现象。

(2)比例较大。

为了表明有关建筑的结构和装饰的形式、结构与构造,符合施工要求,建筑装饰施工图一般都将建筑装饰的一部分用较大比例(加以放大)进行图示,为建筑局部放大图。

(3)图例没有统一标准,有时需加文字注释。

建筑装饰施工图图例中部分无统一标准,多在流行过程中互相沿用,各地大同小异。有的图例还不具有普遍意义,不能让人一望而知,需加文字说明。

(4)标准定型化设计少。

建筑装饰施工图的标准定型化设计少,可采用的标准图不多,致使建筑装饰施工图中大多局部和装饰配件都需要专门画详图来表明其构造。

(5)细腻、生动。

建筑装饰施工图采用的比例较大,对建筑或装饰的一些细部的描绘比建筑施工图更加细腻、生动。例如,将大理石板画上石材肌理,玻璃或镜面画上反光效果等,使图形真实生动,具有一定的装饰感。这是建筑装饰施工图自身形式上的特点。

三、建筑装饰工程与相关专业的关系

1. 建筑装饰工程与建筑的关系

建筑装饰是再创造的过程,只有对所要进行装饰的建筑有了正确的理解和把握,才能进一步做好装饰工程的设计和施工,使建筑艺术与人们的审美观协调一致,从而在精神上给人们以艺术的享受。

2. 建筑装饰工程与建筑结构的关系

建筑装饰工程与建筑结构的关系有两个方面:一是建筑结构给建筑装饰的再创造提供了充

分发挥的"舞台",装饰在充分利用结构空间的同时又保护了建筑结构;二是建筑装饰与建筑结构有相互矛盾的时候。结构是传递荷载的构件,在设计时充分考虑了受力情况,因此,建筑装饰要经过计算而确定。

3. 建筑装饰工程与设备的关系

建筑装饰工程不仅要处理好装饰与结构的关系,还必须处理好装饰与设备的关系,如果处理不合理则会影响建筑装饰空间的处理,同时也会影响设备的正常运行和使用。

4. 建筑装饰工程与环境的关系

建筑装饰施工必须严格执行国家相关标准和规范,防止出现因建筑装饰材料选择不当或工程勘察、设计、施工造成室内环境污染的问题,应处理好与环境的关系。

四、建筑装饰施工图常用符号与图例

1. 建筑装饰施工图常用符号

1)剖切符号

建筑室内装饰施工图中的剖切符号与房屋建筑工程相同。

2)内视符号

内视符号是建筑装饰平面布置图所特有的符号,为了表示室内立面图在建筑装饰平面布置图中的投影位置等,应在建筑装饰平面布置图上用内视符号注明视点位置、方向及立面编号。三角形直角尖端所指的是该立面的投影方向,圆内字母表示该投影图的编号,编号宜用拉丁字母或者阿拉伯数字,按顺时针顺序标注在直径为8~12 mm的细实线圆中。

①表示室内立面图在平面图上的投影位置及立面图所在页码,应在平面图上使用立面内视符号,立面内视符号如图10-3所示。

②表示剖切面在各界面上的位置及图样所在页码,应在被索引的界面图样上使用剖切内视符号,剖切内视符号如图10-4所示。

3)索引符号

①表示局部放大图样在原图上的位置及图样所在页码,应在被索引图样上使用详图索引符号,详图索引符号如图10-5所示。

②表示各类设备(含家具、灯具等)的品种及对应的编号,应在图样上使用设备索引符号,设备索引符号如图10-6所示。

4)引出线

引出线起止符号可采用圆点绘制,也可采用箭头绘制。起止符号的大小应与本图样尺寸的比例相一致。引出线起止符号如图10-7所示。

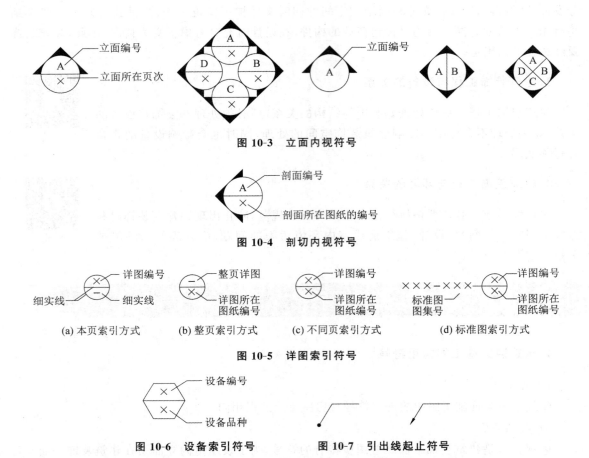

图 10-3　立面内视符号

图 10-4　剖切内视符号

(a) 本页索引方式　　(b) 整页索引方式　　(c) 不同页索引方式　　(d) 标准图索引方式

图 10-5　详图索引符号

图 10-6　设备索引符号　　　图 10-7　引出线起止符号

多层构造或多个部位共用引出线时,应通过被引出的各层或各部分,并以引出线起止符号指出相应位置。引出线上的文字说明应符合现行国家标准的规定。共同引出线如图 10-8 所示,图 10-8(a) 中构造的从左至右对应多层标注的从上至下,图 10-8(b) 中物象的从上至下对应多层标注的从上至下。

5) 标高

建筑室内装饰装修设计应标注该设计空间的相对标高,以楼地面装饰完成面为 ±0.00。标高符号可采用等腰直角三角形表示(可采用涂黑的三角形)或 90°对顶角的圆表示。标高符号如图 10-9 所示。

6) 其他符号

①对称符号。

对称符号由对称线和分中符号组成。对称线用细单点长画线绘制;分中符号用细实线绘制。分中符号的表示可采用两对平行线、上端为三角形的十字交叉线或英文缩写。采用平行线为分中符号时,应符合《房屋建筑制图统一标准》的规定;采用十字交叉线为分中符号时,交叉线长度宜为 25～35 mm,对称线一端穿过交叉点,其端点与交叉线三角形上端平齐;采用英文缩写为分中符号时,大写英文"C""L"置于对称线一端。对称符号如图 10-10 所示。

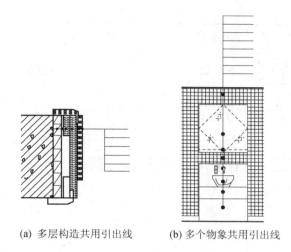

(a) 多层构造共用引出线　　(b) 多个物象共用引出线

图 10-8　共用引出线

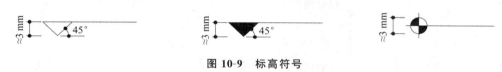

图 10-9　标高符号

② 连接符号。

连接符号应以折断线或波浪线表示需连接的部位。两部位相距过远时,连接符号两端靠图样一侧宜标注大写拉丁字母表示连接编号。两个被连接的图样必须用相同的字母编号。连接符号如图 10-11 所示。

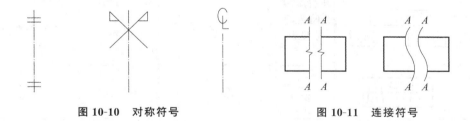

图 10-10　对称符号　　　　　　图 10-11　连接符号

2. 建筑装饰施工图常用图例

在建筑装饰施工图中,为简化构图并使图面清晰,常用图例来表示各常用设施及其构件。建筑装饰施工图常用图例如表 10-1 所示。

表 10-1　建筑装饰施工图常用图例

名　称	图　例	名　称	图　例	名　称	图　例
双人床		浴盆		地漏	
单人床		坐便器		蹲便器	

续表

名　称	图　例	名　称	图　例	名　称	图　例
沙发		洗脸盆		洗涤槽	
凳子、椅子		洗菜盆		拖布池	
桌		装饰隔断		淋浴器	
钢琴		空调	ACU	配电箱	
地毯		暗灯槽		电风扇	
盆栽		洗衣机	W	电话	
吊柜		热水器	WH	壁灯	
其他家具可在柜形或实际轮廓内用文字说明	食品柜　茶水柜　矮柜	开关（涂黑为暗装，不涂黑为明装）		插座（涂黑为暗装，不涂黑为明装）	
衣橱		灶		吊灯	
孔洞		检查孔		吸顶灯	
柜子		帷幔		台灯	
电视		吊扇		格栅射灯	
日光灯	灯管以虚线表示	导轨射灯			

五、建筑装饰施工图的图纸目录

建筑装饰施工图的图纸目录列出了新绘制的图纸、所使用的标准图集内容或重复运用的图纸等的编号及名称。以图 10-12 为例,图纸目录识读如下:

(1)本图纸目录采用立式 A4 图幅,一共编有 1 页;从标题栏中可以了解到其施工图类型为装饰施工图,施工项目为×××住宅装修工程;图纸目录打印比例为 1∶100。

(2)本套图纸的主要内容有设计说明、电器说明、住宅原建筑平面图、拆(砌)墙图、装修平面布置图、地面铺装图、顶棚平面图、各室内空间有关立面和剖面、有关详图等,各图纸对应的图幅、比例已详细表示。

	图纸目录			
×××××室内设计工程公司	工程名称	×××住宅装修改造工程		
	工程编号	××××	专业	装饰
	项目名称	×××住宅装修工程	阶段	施工
	专业负责人		日期	
	填表人		日期	

序号	图号	修改版次	图纸名称	图幅	比例
1	饰施01		设计说明	A3	1∶50
2	饰施02		电器说明	A3	1∶50
3	饰施03		住宅原建筑平面图	A3	1∶50
4	饰施04		室内拆、砌墙图	A3	1∶50
5	饰施05		平面布置图	A3	1∶50
6	饰施06		地面铺装图	A3	1∶50
7	饰施07		顶棚平面图	A3	1∶50
8	饰施08		客厅A立面	A3	1∶30
9	饰施09		客厅B立面、电视墙剖面	A3	1∶30
10	饰施10		客厅C立面、衣帽柜详图	A3	1∶30
11	饰施11		厨房D、E立面	A3	1∶30
12	饰施12		卫生间F、G立面	A3	1∶30
13	饰施13		H立面	A3	1∶30
14	饰施14		I、J立面	A3	1∶30
15	饰施15		主卧室K立面	A3	1∶30
16	饰施16		主卧室L立面、卧室床背景墙详图	A3	1∶30
17	饰施17		主卧室M立面	A3	1∶30
18	饰施E−01		开关布置图	A3	1∶50
19	饰施E−02		插座布置图	A3	1∶50

填写日期:××××年××月××日　　A4　打印比例:1∶100　共 1 页 第 01 页

图 10-12　某住宅装修工程图纸目录

任务 2　装饰平面图

装饰平面图一般包括装饰平面布置图和顶棚平面图，若地面装修较复杂，还需另绘制地面装修平面图。

一、装饰平面布置图

装饰平面布置图是假想用一水平剖切平面在窗台上方位置将建筑物切开，移去剖切面以上部分向下所作的水平正投影图。它的主要作用是表明室内总体布局，各装饰件、装饰面的平面形式、大小、位置情况及其与建筑构件之间的关系等。若地面装修较为简单，可在装饰平面布置图中一并表达。

1. 装饰平面布置图的图示内容

1) 建筑平面基本结构和尺寸

装饰平面布置图表示建筑平面的有关内容，包括由剖切引起的墙、柱断面和门窗洞口、定位轴线及其编号、建筑平面结构尺寸、室外台阶、雨篷、花台、室内楼梯和其他细部布置等，标明了建筑内部各空间的平面形状、大小、位置和组合关系，标明了墙、柱和门窗洞口的位置、大小和数量，标明了上述各种建筑构配件和设施的平面形状、大小和位置，是建筑装修平面布置设计定位、定形的依据。上述内容，在无特殊要求的情况下，均应照原建筑平面图套用，具体表示方法与建筑平面图相同。

当然，装饰平面布置图应突出装修结构与布置，对建筑平面图上的内容不是完全照搬。为了使图面不过于繁杂，一般与装饰平面图图示内容关系不大或完全没有关系的内容均应予以省略，如指北针、建筑详图的索引符号、建筑剖面图的剖切符号及某些大型建筑物的外包尺寸等。

2) 装修结构的平面形式和位置

装饰平面布置图需要表明楼地面、门窗和门窗套、护壁板或墙裙、隔断、装饰柱等装修结构的平面形式和位置。其中，地面（包括楼面、台阶面、楼梯平台面等）装修的平面形式绘制要求准确具体，按比例用细实线画出该形式的材料规格、铺装方式和构造分格线等，并标明其材料品种和工艺要求。如果地面各处的装修做法相同，可不必全画，一般选相对疏空部分画出。独立的地面图案则要求表达完整。

门窗的平面形式主要用图例表示，其装修结构应按比例和投影关系绘制。装饰平面布置图上应标明门窗是里皮装、外装还是中装，并应注上它们各自的设计编号。对装饰平面布置图上垂直构件的装修形式，可用中实线画出它们的水平断面外轮廓，如门窗套、包柱、壁饰、隔断等。墙、柱的一般饰面则用细实线表示。

3) 室内外配套装修设置的平面形状和位置

装饰平面布置图还要标明室内家具、绿化、配套物品和室外水池、装饰品等配套装修设置的平面形状、数量和位置。室内外配套装修设置的平面布置常借助一些简单、明确的图例来表示。

4) 装修结构与配套布置的尺寸标注

为了明确装修结构和配套布置在建筑空间内的具体位置,以及与建筑结构的相互关系,装饰平面布置图上应有尺寸标注。装饰平面布置图的尺寸标注也分外部尺寸和内部尺寸。外部尺寸一般是套用建筑平面图的轴间尺寸和门窗洞、洞间墙尺寸等,而装修结构和配套布置的尺寸主要在图形内部标注。内部尺寸一般比较零碎,直接标注在所示内容附近。若遇重复或相同的内容,其尺寸可代表性地标注。

为了区别装饰平面布置图上不同平面的上下关系,必要时也要注出标高。为简化计算、方便施工起见,装饰平面布置图一般取各层室内主要地面为标高零点。装饰平面布置图上还应标注各种视图符号,如剖切符号、索引符号、内视符号等。除内视符号以外,其他符号的标示方法与建筑平面图相同。内视符号可以说是装饰平面布置图所特有的视图符号,它用于标明室内各立面的投影方向和投影面编号。

5) 文字内容

为了使图面表达更为详尽周到,要有必要的文字说明,如房间的名称,饰面材料的规格、品种和颜色,工艺做法与要求,某些装饰构件与配套布置的名称等。为了给图形以总的提示,装饰平面布置图还应有图名和比例等。

2. 装饰平面布置图的识读要点

(1) 看装修平面布置图,要先看图名、比例、标题栏,认定该图是什么平面图,再看建筑平面基本结构及其尺寸,把各房间名称、面积及门窗、走廊、楼梯等的主要位置和尺寸了解清楚,然后看建筑平面结构内的装修结构和装修设置的平面布置等内容。

(2) 通过对各房间和其他空间主要功能的了解,明确为满足功能要求所设置的设备与设施的种类、规格和数量,以便制订相关的购买计划。

(3) 通过图中对装饰面的文字说明,了解各装饰面对材料规格、品种、色彩和工艺制作的要求,明确各装饰面的结构材料与饰面材料的衔接关系与固定方式,并结合面积做材料计划和施工安排计划。

(4) 要注意区分建筑尺寸和装修尺寸。在装修尺寸中,又要能分清其中的定位尺寸、外形尺寸和结构尺寸。

定位尺寸是确定装饰面或装饰物在装饰平面布置图上位置的尺寸,在平面图上需两个定位尺寸才能确定一个装饰物的平面位置,其基准往往是建筑结构面。外形尺寸是装饰面或装饰物的外轮廓尺寸,由此可确定装饰面或装饰物的平面形状与大小。结构尺寸是表明装饰面和装饰物各构件及其相互关系的尺寸,由此可确定各种装饰材料的规格,以及材料之间和材料与主体结构之间的连接固定方法。

(5) 装饰平面布置图上为避免重复,同样的尺寸往往只代表性地标注一个,读图时要注意将相同的构件或部位归类。

(6) 通过装饰平面布置图上的内视符号,明确投影面编号和投影方向,并进一步查出各投影方向的立面图。

(7) 通过装饰平面布置图上的剖切符号,明确剖切位置及其剖视方向,进一步查阅相应的剖面图。通过装饰平面布置图上的索引符号,明确被索引部位及详图所在位置。

总而言之,识读装饰平面布置图应掌握面积、功能、装饰面、设施以及与建筑结构的关系这5个要点。

3. 装饰平面布置图的识读举例

装饰平面布置图的识读以图10-13为例,识读如下:

(1) 该图为某钢材厂招待所④～⑯轴底层平面布置图,比例为1∶50。

(2) 图中④～⑥轴是门厅、总服务台、楼梯和卫生间等;⑥～⑯轴是大餐厅、小餐厅、厨房、招待所办公室等。

门厅的开间是6.6 m,进深是5.4 m;总服务台的开间是3.6 m,进深是2.1 m;大餐厅的开间是7 m,进深是8.1 m;小餐厅开间是5.6 m,进深为3 m。以上几个空间是底层室内装修的重点。

(3) ④～⑪轴地面(包括门廊地面),除卫生间外均为中国红花岗石板贴面,标高为±0.000的门厅中央有一完整的花岗石拼花图案。主入口左侧是一白玻璃墙,门廊有两个装饰圆柱,直径为0.6 m。

(4) 总服务台有一索引符号,表明有剖面详图。卫生间外有一洗手台,台前墙面有镜,也绘有详图。大餐厅设有酒柜、吧台。

(5) 门廊有一剖切符号,剖切平面通过白玻璃墙、门廊和台阶,编号为1。

(6) 门厅、大餐厅和小餐厅都注有内视符号,编号从A1到L1(数字表示楼房的层数),表明这些立面都另有详图。

(7) 门的编号由M1至M7,窗的编号由C1至C3。对照门窗表可知各门、窗类型。

(8) 图中还有沙发、茶几、餐桌、办公桌、电视、立柜等。

二、顶棚平面图

顶棚平面图是以镜像投影法绘制顶棚装饰装修平面,用以表现设计者对建筑顶棚的装饰平面布置及装修构造要求。顶棚平面图常用图10-14所示的方式进行表达,对于较为小型的室内顶棚平面设计,可以采用约定俗成的简易画法。图10-14中在选级造型部位注写了标高尺寸,构架及罩面板就位安装,无须更多地查阅细部详图。

1. 顶棚平面图的图示内容

(1) 表明墙、柱和门窗洞口位置。

顶层平面图一般采用镜像投影法绘制。用镜像投影法绘制的顶棚平面图,其图形上的前后、左右位置与装饰平面布置图完全相同,纵横轴线的排列也与之相同,因此,在图示墙、柱断面和门窗洞口以后,可不再标注轴间尺寸、洞口尺寸和洞间墙尺寸,这些尺寸可对照装饰平面布置图阅读。

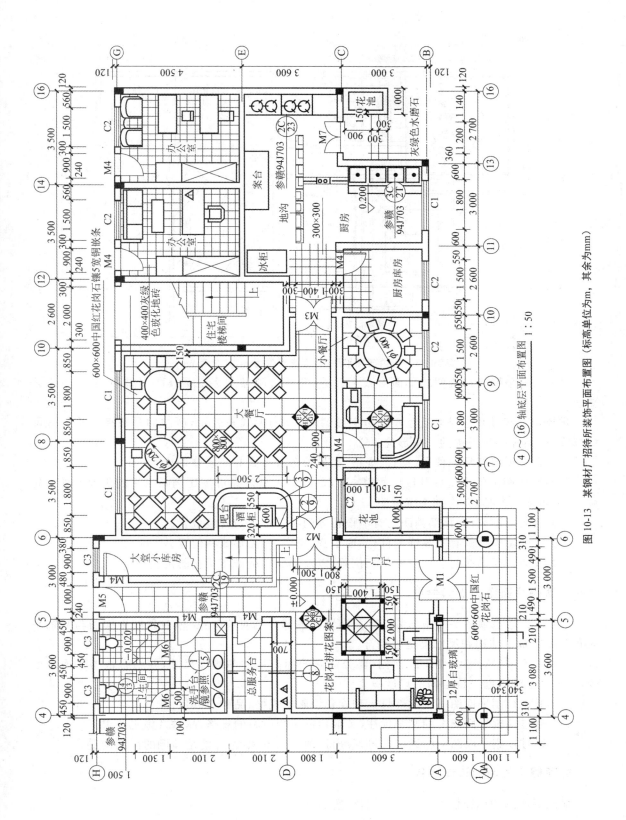

图10-13 某钢材厂招待所装饰平面布置图（标高单位为m，其余为mm）

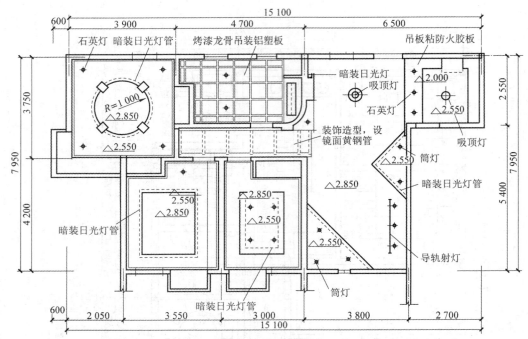

图 10-14 室内顶棚平面图(标高单位为 m,其余为 mm)

(2)表明顶棚装饰造型的平面形式和尺寸,并通过附加文字说明其所用材料、色彩及工艺要求。

顶棚的选级变化应结合造型平面分区线,用标高的形式来表示,所注的是顶棚各构件底面的高度,因而标高符号中的三角形应正立。

(3)表明顶部灯具的种类、样式、规格、数量及布置形式和安装位置。

顶棚平面图上的小型灯具按比例用一个圆表示,大型灯具可按比例画出它的正投影外形轮廓,应力求简明概括,并附加文字说明。

(4)表明空调风口、顶部消防与音响设备等的布置形式与安装位置。

(5)表明墙体顶部有关装饰配件(如窗帘盒、窗帘等)的形式和位置。

(6)表明顶棚剖面构造详图的剖切位置,以及剖面构造详图所在的位置。

2. 顶棚平面图的识读要点

(1)应弄清楚顶棚平面图与装饰平面布置图各部分的对应关系,核对顶棚平面图与装饰平面布置图在基本结构和尺寸上是否相符。

(2)对于某些有选级变化的顶棚,要分清它的标高尺寸和线形尺寸,并结合造型平面分区线,在平面上建立起三维空间的尺度概念。

(3)通过顶棚平面图了解顶部灯具和设备设施的规格、品种与数量。

(4)通过顶棚平面图上的文字标注,了解顶棚所用材料的规格、品种及施工要求。

(5)通过顶棚平面图上的索引符号,找出详图对照着识读,弄清楚顶棚的详细构造。

3. 顶棚平面图的识读举例

顶棚平面图的识读以图 10-15 为例,识读如下:

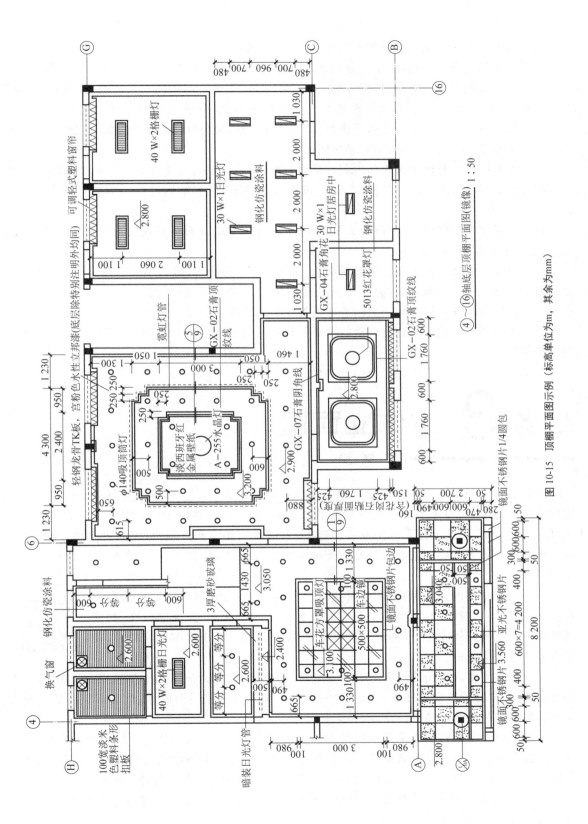

图 10-15 顶棚平面图示例（标高单位为m，其余为mm）

(1) 该图是④~⑯轴底层顶棚平面图(镜像),比例为1∶50。

(2) 门廊顶棚有3个迭级,标高分别是3.560 m、3.040 m和2.800 m,为不锈钢片饰面。

(3) 门厅顶棚有两个迭级,标高分别是3.050 m和3.100 m;中间是车边镜,用镜面不锈钢片包边收口,四周是TK板,并用宫粉色水性立邦漆漆面(文字说明标注在大餐厅处)。

(4) 总服务台前上部是一下落顶棚,标高为2.400 m,为磨砂玻璃面层内藏日光灯管。总服务台内顶棚标高为2.600 m,材料和做法同大餐厅。

(5) 大餐厅顶棚有两个迭级并内藏灯槽(细虚线所示),中间贴淡西班牙红金属壁纸,用石膏顶纹线压边。两个迭级标高分别是2.900 m和3.200 m,所用结构材料和饰面材料用引出线注出。

(6) 小餐厅为一级平面,标高为2.800 m,用石膏顶纹线和石膏角花装饰出两个方格,墙和顶棚之间用石膏阴角线收口。

(7) 门厅中央是6盏车花方罩吸顶灯组合,大餐厅中央是水晶灯,小餐厅在两个方格中装红花罩灯,办公室、洗手台处是格栅灯,厨房是日光灯,其余均为吸顶筒灯。

(8) 门厅和大餐厅顶棚的剖面构造详图都在饰施详图上。

(9) 顶棚平面图上还绘有窗帘盒的平面形状和窗帘符号,窗帘的形式、材质、色彩在有关立面图中标明。

任务 3 装饰立面图

建筑装饰立面图包括室外装饰立面图和室内装饰立面图。室外装饰立面图是将建筑物装饰后的外观形象,向铅垂投影面所作的正投影图,如图10-16和图10-17所示。它主要表明屋顶、檐头、外墙面、门头或窗等部位的装饰造型、装饰尺寸和饰面处理,以及室外水池、雕塑等建筑装饰小品布置等内容。室内装饰立面图的形成比较复杂,且形式不一,常采用的形成方法有以下几种:

一是假想将室内空间垂直剖开,移去观察者与剖切平面之间的部分,对余下部分作正投影。这种立面图实质上是带有立面图示的剖面图,进深感较强,并能同时反映顶棚的迭级变化,但剖切位置不明确,在平面布置图上没有剖切符号,仅用内视符号表明视向。

二是假想将室内各墙面沿面与面相交处拆开,移去暂时不予图示的墙面,将剩下的墙面及其装饰布置,向铅垂投影面作正投影。这种立面图中不出现剖面图内容,但会出现相邻墙面及其上装饰构件与该墙面的表面交线。

三是设想将室内各墙面沿某轴阴角拆开,依次展开,直至墙面都平行于同一铅垂投影面,形成立面展开图。这种立面图能将室内各墙面的装饰效果连贯地展示在人们眼前,以便人们研究各墙面之间的统一与反差及相互衔接关系,对室内装饰设计与施工有着特有效用。

室内装饰立面图主要表明建筑内部某一装饰空间的立面形式、尺寸及室内配套布置等内容。卧室装饰立面图如图10-18所示。

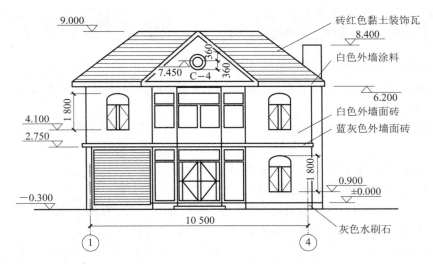

图 10-16　①~④轴装饰立面图（标高单位为 m，其余为 mm）

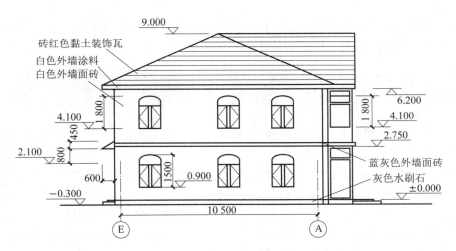

图 10-17　Ⓔ~Ⓐ轴装饰立面图（标高单位为 m，其余为 mm）

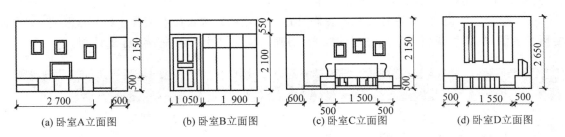

图 10-18　卧室装饰立面图

一、装饰立面图的基本内容

(1) 表明图名、比例和立面图两端的定位轴线及其编号。

(2) 在装饰立面图上使用相对标高,即以室内地面为标高零点,并以此为基准来标明装饰立面图上有关部位的标高。

(3) 表明室内外立面装饰的造型和式样,并用文字说明其饰面材料的品名、规格、色彩和工艺要求。

(4) 表明室内外立面装饰造型的构造关系与尺寸。

(5) 表明各种装饰面的衔接收口形式。

(6) 表明室内外立面上各种装饰品(如壁画、壁柱、金属字等)的式样、位置和大小尺寸。

(7) 表明门窗、花格、装饰隔断等设施的高度尺寸和安装尺寸。

(8) 表明室内外景园小品或其他艺术造型体的立面形状和高低错落位置尺寸。

(9) 表明室内外立面上所用的设备及其位置尺寸和规格尺寸。

(10) 表明详图所示部位及详图所在位置。作为基本图的装饰剖面图,其剖切符号一般不应在立面图上标注。

(11) 室内装饰立面图还要表明家具和室内配套产品的安放位置和尺寸。采用剖面图表示形式的室内装饰立面图,还要表明顶棚的选级变化和相关尺寸。

二、装饰立面图的识读要点

(1) 与装饰平面图相配合、对照,明确立面图所表示的内容的投影平面位置及其造型轮廓、形状尺寸和功能特点。

(2) 明确地面标高、楼面标高、楼地面装修设计起伏高度,以及工程项目所涉及的楼梯平台和室外台阶等有关部位的标高、尺寸。

(3) 清楚每个立面上的装修构造层次及饰面类型,明确其材料要求和施工工艺要求。

(4) 立面上各装修造型和饰面的衔接处理方式较为复杂时,要同时查阅配套的构造节点图、细部大样图等,明确饰面分格、饰面拼接图案、饰面的收边封口和组装做法与尺寸。

(5) 熟悉装修构造与主体结构连接固定的要求,明确各种预埋件、后置埋件、紧固件和连接件的种类、布置间距、数量和处理方法等详细的设计规定。

(6) 配合设计说明,了解有关装饰装修设置或固定式装饰设施在墙体上的安装构造,如有需要预留的洞口、线槽或要求事先预埋的线管,明确其位置尺寸关系并纳入施工计划。

三、装饰立面图的识读举例

1. 室外装饰立面图的识读

室外装饰立面图的识读以图 10-19 为例,识读如下:

(1) 该图是①~⑥轴门面、门头正立面图,比例为 1∶45。

(2) 对应装饰平面布置图和顶棚平面图,可知④~⑥轴门廊的平面形状和尺寸,立柱的直径和平面位置,以及门廊顶棚的平面形式、尺寸及所用材料。

(3) 门头上部造型和门面招牌的立面都是铝塑板饰面,并用不锈钢片包边。门头上部造型的两个 1/4 圆用不锈钢片饰面,半径分别是 0.5 m 和 0.25 m。

(4) ④~⑥轴台阶的平台上有两个花岗石贴面圆柱,索引符号表明其剖面构造详图在"饰施 10"。

(5) 门廊墙面、玻璃固定窗和装饰门注有索引符号,表明还有该部分的局部立面图,就在本张图纸内。

(6) 门面装有卷闸门,墙柱用花岗石板贴面,两侧花池贴釉面砖。

(7) 图中还表明门头、门面的各部尺寸、标高,以及各种材料的品名、规格、色彩及工艺要求。

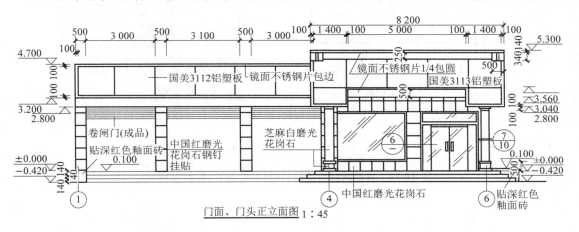

图 10-19 室外装饰立面图(标高单位为 m,其余为 mm)

2. 室内装饰立面图的识读

室内装饰立面图的识读以图 10-20 为例,识读如下:

(1) 该图是 A1 立面图,"1"表明是底层。对应建筑装饰平面布置图,可知该立面的视向。

(2) 该图从左到右依次是总服务台、后门过道和底层楼梯。

(3) 地面标高为±0.000,门厅四沿顶棚标高为 3.050 m。该图未示门厅顶棚,对应顶棚平面图可知顶棚的迭级变化与构造,另有局部剖面节点详图表明做法。

(4) 总服务台上部有一下悬顶棚,标高为 2.400 m,立面有四个钛金字,字底是水曲柳板清水硝基漆。对应顶棚平面图,可知该下悬顶底面材料及做法。

(5) 总服务台立面是茶花绿磨光花岗石板贴面,下部暗装霓虹灯管,上部圆角用钛金不锈钢片饰面。服务台内墙面贴暖灰色墙毡,用不锈钢片包木压条分格。

(6) 总服务台立面两边墙柱面和后门墙面用海浪花磨光花岗石板贴面,对应门厅其他视向立面图,可知门厅内墙面材料及做法。

(7) 门厅四沿顶棚与墙面相交处用线角①收口,从图纸目录中可查知其大样图所在位置。

(8) 对应装饰平面布置图,可知总服务台另有剖面详图以表明其内部构造。

(9) 图中还表明了该立面各部位的有关尺寸。

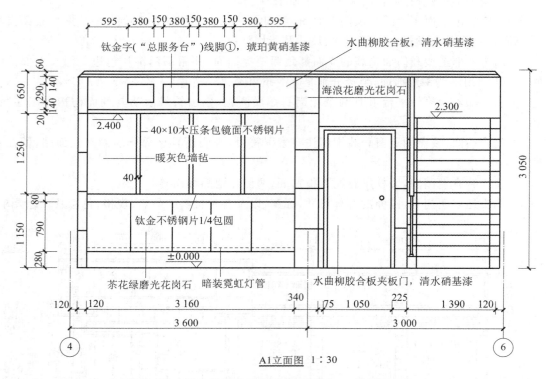

图 10-20　室内装饰立面图（标高单位为 m，其余为 mm）

任务 4　装饰剖面图

建筑装饰剖面图是用假想平面将室外某装修部位或室内某装修空间垂直剖开而得的正投影图。它主要表明上述部位或空间的内部构造情况，即装修结构与建筑结构、结构材料与饰面材料之间的构造关系等。

一、建筑装饰剖面图的基本内容

建筑装饰剖面图的表示方法与建筑剖面图大致相同，其基本内容有：

（1）剖面的建筑基本结构和剖切空间的基本形状（并注出所需的建筑主体结构的有关尺寸和标高），剖切空间内可见实物的形状、大小与位置。

（2）建筑装饰结构的剖面形状、构造形式、材料组成及固定与支撑构件的相互关系。

（3）建筑装饰结构与建筑主体结构之间的衔接尺寸与连接方式。

(4) 如是建筑内部某一装饰空间的剖面图,还要表明剖切空间内与剖切平面平行的墙面装饰形式、装饰尺寸、饰面材料与工艺要求。

(5) 建筑装饰结构与装饰面上的设备安装方式或固定方法。

(6) 某些装饰构配件的尺寸、工艺做法与施工要求。

(7) 节点详图和构配件详图所示的部位与详图所在位置。

(8) 图名、比例和被剖切到的墙体的定位轴线及其编号,以便与装饰平面布置图和顶棚平面图对照阅读。

二、建筑装饰剖面图的识读要点

(1) 识读建筑装饰剖面图时,首先要对照装饰平面布置图,看清剖切面的编号,了解该剖面的剖切位置和剖视方向。

(2) 在众多图样和尺寸中,要分清哪些是建筑主体结构的图样和尺寸,哪些是装饰结构的图样和尺寸。当装饰结构与建筑结构所用材料相同时,它们的剖(断)面表示方法是一致的。现代某些大型建筑的室内外装修,并非只是贴墙面、铺地面、吊顶而已,要注意区分材料,以便进一步研究它们之间的衔接关系、方式和尺寸。

(3) 通过对剖面图中所示内容进行识读、研究,明确装修工程各部位的构造方法、构造尺寸、材料要求与工艺要求。

(4) 建筑装修形式变化多,程式化的做法少。作为基本图的装饰剖面图,只能表明原则性的技术构成问题,具体细节还需要详图来补充表明。因此,在识读建筑装饰剖面图时,还要注意按图中索引符号所示方向,找出各部位节点详图来仔细阅读,不断对照,弄清各连接点或装饰面之间的衔接方式,以及包边、盖缝、收口等细部的材料、尺寸和详细做法。

(5) 识读建筑装饰剖面图要结合装饰平面布置图和顶棚平面图,某些室外装饰剖面图还要结合装饰立面图来综合识读,才能全方位地理解剖面图示内容。

三、建筑装饰剖面图的识读举例

1. 室内装饰剖面图的识读

室内装饰剖面图的识读以图 10-21 为例,识读如下:

(1) 该图是 $1_2—1_2$ 剖面图,根据数字注脚,找出二层装饰平面布置图(饰施),对应可知该剖面图的剖切位置及剖视方向。

(2) 该室内顶棚有 3 个选级,标高分别是 3.000 m、2.750 m 和 2.550 m。看混凝土楼板底面结构标高,可知最高一级顶棚的构造厚度只有 0.05 m,只能用木龙骨找平后即铺钉面板,从而明确该处顶棚的构造做法。

(3) 根据数字注脚找出二层顶棚平面图,对应可知该室内顶棚做法。

(4) ⑪轴墙上有窗,窗帘盒是标准构件,见标准图集赣 94J703 第 4 页 4 号详图。

(5) 二级顶棚与墙面收口用石膏阴角线,三级顶棚与墙面收口用线脚⑥。

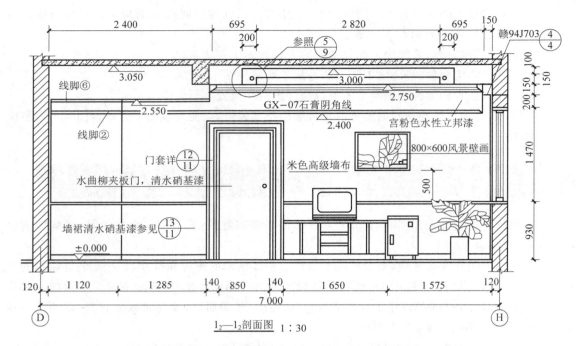

图 10-21 室内装饰剖面图(标高单位为 m,其余为 mm)

(6) 墙裙高 0.93 m,做法参照饰施详图。门套做法详见饰施详图;墙面褙米色高级墙布,线脚②以上刷宫粉色水性立邦漆;墙面有一风景壁画,安装高度为距墙裙上口 0.50 m。

(7) 室内靠墙有矮柜、冰柜、电视,右房角有盆栽。

2. 室外装饰剖面图的识读

室外装饰剖面图的识读以图 10-22 为例,识读如下:

(1) 该图是 $1_1—1_1$ 剖面图,注脚"1"表明该图是对底层空间或部位进行剖切而形成的,对应装饰平面布置图,可知该剖面图剖切位置及剖视方向,根据"三等"关系,可检查各部位的尺寸标注是否相符。

(2) 门头上部有一个造型牌头,其框架是用不同型号的角钢所组成,面层材料是铝塑板。对应室外装饰立面图可知该造型的立面形状和大小。

(3) 雨篷底面是门廊顶棚,用亚光和镜面不锈钢片相间饰面,对应顶棚平面图可知该顶棚的平面形状、大小及饰面材料的相间形式。

(4) 门头上部造型分别注有三个索引符号,表明这三个部位(交会点)均另有节点详图说明其详细做法,详图就画在本张图纸内。因此,该图在尺寸和文字标注上都比较概括。

(5) 门廊有一未被剖切到的立柱,对应装饰平面布置图和室外装饰立面图可知它的水平位置和饰面材料。

(6) 看Ⓐ轴墙、雨篷、窗洞口、台阶、门廊地面和装饰造型的各部位尺寸与标高,可知该建筑物主入口部分各装饰构件与建筑构件之间的相对位置和构造关系。

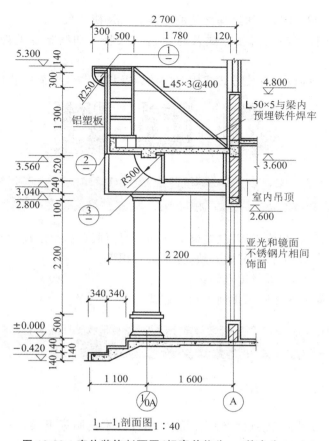

图 10-22 室外装饰剖面图(标高单位为 m,其余为 mm)

任务 5 装饰详图

在装饰剖面图中,有时由于受图纸幅面、比例的制约,对于细部装修构配件及某些装修剖面图节点的详细构造常常难以表达清楚,给施工带来困难,有的甚至导致无法进行施工。这样,必须另外用放大的形式绘制图样才能表达清楚,满足施工的需要,这样的放大图样就称为装饰详图。它包括装饰构配件详图、装饰剖面节点详图等。室内装饰详图是室内立面图和剖面图等的补充,其作用是满足装修细部施工的需要。

一、室内装饰详图的基本内容

(1)表明装饰面和装饰造型的结构形式、饰面材料与支撑构件的相互关系。
(2)表明重要部位的装饰构件、配件的详细尺寸、工艺做法和施工要求。

(3) 表明装饰结构与建筑主体结构之间的连接方式及衔接尺寸。

(4) 表明装饰面板之间的拼接方式及封边、盖缝、收口和嵌条等处理的详细尺寸和做法要求。

(5) 表明装饰面上的设施安装方式或固定方法以及设施与装饰面的收口、收边方式。

二、室内装饰详图的识读要点

(1) 看详图符号,结合装修平面图、装修立面图、装修剖面图,了解详图来自何部位。

(2) 对于复杂的详图,可将其分成几块,分别进行识读。

(3) 找出详图中的主体,进行重点识读。

(4) 注意看主体和饰面之间采用何种形式连接。

三、室内装饰详图的识读举例

1. 门详图

门详图通常由立面图、节点剖面详图、门套详图及技术说明等组成。一般门、窗多是标准构件,有标准图供套用,不必另画详图。具有一定要求的装饰门,不是定型设计的,需要另画详图。下面以图 10-23 所示的 M3 门详图为例说明装修门的详图识读方法。

(1) 看门立面图。

门立面图按规定画其外立面,并用细斜线画出门扇开启方向。两斜线的交点表示装门铰链的一侧,斜线为实线表示向外开,斜线为虚线表示向内开。本例中因为其开启方式已在装饰平面布置图上表明,故不再重复画出。

门立面图上一般应注出洞口尺寸和门框外沿尺寸。本例中门框上槛包在门套之内,因而只注出洞口尺寸、门套尺寸和门立面总尺寸。

(2) 看节点剖面详图。

门详图中画有不同部位的局部剖面节点详图,以表示门框和门扇的断面形状、尺寸、材料及其相互间的构造关系,还表示门框和四周(如过梁、墙身等)的构造关系。通常将竖向剖切的剖面节点详图竖直连在一起,画在立面图的左侧或右侧,横向剖切的剖面节点详图横向连在一起,画在立面图的下面,用比立面图大的比例画,中间用折断线断开,省略相同部分,并分别注写详图编号,以便与立面图对照。

本例中竖向和横向都有两个剖面详图。其中门上槛"55×125"、斜面压条"15×35"、边框"52×120"都是矩形断面外围尺寸。门芯是 5 mm 厚磨砂玻璃,门洞口两侧墙面和过梁底面用木龙骨和中纤板、胶合板等材料包钉。Ⓐ剖面详图右上角的索引符号表明,还有比该详图比例更大的剖面详图以表达门套装饰的详细做法。

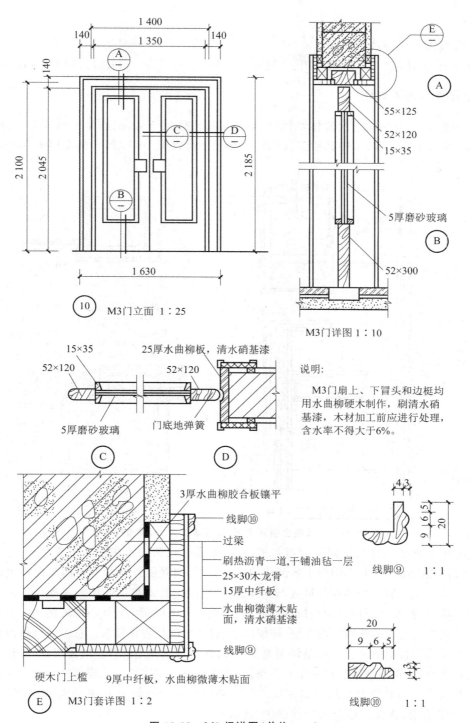

图 10-23　M3 门详图（单位：mm）

(3) 看门套详图。

门套详图中通过多层构造引出线表明门套的材料组成、分层做法、饰面处理及施工要求。门套的收口方式是：阳角用线脚⑨包边，侧沿用线脚⑩压边，中纤板的断面用 3 mm 厚水曲柳胶合板镶平。

（4）看线脚大样与技术说明。

线脚大样比例为1∶1，是足尺图。"说明"中明确了上、下冒头和边梃的用料和注意事项。

2. 总服务台剖面详图

总服务台属于室内固定配置体，通常用钢筋混凝土做成骨架，或用型钢做成框架，然后镶贴饰面石材，局部包嵌金属片，使其稳定、耐磨、高雅、美观，以图10-24所示的总服务台剖面详图为例说明其识读方法。

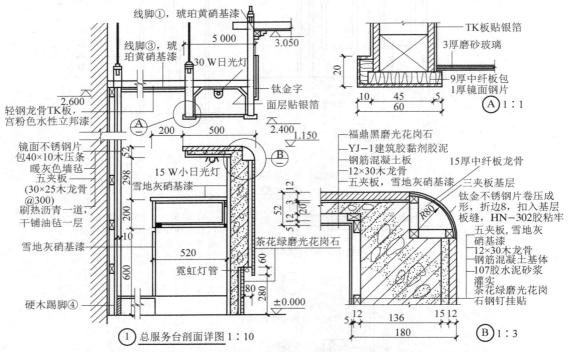

图10-24 总服务台剖面详图（标高单位为 m，其余为 mm）

（1）弄清楚该剖面详图从何处剖切而来，它的立面形状和尺寸在哪张图纸上。

（2）弄清楚剖面详图与立面图上各部位的对应关系，明确服务台骨架结构与建筑主体结构的连接方式。立面图上服务台两侧有墙柱，表明服务台混凝土骨架与主体结构是连在一起的，因此，在砌筑两侧墙柱时，要注意提前加设拉结钢筋，同时也要考虑混凝土骨架与地面的连接方式。

（3）看剖面图上各部分的构造方法、详细尺寸、材料组成与制作要求。总服务台是由钢筋混凝土结构与木结构混合组成的。顶棚是轻钢龙骨 TK 板，下悬顶棚是磨砂玻璃面层，内装日光灯。内墙面贴暖灰色墙毡，用不锈钢片包木压条分格，引出线详细标明了它的分层做法与用料要求。

（4）看装饰面的处理及衔接收口方式。如顶棚用宫粉色水性立邦漆饰面，服务台木质部分刷涂雪地灰硝基漆，迭级阴角分别用线脚①、③收口。

（5）看Ⓐ、Ⓑ节点详图，了解这两个交会点的详细构造做法。

3. 楼梯栏板（杆）详图

装饰楼梯栏板（杆）详图通常包括楼梯局部剖面图、顶层栏板（杆）立面图、扶手大样图、踏步和其他部位节点图。它主要表明栏板（杆）的形式、尺寸、材料，栏板（杆）与扶手、踏步、顶层尽端墙、柱的连接构造，踏步的饰面形式和防滑条的安装方式，扶手和其他构件的断面形状和尺寸等内容。以图10-25所示的楼梯栏板详图为例说明其识读方法。

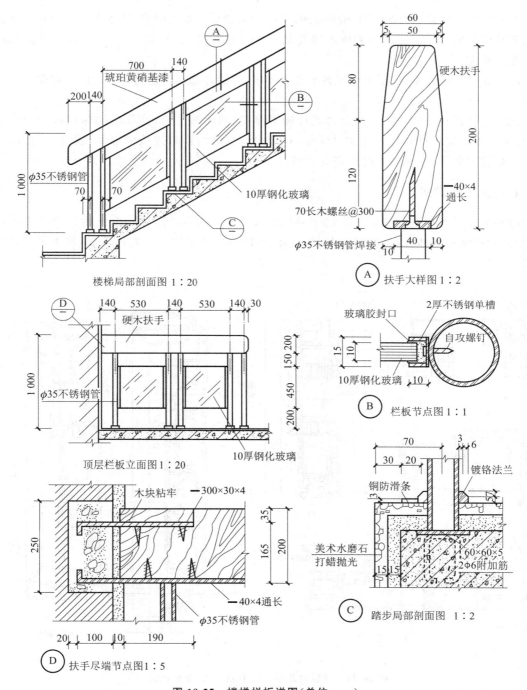

图 10-25　楼梯栏板详图（单位：mm）

(1) 看楼梯局部剖面图。从图中可知，该楼梯栏板是由木扶手、不锈钢圆管和钢化玻璃所组成的。栏板高 1 m，每隔两踏步有两根不锈钢圆管。钢化玻璃与不锈钢圆管的连接构造见Ⓑ详图，圆管与踏步的连接见Ⓒ详图。扶手用琥珀黄硝基漆饰面，其断面形状与材质见Ⓐ详图。

(2) 看顶层栏板立面图。从图中可知，顶层栏板受梯口宽度影响，其水平方向的构造分格尺寸与斜梯段不同。扶手尽端与墙体连接处是一个重要部位，它要求牢固，具体连接方法及所用材料见Ⓓ详图。

(3) 按索引符号顺序，逐个识读各节点大样图，弄清各细部所用材料、尺寸、构造做法和工艺要求。

识读楼梯栏板(杆)详图应结合建筑楼梯平面图、剖面图进行，计算出楼梯栏板(杆)的全长(延长米)，以便安排材料计划与施工计划，对其中与主体结构相连接的部位，看清固定方式，应通知土建施工单位，在施工中按图安放预埋件。

4. 门头节点详图

门头节点详图如图 10-26 和图 10-27 所示。以图 10-27 为例。图 10-27 由三个节点详图组成，断开和省略相同部分，仍保留被索引图，有剖面形状，各部位基本方位未变，便于识读时相互对照。

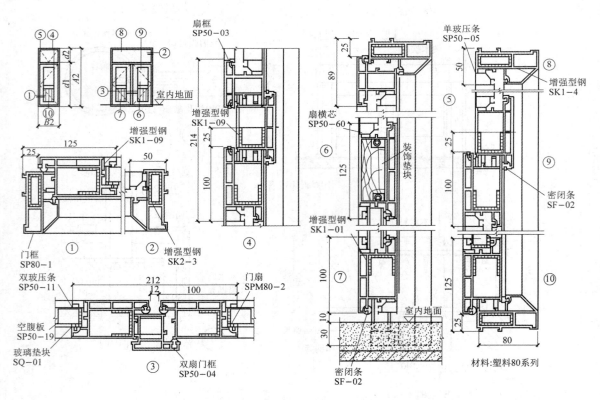

图 10-26　无槛内开平开门节点详图(单位:mm)

(1) 看图名，可知该图是④～⑥轴门头节点详图。与被索引图样对应，检查各部分的基本尺

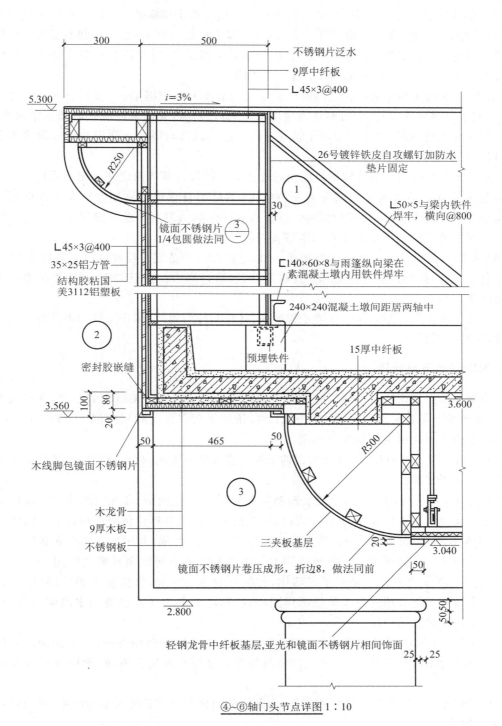

图 10-27 门头节点详图(标高单位为 m,其余为 mm)

寸和原则性做法是否相符。

（2）看门头上部造型的结构形式与材料组成。造型的主体框架由 45×3 等边角钢组成。上部用角钢挑出一个檐，檐下阴角处有一个 1/4 圆，以中纤板和方木为龙骨，圆面层为三夹板。造型底面是门廊顶棚，前檐顶棚是木龙骨，廊内顶棚是轻钢龙骨，基层面板均为中纤板。顶棚迭级之间又有一个 1/4 圆，结构形式与檐下 1/4 圆相同。

（3）看装饰结构与建筑结构之间的连接方式。造型的角钢框架，一边搁于钢筋混凝土雨篷上，用金属膨胀螺栓固定（图中对通常做法均未注明），另一边置于素混凝土墩和雨篷梁上，用一根通长槽钢将框架、雨篷梁及素混凝土墩连接在一起。框架与墙柱之间用 50×5 等边角钢斜撑拉结，以增加框架的稳定。

（4）看饰面材料与装饰结构材料之间的连接方式以及各装饰面之间的衔接收口方式。造型立面是铝塑板层，用结构胶将其粘在铝方管上，然后用自攻螺钉将铝方管固定在框架上。门廊顶棚是亚光和镜面不锈钢片相间饰面，需折边 8 mm，扣入基层板缝并加胶粘牢。立面铝塑板与底面不锈钢片之间用不锈钢片包木压条收口过渡。

（5）看门头顶面排水方式。造型顶面为单面内排水，不锈钢片泛水的排水坡度为 3％，泛水内檐做有滴水线，框架内立面用镀锌铁皮封好，雨水通过滴水线排至雨篷，利用雨篷原排水构件将顶面雨水排至地面。

（6）图中还注出了各部件详细尺寸和标高、材料品种与规格、构件安装间距及各种施工要求等内容，应仔细阅读。

5. 内墙剖面节点详图

内墙剖面节点详图通过与建筑施工图中的外墙剖面节点详图相组合的形式，将内墙面的装饰做法，从上至下依次标注出来，使人一目了然，还便于与立面图对照阅读。下面以图 10-28 所示的内墙剖面节点详图为例说明其识读方法。

（1）与被索引图纸对应，可知该剖面的剖切位置与剖视方向，核对墙面相应各段的装饰形式和竖向尺寸是否相符。

（2）从上至下分段阅读。最上面是轻钢龙骨吊顶、TK 板面层、宫粉色水性立邦漆饰面。顶棚与墙面相交处用 GX-07 石膏阴角线收口；护壁板上口墙面为钢化仿瓷涂料饰面。墙面中段是护壁板，护壁板面中部凹进 5 mm，凹进部分嵌装 25 mm 厚海绵，并用印花防火布包面。护壁板面无软包处贴水曲柳微薄木。水曲柳微薄木与防火布两种不同饰面材料之间用 1/4 圆木线收口，护壁上下用线脚⑩压边。墙面下段墙裙，与护壁板连在一起，做法基本相同，通过线脚②区分开来。由于本工程墙裙构造未单独画详图，故特别注明上口无软包处用水曲柳胶合板镶平，以便其他室内墙裙参照引用。

（3）看木护壁内防潮处理措施及其他内容。护壁内墙面刷热沥青一道，干铺油毡一层。所有水平方向龙骨均设有通气孔，护壁上口和踢脚板上也设有通气孔或槽，使护壁板内保持通风干燥。

（4）图中还注出了各部件尺寸和标高、木龙骨的规格和通气孔的大小与间距、其他材料的规格、品种等内容。

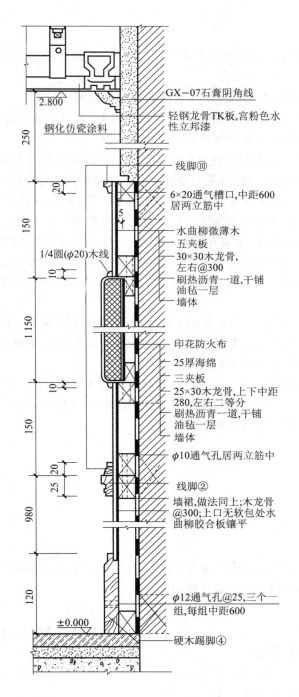

图 10-28　内墙剖面节点详图（标高单位为 m，其余为 mm）

小 结

本工作手册主要介绍了建筑装饰平面图、立面图、剖面图及装饰详图的基本内容和阅读方法。

(1) 建筑装饰平面图包括装饰平面布置图和顶棚平面图。

装饰平面布置图在图示建筑平面基本结构的基础上，表明空间平面内的装饰布局、装饰结构、装饰设施、相关尺寸及施工要求等内容。

顶棚平面图主要反映室内顶面装修的平面形式、做法、顶面设施布置及相关尺寸等内容，一般应采用镜像投影法绘制，比例应尽量与装饰平面布置图相同，以便对应阅读。

(2) 建筑装饰立面图包括室外装饰立面图和室内装饰立面图，两种立面图的形式不同。

室外装饰立面图是建筑物外观装饰立面形象的正投影图。它主要表明屋顶、檐头、外墙面、门头或门面等部位的装饰造型、装饰尺寸和饰面处理，以及室外水池、雕塑等的布置等内容。

室内装饰立面图是建筑内部某一装饰空间的立面正投影图。室内装饰立面图可绘成带有剖面图表示形式的立面图或立面展开图。它主要表明建筑内部某一装饰空间的立面形式、尺寸及室内配套布置等内容。

(3) 建筑装饰剖面图的形成与建筑剖面图相同，它主要表明建筑室内外装饰的技术构成。

(4) 建筑装饰详图包括装饰构配件详图和装饰剖面节点详图，主要表明装饰配置体、装饰构件和局部连接部位或交会点的详细构造。

建筑装饰施工图的识读方法是：先说明后图样，文字图样对照看；先粗看，后细看，反复多次看；先基本图后详图，平、立、剖面图和详图对应看；抓要点，多综合分析，力求全面弄懂和理解；现场识读，反复审核，发现问题及时提出修改意见。

一、选择题

1. 为了表示室内立面图在装饰平面布置图中的位置，应在装饰平面布置图上用内视符号注明视点位置、方向及立面编号，立面编号宜用（　　）。

　　A. 希腊字母　　　　　　　　　　B. 拉丁字母
　　C. 阿拉伯数字　　　　　　　　　D. 拉丁字母或阿拉伯数字

2. 装饰门详图一般不包括（　　）。

　　A. 门立面图　　　B. 门平面图　　　C. 门节点剖面详图　　　D. 门套详图

3. 装饰结构与配套尺寸标注应在（　　）里。

　　A. 综合顶棚图　　B. 地面布置图　　C. 装饰平面布置图　　D. 电气设备定位图

二、填空题

1. 建筑装饰施工图纸编排的原则：_____；装饰施工图在前，配套设备施工图在后；

_____;先施工的在前,后施工的在后。

2. 建筑装饰立面图包括_____和_____。

三、判断题

1. 顶棚平面图一般采用镜像投影法绘制。(　　)
2. 装饰栏板(杆)详图通常包括楼梯局部剖面图、顶层栏板(杆)立面图、扶手大样图、踏步和其他部位节点图。(　　)

四、简答题

1. 建筑装饰施工图有哪些特点?
2. 什么情况需要采用内视符号? 如何绘制内视符号?
3. 建筑装饰与建筑结构之间有什么关系?
4. 简述顶棚平面图的图示内容。
5. 简述建筑装饰立面图的识读要点。
6. 简述建筑装饰剖面图的基本内容。

五、识读装饰施工图

1. 识读题图 10-1(标高单位为 m,其余为 mm),完成填空。

(1) 该图比例为_____,进户入口的方位在_____。

(2) 客厅地面的相对标高为_____,客厅布置对应的内视符号是_____;入户后左边是厨房,厨房地面的相对标高是_____,厨房的设备有_____。

(3) 从图中可识读出各房间及家具的尺寸,其中,主卧的开间是_____,进深是_____;主卧的衣柜长和宽分别是_____,主卧吊柜的长和宽分别是_____,主卧通往书房的门宽_____,书房有一内视符号 J,该内视符号的投影方向是_____。

(4) 洗手间地面相对标高为_____,洗手间内的卫生器具有_____,洗脸台宽度为_____。

2. 识读题图 10-2(标高单位为 m,其余为 mm),其对应装修平面布置图为题图 10-1,完成填空。

(1) 绘制顶棚平面图采用的投影法是_____,该图采用的比例为_____。

(2) 客厅顶棚有_____个选级,标高分别为_____。顶棚采用_____,客厅顶棚四周做了暗灯槽,安装有_____盏筒灯。

(3) 洗手间顶棚的标高为_____,顶棚安装了_____。

(4) 主卧顶棚有_____个选级,标高分别为_____,顶棚材料和做法同客厅,采用_____,主卧采用的灯具类型是_____。

3. 识读题图 10-3(单位:mm),完成填空。

(1) 图名和比例是_____,对应建筑装饰平面布置图(为题图 10-1),可知该立面的视向是_____。

(2) 立面图的左边是入户门,门高_____,门宽_____,门的开启方向为_____。

(3) 所示的顶棚构造采用的材料是_____,顶棚距离室内地面的高度为_____,电视背景墙体的贴面材料由下至上依次是_____,电视台面挑板采用的材料是_____,台面挑板的厚度为_____。

(4) 立面图有_____处进行了剖切,剖切位置在_____。

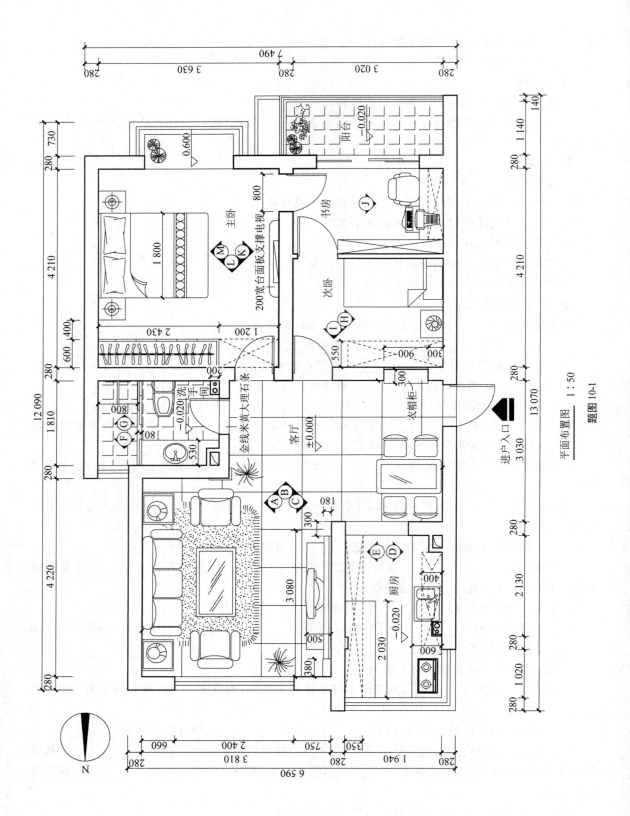

平面布置图 1:50

题图 10-1

工作手册10
建筑装饰施工图

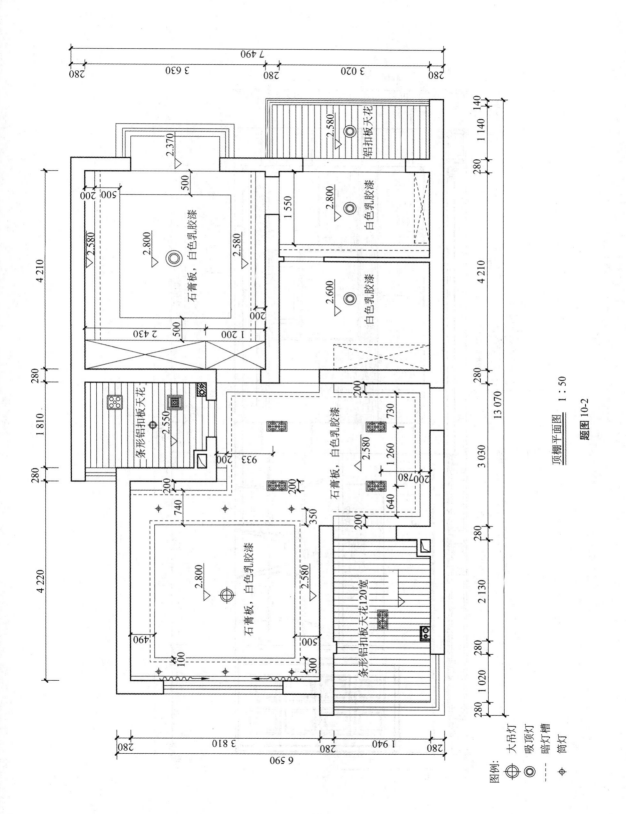

题图 10-2 顶棚平面图 1:50

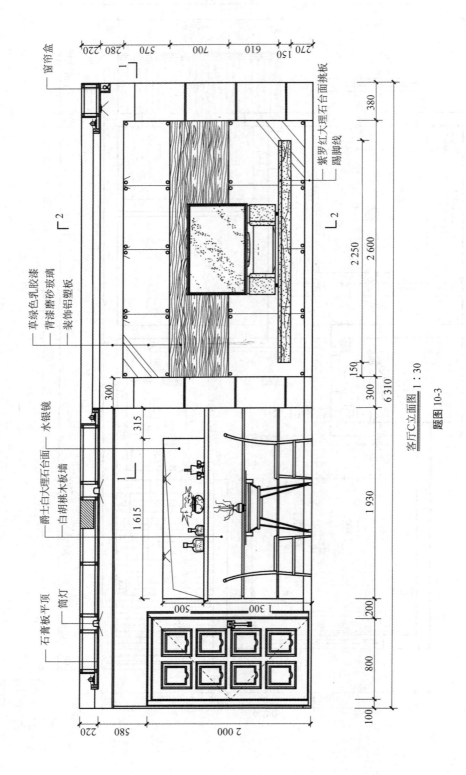

客厅C立面图 1:30

题图10-3

4. 识读题图 10-4（单位：mm），完成填空。

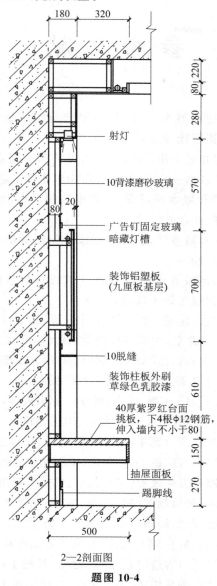

题图 10-4

（1）该图是_____剖面图，其剖切位置对应题图 10-3，剖开后投影方向是_____。

（2）电视台面挑板的宽度为_____，台面挑板下端配置 4 根直径为_____的_____级钢筋，伸入墙内尺寸_____。

（3）装饰柱板外刷_____，装饰柱之间的脱缝厚度为_____，电视背景墙背漆磨砂玻璃的厚度为_____，用_____固定背漆磨砂玻璃。

（4）在背漆磨砂玻璃的上端安装的灯具是_____，其距离天花板的距离为_____，电视背景墙的厚度为_____。

（5）电视背景墙装饰用铝塑板的高度是_____，背漆磨砂玻璃的高度是_____，顶棚的厚度为_____。

参 考 文 献

[1] 中华人民共和国住房和城乡建设部.房屋建筑制图统一标准:GB/T 50001—2017[S].北京:中国计划出版社,2018.

[2] 中华人民共和国住房和城乡建设部,中华人民共和国国家质量监督检验检疫总局.建筑制图标准:GB/T 50103—2010[S].北京:中国建筑工业出版社,2011.

[3] 中华人民共和国住房和城乡建设部.建筑电气制图标准:GB/T 50786—2012[S].北京:中国建筑工业出版社,2012.

[4] 中华人民共和国住房和城乡建设部.风景园林制图标准:CJJ/T 67—2015[S].北京:中国建筑工业出版社,2015.

[5] 中华人民共和国住房和城乡建设部.建筑工程设计信息模型制图标准:JGJ/T 448—2018[S].北京:中国建筑工业出版社,2019.

[6] 何铭新,李怀健,郎宝敏.建筑工程制图[M].5版.北京:高等教育出版社,2013.

[7] 梁玉成.建筑识图[M].北京:中国环境科学出版社,2012.

[8] 卢扬,李玉涛.建筑制图与识图[M].北京:机械工业出版社,2012.

[9] 苏小梅.建筑制图[M].2版.北京:机械工业出版社,2015.

[10] 刘志麟,等.建筑制图[M].3版.北京:机械工业出版社,2016.

[11] 浙江大学,金方.建筑制图[M].3版.北京:中国建筑工业出版社,2010.

[12] 浙江大学,金方.建筑制图习题集[M].3版.北京:中国建筑工业出版社,2010.

[13] 李瑞,李小霞.建筑识图与构造[M].北京:中国建筑工业出版社,2018.

[14] 李华,陈磊.建筑制图项目化教程[M].北京:机械工业出版社,2017.

[15] 何斌,陈锦昌,王枫红.建筑制图[M].7版.北京:高等教育出版社,2014.

[16] 陈美华,袁果,王英姿.建筑制图习题集[M].7版.北京:高等教育出版社,2013.

[17] 王鹏.建筑识图与构造[M].2版.北京:机械工业出版社,2019.

[18] 白丽红,宋乔.建筑识图与构造[M].2版.北京:机械工业出版社,2017.

[19] 龚碧玲,饶宜平.建筑识图与构造[M].北京:机械工业出版社,2019.